実務に役立つ
機械公式
活用ブック
改訂2版

安達勝之・坂本欣也・菅野一仁・住野和男・野口和晴　共著

執筆者一覧（50音順）

安達　勝之（横浜市立横浜商業高等学校）
　　　　　［3-1，3-2節，5-19〜5-34節，6章，8章］

坂本　欣也（横浜市立戸塚高等学校定時制）
　　　　　［1章，2章，5-1〜5-6節］

菅野　一仁（元 横浜市立戸塚高等学校全日制）
　　　　　［3-3〜3-5節，5-7〜5-12節，7章，9章，10章］

住野　和男（元 工学院大学）
　　　　　［5-1〜5-25節］

野口　和晴（東京工科大学）
　　　　　［4章，5-13〜5-18節］

本書を発行するにあたって，内容に誤りのないようできる限りの注意を払いましたが，本書の内容を適用した結果生じたこと，また，適用できなかった結果について，著者，出版社とも一切の責任を負いませんのでご了承ください．

本書は，「著作権法」によって，著作権等の権利が保護されている著作物です．本書の複製権・翻訳権・上映権・譲渡権・公衆送信権（送信可能化権を含む）は著作権者が保有しています．本書の全部または一部につき，無断で転載，複写複製，電子的装置への入力等をされると，著作権等の権利侵害となる場合があります．また，代行業者等の第三者によるスキャンやデジタル化は，たとえ個人や家庭内での利用であっても著作権法上認められておりませんので，ご注意ください．

本書の無断複写は，著作権法上の制限事項を除き，禁じられています．本書の複写複製を希望される場合は，そのつど事前に下記へ連絡して許諾を得てください．

出版者著作権管理機構
（電話 03-5244-5088, FAX 03-5244-5089, e-mail：info@jcopy.or.jp）

JCOPY ＜出版者著作権管理機構 委託出版物＞

読者の方々へ

　工学において，新しいものをつくることは「今ある，要素の組合せを新しく組み換えること」といわれます．技術開発の現場では，単に要素の組換えだけでなく，人的にも組織の組換え・交流が進んでいます．新しい技術は，異分野・異業種間交流からぞくぞくと生まれています．そのなかにあって，機械技術者は，ものづくりに関する幅広い知識や経験を生かすことになります．取り組む問題が複雑化して，異分野・異業種との共同作業が多くなればなるほど，ものづくりの基礎的事項を，しっかり整理することができる機械技術者が求められることになります．

　本書の特徴は，以下の通りです．

① 広汎多岐にわたる機械工学の内容を精選し，10分野に分類して，118テーマを設定し，見開き左右2ページに1テーマを収めました．
10分野118テーマを10章118節に配分したことになります．
② Pointでは公式を適切に使うための参考事項や使われる代表的な場面を記述することを心がけました．
③ 公式を活用するためにつくられたものであるので，公式に至る式の変形，説明等は記述していません．
④ 代表的な公式を採用し，できるだけ図表を入れてわかりやすく記述しました．
⑤ 記述した公式の代表的な活用例として，例題をいくつか入れてあります．
⑥ ワンポイントアドバイスではテーマに関する参考事項を記述しました．
⑦ 公式活用に必要なデータを付録につけ，検索のための索引を充実させました．

　本書は，社会人の実務に役立つようにまとめましたが，専門学校生，高専・大学生などが機械の知識を整理するときにも役立つと思います．

　本書が機械にかかわる多くの方々にいざというときの「良き助け手」となって，長く座右の一冊として，大いに活用されれば幸いです．

　終わりに，本書を執筆するにあたり，各種文献・資料を参考にさせていただきました．これらの著者に感謝申し上げます．また，本書の出版にあたり，ご尽力いただいたオーム社出版局の方々に感謝致します．

2008年6月

著者らしるす

改訂にあたって

「実務に役立つ 機械公式活用ブック」は初版発行から10年ほど経ちました.この間に寄せられた読者の方々からの声に応える形で,よりわかりやすく,知識の定着が図れるような一冊とするため,この度,本書を改訂いたしました.

今回の改訂にあたり

① 公式の理解を助けるために図を追加しました.
② 公式の説明,問題の解説をよりわかりやすく改めました.
③ 例題の追加とワンポイントアドバイス☝の充実を図りました.
④ 上記①~③の改訂によって,1節に収まらない内容は2節に分けるといった構成の再構築を行っています.そのため,本書全体としては「Ⅰ~Ⅲ編,10章,123テーマ」の構成とし,4力学といわれる機械力学,材料力学,流体力学,熱力学を適切に配置しました.

ものづくりの現場では,さまざまな分野の技術者が協力することが求められますが,機械技術者はその中心的な役割を担うことになるでしょう.

本書がものづくりの現場で大いに活用されることを願っています.また,専門学校生,高専・大学生などが機械工学の全体像を知るうえでも,役に立つと思います.

終わりに,本書の改訂にあたり,ご尽力いただいたオーム社書籍編集局の方々に感謝の意を表します.

2018年3月

著者らしるす

目次

I編　力学の基礎・計測

1章　工業力学
- 1-1　力の合成 ……………………………………………… 2
- 1-2　モーメント …………………………………………… 4
- 1-3　力のつり合い ………………………………………… 6
- 1-4　重心と図心 …………………………………………… 8
- 1-5　トラスの解法 ………………………………………… 10
- 1-6　力と運動 ……………………………………………… 12
- 1-7　運動量保存の法則と衝突 …………………………… 14
- 1-8　運動量と力積 ………………………………………… 16
- 1-9　仕事・動力・エネルギー …………………………… 18
- 1-10　滑り摩擦 …………………………………………… 20
- 1-11　円運動 ……………………………………………… 22
- 1-12　向心力と遠心力 …………………………………… 24
- 1-13　慣性モーメント …………………………………… 26
- 1-14　トルクと回転運動 ………………………………… 28
- 1-15　回転運動の仕事・動力・エネルギー …………… 30
- 1-16　ころがり摩擦 ……………………………………… 32
- 1-17　往復スライダクランク機構 ……………………… 34
- 1-18　輪軸と滑車 ………………………………………… 36

2章　機械力学
- 2-1　単振動（調和振動） ………………………………… 38
- 2-2　単振り子 ……………………………………………… 40
- 2-3　ばね振り子 …………………………………………… 42
- 2-4　ねじり振り子 ………………………………………… 44
- 2-5　振動の減衰と共振 …………………………………… 46

3章　計測
- 3-1　三針法による有効径の測定 ………………………… 48
- 3-2　またぎ歯厚の測定 …………………………………… 50
- 3-3　液柱圧力計（マノメータ） ………………………… 52
- 3-4　流量測定（1）オリフィス・ベンチュリ計 ……… 54
- 3-5　流量測定（2）ピトー管 …………………………… 56

II編　材料の強さ・加工

4章　材料力学
- 4-1　垂直応力とせん断応力 ……………………………………… 60
- 4-2　ひずみとポアソン比 …………………………………………… 62
- 4-3　弾性係数と弾性エネルギー …………………………………… 64
- 4-4　応力集中 ………………………………………………………… 66
- 4-5　熱応力 …………………………………………………………… 68
- 4-6　許容応力と安全率 ……………………………………………… 70
- 4-7　内圧を受ける薄肉円筒 ………………………………………… 72
- 4-8　内圧を受ける厚肉円筒 ………………………………………… 74
- 4-9　衝撃荷重 ………………………………………………………… 76
- 4-10　はりの支点の反力 …………………………………………… 78
- 4-11　はりのせん断力と曲げモーメント ………………………… 80
- 4-12　片持ばり（1）集中荷重を受ける場合 …………………… 82
- 4-13　片持ばり（2）等分布荷重を受ける場合 ………………… 84
- 4-14　両端支持ばり（1）集中荷重を受ける場合 ……………… 86
- 4-15　両端支持ばり（2）等分布荷重を受ける場合 …………… 88
- 4-16　数個の荷重を受けるはり …………………………………… 90
- 4-17　断面二次モーメントと断面係数 …………………………… 92
- 4-18　曲げ応力 ……………………………………………………… 94
- 4-19　はりのたわみ ………………………………………………… 96
- 4-20　平等強さのはり ……………………………………………… 98
- 4-21　座屈 …………………………………………………………… 100
- 4-22　ねじり ………………………………………………………… 102
- 4-23　組合せ（複合）応力（1） ………………………………… 104
- 4-24　組合せ応力（2） …………………………………………… 106
- 4-25　組合せ応力（3） …………………………………………… 108

5章　要素設計
- 5-1　リベット継手 …………………………………………………… 110
- 5-2　リベット継手の効率 …………………………………………… 112
- 5-3　溶接継手 ………………………………………………………… 114
- 5-4　ねじのはめ合い部の長さと面圧力 …………………………… 116
- 5-5　ボルトの径 ……………………………………………………… 118
- 5-6　コイルばね ……………………………………………………… 120
- 5-7　平板ばね ………………………………………………………… 122
- 5-8　重ね板ばね ……………………………………………………… 124
- 5-9　圧力容器 ………………………………………………………… 126
- 5-10　軸の径（1）曲げを受ける場合 …………………………… 128

5-11	軸の径（2）ねじりを受ける場合	130
5-12	軸の径（3）曲げとねじりを同時に受ける場合	132
5-13	伝動軸の径	134
5-14	ラジアル端ジャーナルの設計	136
5-15	ラジアル中間ジャーナルの設計	138
5-16	摩擦熱による軸受の大きさ	140
5-17	スラストジャーナルの設計	142
5-18	ころがり玉軸受の寿命	144
5-19	摩擦クラッチ	146
5-20	つめ車	148
5-21	単ブロックブレーキ	150
5-22	バンド（帯）ブレーキ	152
5-23	ベルト（1）速比・長さ・巻掛け中心角	154
5-24	ベルト（2）張力	156
5-25	ローラチェーンのリンク数と伝達動力	158
5-26	モジュールとピッチ	160
5-27	標準平歯車の寸法	162
5-28	ルイスの式と伝達動力・回転力	164
5-29	歯面強さと回転力	166
5-30	はすば歯車の相当歯数と強さ	168
5-31	かさ歯車の相当歯数と寸法	170
5-32	歯車列の速度比	172
5-33	遊星歯車装置	174
5-34	差動歯車装置	176

6章 機械工作法

6-1	アンダカットの限界歯数	178
6-2	切削速度と回転数	180
6-3	鋳物砂の通気度	182
6-4	鋳型に及ぼす湯の圧力	184
6-5	ブランクの大きさ	186
6-6	絞り加工	188
6-7	打抜き	190

Ⅲ編　流体工学・熱工学

7章 流体力学

7-1	水圧機の原理	194
7-2	壁面に働く圧力	196
7-3	連続の法則とレイノルズ数	198

- 7-4　ベルヌーイの定理とトリチェリの定理 …………… 200
- 7-5　管内流れの損失 …………………………………… 202
- 7-6　噴流が物体に及ぼす力 …………………………… 204

8章　流体機械
- 8-1　水車の特性 ………………………………………… 206
- 8-2　ペルトン水車 ……………………………………… 208
- 8-3　フランシス水車 …………………………………… 210
- 8-4　ポンプの出力と効率 ……………………………… 212
- 8-5　渦巻ポンプ ………………………………………… 214
- 8-6　油圧ピストン ……………………………………… 216

9章　熱力学
- 9-1　熱量・仕事・内部エネルギー …………………… 218
- 9-2　p-V線図とエンタルピー ………………………… 220
- 9-3　理想気体の状態式 ………………………………… 222
- 9-4　理想気体の状態変化（1）定容・定圧 …………… 224
- 9-5　理想気体の状態変化（2）等温・断熱 …………… 226
- 9-6　ポリトロープ変化 ………………………………… 228

10章　熱機関
- 10-1　熱力学の第二法則（1） ………………………… 230
- 10-2　熱力学の第二法則（2） ………………………… 232
- 10-3　蒸気サイクル（1） ……………………………… 234
- 10-4　蒸気サイクル（2） ……………………………… 236
- 10-5　蒸気の流れの基礎式 …………………………… 238
- 10-6　伝熱と熱交換器 ………………………………… 240
- 10-7　燃焼 ……………………………………………… 242
- 10-8　ボイラの性能 …………………………………… 244
- 10-9　蒸気タービンの性能 …………………………… 246
- 10-10　内燃機関（1）圧縮比とサイクル …………… 248
- 10-11　内燃機関（2）出力と効率 …………………… 250

付　録 …………………………………………………… 252

引用・参考文献 ………………………………………… 264

目的別索引 ……………………………………………… 266

用語索引 ………………………………………………… 270

I編

力学の基礎・計測

1章 工業力学 ……………………… 2
2章 機械力学 ……………………… 38
3章 計　測 ……………………… 48

1-1 力の合成

Point 1つの物体に2つ以上の力が働くとき，それらの力と等しい効果を表すような力を求めることを力の合成と呼び，合成された力を合力という．もとの力に合力の反力を加えると，力がつり合って，着力点は動かない．

重要な公式

1 2力が直角（$\alpha=90°$）の場合

$$F=\sqrt{F_1^2+F_2^2}\ \mathrm{[N]} \quad ①$$

$$\tan\phi=\frac{F_2}{F_1} \quad ②$$

F：F_1, F_2 の合力〔N〕
α：F_1 と F_2 がなす角〔°〕
ϕ：合力 F が F_1 となす角〔°〕

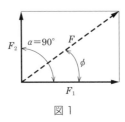

図1

2 2力が角 α で交わる場合

$$F=\sqrt{F_1^2+F_2^2+2F_1F_2\cos\alpha}\ \mathrm{[N]} \quad ③$$

$$\tan\phi=\frac{F_2\sin\alpha}{F_1+F_2\cos\alpha} \quad ④$$

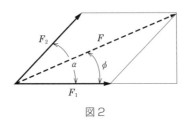

図2

1-1 力の合成

公式を使って例題を解いてみよう！

例題1 図3のように 30 N と 40 N の2力が互いに直角に働くときの合力と向き（角 ϕ の大きさ）を求めよ。

解説 ①式に代入して

$$F=\sqrt{F_1{}^2+F_2{}^2}=\sqrt{30^2+40^2}=50 \text{ N}$$

$$\tan\phi=\frac{40}{30}\fallingdotseq 1.33$$

∴ $\phi=53.1°$

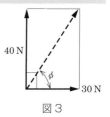
図3

例題2 図4のように，2力 F_1, F_2 のなす角 $\alpha=60°$, $F_1=1\,000$ N, $F_2=450$ N のとき，合力 F と角 ϕ の大きさを求めよ。

解説

③式に代入して

$$F=\sqrt{F_1{}^2+F_2{}^2+2F_1F_2\cos\alpha}$$
$$=\sqrt{1\,000^2+450^2+2\times 1\,000\times 450\times \cos 60°}$$
$$\fallingdotseq 1\,290 \text{ N}$$

④式に代入して

$$\tan\phi=\frac{450\times \sin 60°}{1\,000+450\times \cos 60°}$$
$$\fallingdotseq 0.318$$

∴ $\phi=17.6°$

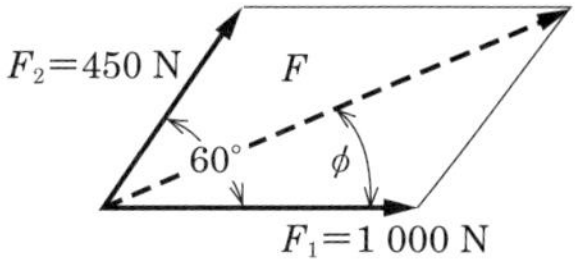

図4

- ①, ②式は, ③, ④式にそれぞれ, $\cos 90°=0$, $\sin 90°=1$ の値を代入することによって導かれる．
- 力の合成とは逆に, 1つの力を2つ以上の力に分けることを力の分解と呼び, それぞれを元の力の分力と呼ぶ. 各分力方向はその目的によって任意に決められるが, 特に右図のように, 直交座標上に分解された両分力を直角分力 (F_X, F_Y) という.

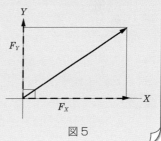
図5

1-2 モーメント

Point 物体を回転させようとする力の作用をモーメントという．モーメントの大きさは，1つの力および回転中心から力の作用線までの垂直距離に比例し，力×距離で表される．モーメントがつり合うと，物体は回転しない．

重要な公式

1 力のモーメント

$$M = Fl \sin \theta \,[\mathrm{N \cdot m}] \quad ①$$

$$M = Fl \,[\mathrm{N \cdot m}] \,(\theta = 90° の場合) \quad ②$$

モーメントの向き（正の場合は＋符号を省略）

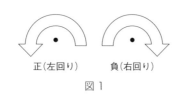

図1

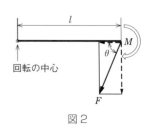

図2

M：モーメント〔N·m〕
l：モーメントの腕の長さ〔m〕
F：作用する力の大きさ〔N〕

2 偶力のモーメント

$$M = Fd \,[\mathrm{N \cdot m}] \quad ③$$

d：偶力の腕の長さ（作用線間の距離）〔m〕

3 モーメントの合成

$$M = \sum M_i \quad ④$$

M_i：それぞれの力のモーメント〔N·m〕

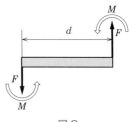

図3

公式を使って例題を解いてみよう！

例題1 図4において，点Oの回りのモーメントを，そのモーメントの向き（＋，－符号）に注意して求めよ．

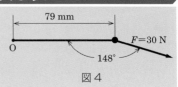

図4

解説 ①式を用いてモーメントの向きに注意して答える．

この場合の回転方向は右回りなので，負（－）記号となる．

$M = -30 \text{ N} \times 79 \text{ mm} \times \sin 148°$

$\quad ≒ -1\,260 \text{ N·mm}$

$\quad = -1.26 \times 10^3 \text{ N·mm}$

$\quad = -1.26 \text{ N·mm}$

例題2 図5の各図において，偶力のモーメントを求めよ．

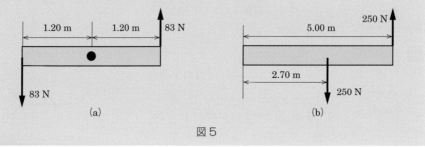

図5

解 説 ③式を用いてモーメントの向きに注意して考える．

(1) 図5(a)の場合

左回りなので，符号は正(＋)記号となる．

$M = 83 \text{ N} \times (1.20 \text{ m} + 1.20 \text{ m})$

$\quad = 199.2 \text{ N·m}$

$\quad ≒ 199 \text{ N·m}$

(2) 図5(b)の場合

右回りなので，符号は負(－)記号となる．

$M = 250 \text{ N} \times (5.00 - 2.70) \text{m}$

$\quad = 575 \text{ N·m}$

　　偶力は，回転中心から等距離に作用点がある，車のハンドルをイメージするとわかりやすい（例題2図5(a)参照）．しかし，実は，作用点を結んだ直線上のどこに回転中心をもってきても（内分点のみならず外分点も），この関係は成立する．したがって，例題2図5(b)では，あえて回転中心を明示していない（図3も同じ）．

　例題2図5(b)では，左回りモーメント250×5.00 N·m が，右回りモーメント250×2.70 N·m に優るため，左回りの＋モーメントとなる．答が＋モーメントの場合には符号を省略する．

1-3 力のつり合い

Point 複数の力が働いているにもかかわらず，物体が動かない場合，力がつり合い状態にあるという．ただし，力がつり合っていてもモーメントがつり合っていないと，物体は回転する．

重要な公式

1 力のつり合いの方程式

$$F_1 + F_2 + F_3 + \cdots + F_i + \cdots = 0 \quad ①$$

F_i：各力の大きさ〔N〕

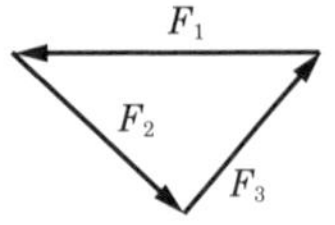

図1

2 作図表現

一点に働く3力がつり合うためには力の三角形が閉じていなければならない．

すなわち，同一平面上にある3つの力 F_1, F_2, F_3 がつり合い状態にある場合，2力間の大きさと作用線のなす角 α, β, γ の間に次式が成り立つ．

$$\frac{F_1}{\sin \alpha} = \frac{F_2}{\sin \beta} = \frac{F_3}{\sin \gamma} \quad (\text{ラミの定理}) \quad ②$$

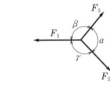

図2

3 座標表現

X, Y 軸方向の分力 F_1, F_2, F_3 がそれぞれ (X_1, Y_1), (X_2, Y_2), (X_3, Y_3) … のとき，次式が成り立つ．

(1) 1点に働く力がつり合うための条件式

$$\left.\begin{array}{l} X_1 + X_2 + X_3 + \cdots = 0 \\ Y_1 + Y_2 + Y_3 + \cdots = 0 \end{array}\right\} \quad ③$$

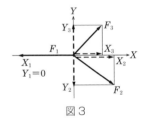

図3

(2) 着力点の違う力がつり合うための条件式

$$\left.\begin{array}{l} X_1 + X_2 + X_3 + \cdots = 0 \\ Y_1 + Y_2 + Y_3 + \cdots = 0 \\ M_1 + M_2 + M_3 + \cdots = 0 \end{array}\right\} \quad ④$$

M：モーメント〔N・m〕

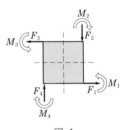

図4

公式を使って例題を解いてみよう！

例題1 200 N の荷重がかかる物体を結んだひもの他端を，天井に固定し，さらにその途中にもう1本のひもをつけると，図5のような角度でひもは傾いた．ひもの各張力 T_1, T_2 を求めよ．

解説 ひもの張力 T_1, T_2, 荷重 W の3力はつり合っている．
①式から次のつり合いの式が得られる．

$T_{1x} + T_{2x} + W_x = 0$ ⑤
$T_{1y} + T_{2y} + W_y = 0$ ⑥

これを解く．

$T_{1x} = T_1 \cos 45° ≒ 0.707 \, T_1$, $T_{1y} = T_1 \sin 45° ≒ 0.707 \, T_1$,
$T_{2x} = -T_2 \cos 60° = -0.5 \, T_2$, $T_{2y} = T_2 \sin 60° ≒ 0.866 \, T_2$,
$W_x = 0$, $W_y = -200$

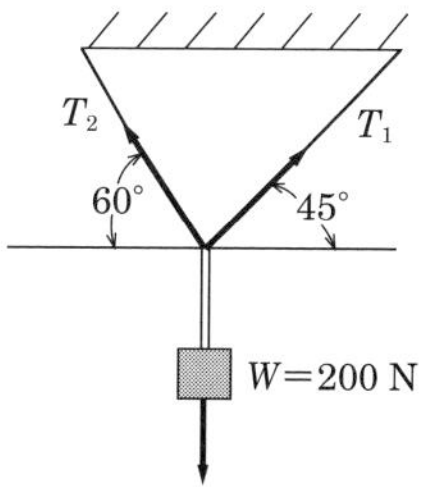

⑤，⑥式にこれらの値を代入して

$0.707 \, T_1 - 0.5 \, T_2 = 0$ ⑦
$0.707 \, T_1 + 0.866 \, T_2 - 200 = 0$ ⑧

より，⑧式－⑦式から，$1.366 \, T_2 = 200$

∴ $T_2 ≒ 146 \, \text{N}$, $T_1 ≒ 103 \, \text{N}$

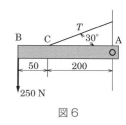

図5

[例題2] 図6のように，回転端とひもで水平に支えられた棒の先端に 250 N の荷重をかけた．ひもの張力および棒が壁を垂直に押す力を求めよ．

解説 棒に働く力は，荷重，回転端の反力，ひもの張力の3力のみで，3力はつり合っている．A点の回りのモーメントのつり合いを考える．

モーメントの公式（p.4 の①式，②式）より

$M_1 = 250 \times (200 + 50)$, $M_2 = -T \sin 30° \times 200$

④式に代入すると

$M = 250 \times 250 - T \sin 30° \times 200 = 0$

$T = 625 \, \text{N}$

壁を押す力は，$T \cos 30° = 625 \times \cos 30° = 541 \, \text{N}$

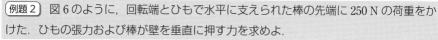

図6

 着力点が違う力のつり合いを考える場合には，モーメントのつり合いをも考えて式を立てる必要がある．

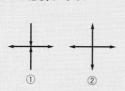
① ②
(a) つり合っている

(b) 回転する（つり合わない）

図7

1-4 重心と図心

Point 物体は小さな部分の集合体で，重力は各部分に分布している．しかし，実務的にはそれらを1点に集中させた合力として取り扱う場合が多い．この点 G を物体の重心という．厚さ・密度の均一な物体は平面図形として取り扱い，その中心を図心という．任意の形状について力のつり合いを考えるときには，重心や図心を求める必要がある．

重要な公式

1 重心の求め方

小片によるモーメントの和＝物体によるモーメント

$\sum w_i x_i = W\bar{x}$, $\sum w_i y_i = W\bar{y}$ より

$$\bar{x} = \frac{w_1 x_1 + w_2 x_2 + w_3 x_3 + \cdots}{W} = \frac{\sum w_i x_i}{W}$$

$$\bar{y} = \frac{w_1 y_1 + w_2 y_2 + w_3 y_3 + \cdots}{W} = \frac{\sum w_i y_i}{W}$$

①

$W = w_1 + w_2 + w_3 + \cdots$

$(\bar{x}, \bar{y})$：重心の座標
W：物体の重さ

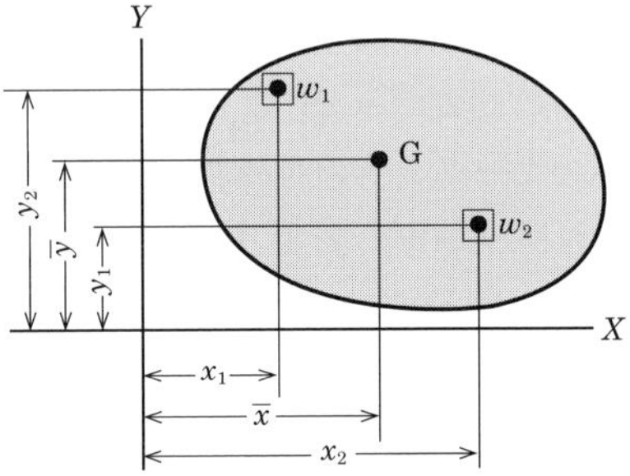

2 図心の求め方

$$\bar{x} = \frac{\sum a_i x_i}{A}$$

$$\bar{y} = \frac{\sum a_i y_i}{A}$$

②

A：全面積〔m²〕，〔mm²〕

図心の場合は，重さを面積に読み替えて計算を行う．

3 基本的な形状の重心

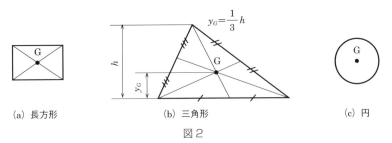

(a) 長方形　　(b) 三角形　　(c) 円

図2

図1

● 1-4 重心と図心 ●

公式を使って例題を解いてみよう！

例題1 図3に示す平面図形の重心を求めよ．ただし，長さの単位はmmとする．

解説 図4のように2分割して考える．

$$W = 150^2 + 300 \times 150 = 67\,500 \text{ mm}^2$$

x方向の重心の位置は

$$\bar{x} = \frac{150^2 \times 75 + 300 \times 150 \times 150}{67\,500} = 125$$

$$\bar{y} = \frac{150^2 \times 225 + 300 \times 150 \times 75}{67\,500} = 125$$

∴ $\bar{x} = 125$ mm，$\bar{y} = 125$ mm

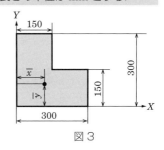

図3

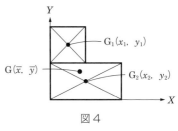

図4

例題2 図5のように丸い穴の空いた正方形の薄板がある．この図心の位置を求めよ．

解説 図5のように，図心はX軸上にある．丸く欠損している部分の面積を負のモーメントとして計算する．本体，空洞の面積およびx方向の重心位置をそれぞれ，a_1, a_2, x_1, x_2とすると

$$a_1 x_1 = 50 \times 50 \times 25 = 62\,500 \text{ mm}^2$$

$$a_2 x_2 = -\frac{\pi \times (20)^2}{4} \times (25 + 10) \fallingdotseq 11\,000 \text{ mm}^2$$

$A = 50 \times 50 - \pi \times 10^2 = 2\,190$ を代入すると，x方向の重心の位置は

$$\bar{x} = \frac{62\,500 - 11\,000}{2\,190} \fallingdotseq 23.5 \text{ mm}$$

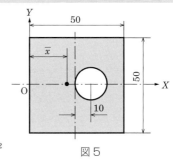

図5

 計算にあたっては重心が簡単に求めやすい形に分割して求めるとよい（図2参照）．また，欠損部は負の部分と考えて計算するとよい．

1-5 トラスの解法

Point 直線状部材（組子）を三角形に組み込み，すべての接点をピン結合によって連結させた骨組構造をトラスという．トラスの構造計算では，各部材に働く力が圧縮力なのか，引張力なのかをその大きさと共に求める．トラスは，軽量で強い強度を得たいときに広く用いられる．

重要な公式

1 部材各部に働く力

支点に作用する反力

W：荷重〔N〕

R_1, R_2：反力〔N〕

F_i：部材 i に生じる内力〔N〕

それぞれの W, R_1, R_2 にかかる力の三角形から内力を求める．なお，内力は組子の作用線上を平行移動させて作図を行う．

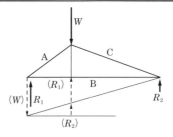

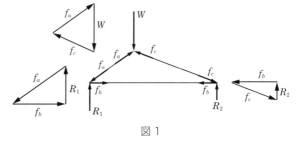

図1

2 解法

何通りかの解法があるが，ここでは，図式解法と算式解法を基本的な解法として例題に取り上げその解説を行う．

1-5 トラスの解法

公式を使って例題を解いてみよう！

例題1 図2に示したトラス構造の反力，組子の内力を求めよ．

解説 トラスの形が30°，60°の直角三角形であるため，図3のように三角形の相似形として各辺の長さを求める．

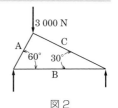

図2

(1) 反力

$$\frac{R_2}{R_1} = \frac{\text{組子①～④間の長さ}}{\text{組子④～②間の長さ}}$$

$$= \frac{\text{線分①～③間の長さ} \times \sin 30° \times \cos 60°}{\text{線分②～③間の長さ} \times \cos 30° \times \cos 30°} = \frac{1}{3}$$

$R_1 + R_2 = 3\,000$ N より

$R_1 = 2\,250$ N，$R_2 = 750$ N

(2) 内力

同様に，三角比で各値を求めると

組子 B の内力は 1 300 N（引張）

組子 C の内力は 1 500 N（圧縮）

組子 A の内力は 2 600 N（圧縮）

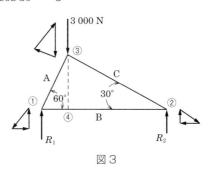

図3

例題2 図4に示したトラス構造各組子の内力を求めよ．

解説 左右対称トラスのため，支点の反力はそれぞれ 100 N となる．

接点①に注目し，力のつり合いの方程式をたてる．

水平方向　$F_B = F_A \cos 60°$

垂直方向　$F_A \sin 60° = 100$ N

$$F_A = 100 \times \frac{2}{\sqrt{3}} \fallingdotseq 115 \text{ N}$$

$$F_B = 100 \times \frac{2}{\sqrt{3}} \times \frac{1}{2} = 57.7 \text{ N}$$

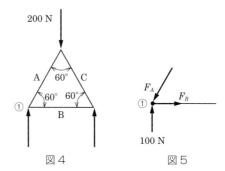

図4　　　　図5

 力のベクトル性および力のつり合いの条件に留意して問題を解くとよい．

1-6 力と運動

Point》 時間とともに物体がその位置を変えることを運動という．力には物体の運動状態を変化させる働きがある．ここではこれらの関係を取り扱うが力と加速度は同じ方向であることに留意する．

重 要 な 公 式

1 運動の三法則
第一法則：慣性の法則
第二法則：運動の法則
　運動の方程式　$F = m\alpha$
第三法則：作用・反作用の法則

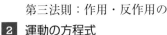

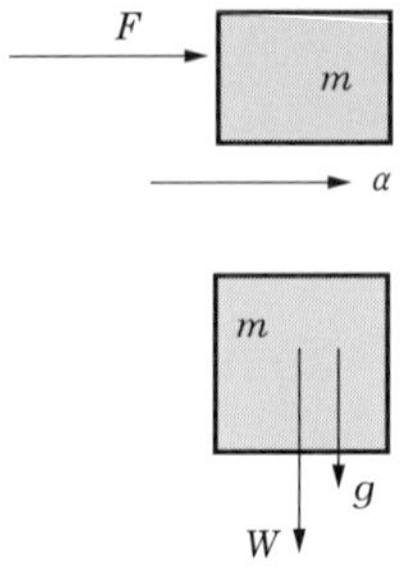

2 運動の方程式

$$F = m\alpha = \frac{W}{g}\alpha \quad \rightarrow \quad \alpha = \frac{Fg}{W} \quad ①$$

$$W = mg \quad \rightarrow \quad m = \frac{W}{g} \quad ②$$

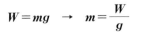

図1

W：物体に働く重力〔N〕，m：物体の質量〔kg〕
F：物体に作用する力〔N〕，α：Fによる加速度〔m/s^2〕

3 等加速度運動
（1）加速度

$$\alpha = \frac{v - v_0}{t} \quad ③$$

　α：加速度〔m/s^2〕
　v_0：初速度〔m/s〕
　v：時間t後の速度〔m/s〕
　t：時間〔s〕

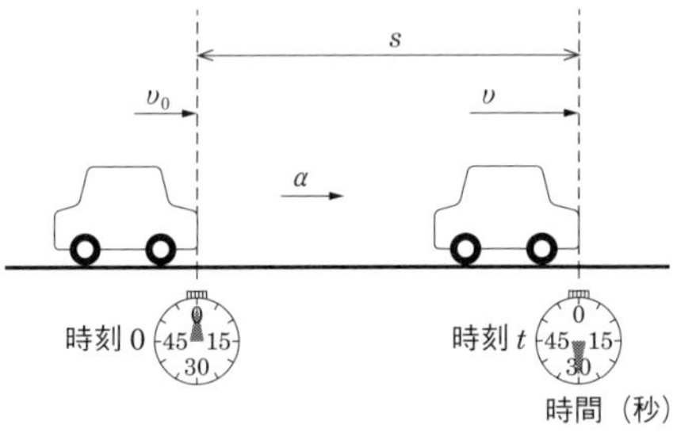

（2）等加速度運動

$$v = v_0 + \alpha t \quad ④$$

$$s = v_0 t + \frac{1}{2}\alpha t^2 \quad ⑤$$

図2

　s：移動した距離〔m〕

4 力と運動の関係の考え方
① 考える物体に働く力を全部もれなく取り上げる．
② 全部の力を合成して合力F_sと合成モーメントMを求める．

③ $F_s=0$, $M=0$ のとき力とモーメントはつり合って，物体の運動状態は変化しない．
④ M により，物体はその方向に回転運動をする．
⑤ もし，大きさが等しく向きが反対の力 $-R$（慣性力と呼ぶ）があると仮定すれば，この慣性力を含めすべての力がつり合っていれば物体は静止する．

公式を使って例題を解いてみよう！

例題 1 図3のように，水平線上に置いた質量 $m=2.50\,\mathrm{kg}$ の物体を水平に動かすために必要な力を求めよ．ただし，静摩擦係数は 0.20 とする．

解 説 摩擦力を f とすると $f=W\mu_0$（μ_0：静摩擦係数）より

$$f=2.50\times 9.81\times 0.20 \fallingdotseq 4.91\,\mathrm{N}$$

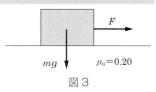

図3

例題 2 図4のように，ひもを通したプーリを壁面から張り出した装置に固定して，一端に質量 3 kg の物体 A を縛り，他端には 2 kg の物体 B をつるし，物体 B をいったん手で保持した．その後，手を離したときの A の 2 秒後の落下距離を求めよ．

解 説 B は上昇し，A は下降する．
力のつり合い条件より

$$m_1 g - T = m_1 \alpha$$

$$T - m_2 g = m_2 \alpha$$

$$\alpha = \frac{m_1 - m_2}{m_1 + m_2} g$$

これを⑤式（$v_0=0$）に代入する．

$$s = v_0 t + \frac{1}{2}\alpha t^2 = \frac{1}{2}\alpha t^2 = \frac{m_1 - m_2}{2(m_1 + m_2)} g t^2$$

$m_1=3$, $m_2=2$ より

$$s = \frac{3-2}{2(3+2)} \times 9.81 \times 2^2 \fallingdotseq 3.92\,[\mathrm{m}]$$

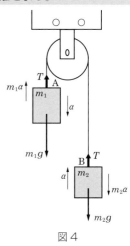

図4

 力学問題を解く際には，力のつり合いを始めとしたモーメント・力積・運動量などの力学的物理量のつり合いの方程式を立ててそれを解くとよい．

1-7 運動量保存の法則と衝突

Point 運動している 2 つの物体が衝突しても運動量の総和が変わらない．これを運動量保存の法則という．物体同士が衝突するとき，必ず運動量の受渡しが行われる．

重 要 な 公 式

1 運動量保存の法則

$$m_1 v_1 + m_2 v_2 = m_1 v_1' + m_2 v_2' \qquad ①$$

m_1，m_2：2 物体の各質量〔kg〕
v_1，v_2：2 物体の各初速度〔m/s〕
v_1'，v_2'：相互作用後の各速度〔m/s〕

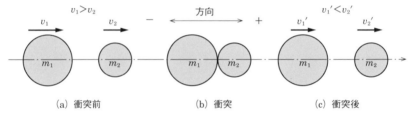

図 1　運動量保存の法則（衝突による反発係数 e）

2 衝突

$$e = \frac{v_2' - v_1'}{v_1 - v_2} \qquad ②$$

$$v_1' = v_1 - \frac{m_2(v_1 - v_2)}{m_1 + m_2}(1+e) \qquad ③$$

$$v_2' = v_2 - \frac{m_1(v_1 - v_2)}{m_1 + m_2}(1+e) \qquad ④$$

e：反発係数
※ $0 \leq e \leq 1$ の値をとる．

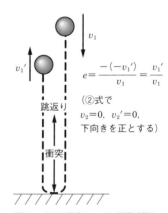

$$e = \frac{-(-v_1')}{v_1} = \frac{v_1'}{v_1}$$

（②式で $v_2 = 0$，$v_2' = 0$，下向きを正とする）

図 2　落下運動による反発係数 e

公式を使って例題を解いてみよう！

例題 1 水面に静止している重さ 80 kg のボートから体重 75 kg の人が後方に 5 m/s の速度で飛び出した．ボートはどのような動きをするか．

解説 $75 \times 5 + 80 \times v = 0$ より

$v \fallingdotseq -4.69$ m/s

∴ 4.69 m/s で，ボートは前方に進む．

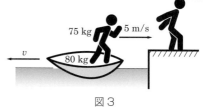

図 3

例題 2 静止している鋼球 B に，質量 7.26 kg の鋼球 A を 0.6 m/s の速さで衝突させると，鋼球 A が静止した．鋼球 B の衝突後の速度と質量を求めよ．ただし，$e=0.8$ とする．

解説 ②式に，$v_1=0$，$v_2=0.6$ m/s，$v_2'=0$ m/s を代入する．

$$0.8 = \frac{0 - v_1'}{0 - 0.6}$$

∴ $v_1' = 0.8 \times 0.6 = 0.48$ m/s

③式より

$$0.48 = 0 - \frac{7.26 \times (0 - 0.6)}{m_1 + 7.26}(1 + 0.8)$$

$m_1 \fallingdotseq 9.08$ kg

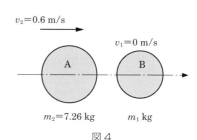

図 4

> ある運動速度に達した物体の質量に速度をかけたものが運動量，力に距離をかけて仕事を求めて単位時間で割った値が動力である．これらは物体の移動という，力にかかわる物理量について，見方を変えて方程式を立てているが，両者はしっかり区別したい．
>
> 運動量の単位は〔kg·m/s〕，動力の単位は〔N·m/s〕である．

1-8 運動量と力積

Point 物体の質量と速度の積は運動量の大きさを表す．運動している物体に力を加え続けると運動量は変化し，この加え続ける力と時間の積を力積という．例えば，ばねなどの緩衝装置に働く力や，衝撃を吸収するための時間を求めるには，まず力積を求める必要がある．

重 要 な 公 式

1 運動量

$p = mv$ 〔kg·m/s〕　①

m：物体の質量〔kg〕

v：t 秒後の速度〔m/s〕

2 力積

(1) 力が時間とともに変化しない場合

$$F = m\alpha = m\frac{v-v_0}{t} = \frac{mv-mv_0}{t}$$　②

$Ft = mv - mv_0$　③

F：物体に働く力〔N〕

t：力 F が作用している時間〔s〕

v_0：初速度〔m/s〕

(2) 力が時間とともに変化する場合

$$\int_{t_1}^{t_2} F(t)\,dt = mv - mv_0$$　④

$F(t)$：時間関数として表される力の大きさ〔N〕

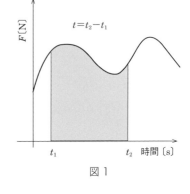

図 1

1-8 運動量と力積

公式を使って例題を解いてみよう！

例題 1 質量 50 kg の物体が速度 15 m/s で直線運動をしている．この運動の向きと同じ方向に 2 秒間，100 N の力を加え続けた後の物体の速度を求めよ．

解説 ②式より

$$F = \frac{mv - mv_0}{t}$$

$$v = \frac{Ft}{m} + v_0 = \frac{100 \times 2}{50} + 15 = 19 \text{ m/s}$$

例題 2 質量 1 000 kg のおもりを 9 m/s の速度でくいに打ち込むとき，当たってから止まるまでの時間が 0.1 秒だとすると，くいの受ける力を求めよ．

解説 ②式より

$$F = m\frac{v - v_0}{t} = 1\,000 \times \frac{0 - 9}{0.1} = -90\,000 \text{ N}$$
$$= -90 \text{ kN}$$

負号はおもりの運動と逆向きの力を受けることを示す．くいはその反作用でこれに等しい 900 kN の力を受ける．

例題 3 速さ 10 m/s で水平に飛んできた質量 0.26 kg の物体が，短時間強い力（撃力）を受け，同じ道を逆向きに 15 m/s で跳ね返った．このときの力積を求めよ．また，力が加わっている時間を 0.2 秒とすると，物体に加わる力を求めよ．

解説 右図のように右向きを＋と決めると，③式より

$$Ft = mv - mv_0$$
$$= 0.260 \times (-15) - 0.260 \times 10$$
$$= -6.50 \text{ N·s}$$

∴ 力積は -6.50 N·s

負号より方向は左向きである．
②式より

$$F = \frac{6.50}{0.2} = 32.5 \text{ N}$$

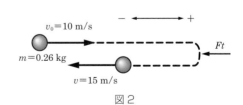

図 2

 1-6 節「力と運動」，1-7 節「運動量保存の法則と衝突」，1-9 節「仕事・動力・エネルギー」は互いに関連しているので，見比べながら理解するとよい．

1-9 仕事・動力・エネルギー

Point 仕事の大きさは力×距離で表される．ここでは仕事に必要なエネルギーと動力を取り扱う．とくに，動力は時間にかかわる量なので，仕事の質を表すうえで重要である．例えば，エンジンの性能のうち，発生する動力は非常に重要である．

重要な公式

1 仕事

(1) 力と同じ方向に移動の場合

$A = Fl$ 〔J〕

(2) 力と θ の角度をなす方向に移動の場合

$A = F\lambda = Fl\cos\theta$ 〔J〕　①

A：仕事〔N・m〕
F：物体に加わる力〔N〕
λ：変位量〔m〕
l：移動距離〔m〕

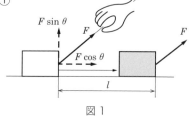

図1

2 動力

$P = \dfrac{A}{t} = \dfrac{F \cdot l}{t} = F \cdot v$ 〔N・m/s〕　②

t：仕事に要した時間〔s〕
v：速度〔m/s〕

※動力の単位

1〔N・m/s〕＝1〔J/s〕＝1〔W〕
1〔PS〕＝735〔W〕

3 エネルギー

(1) 位置エネルギー　$E_p = mgh$ 〔J〕　③

(2) 運動エネルギー　$E_k = \dfrac{1}{2}mv^2$ 〔J〕　④

m：質量〔kg〕
g：重力加速度 ＝9.81〔m/s^2〕
h：高さ方向の変位量〔m〕

1-9 仕事・動力・エネルギー

公式を使って例題を解いてみよう！

例題 1 重さ 500 t の列車が 1/100 の登り勾配を 54 km/h の速度で進行している．走行抵抗を 5 kg/t として，列車の出している動力を求めよ．

解説 θ は小さいので，$\sin\theta = \tan\theta = 1/100$ として計算する．②式より

$$F = 500 \times 1\,000 \times 9.81 \times \frac{1}{100}$$
$$+ 500 \times 5 \times 9.81 = 73\,575 \text{ N}$$
$$v = 54 \text{ km/h} = 15 \text{ m/s より}$$
$$P = 73\,575 \times 15 \fallingdotseq 1\,100\,000 \text{ W} = 1\,100 \text{ kW}$$

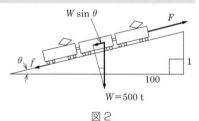

図 2

例題 2 質量 2.50 kg の鋼球を垂直に 30 m/s の速さで打ち上げたときの 2 秒後に有する位置エネルギーと運動エネルギーを求めよ．ただし，打ち上げた地点を位置エネルギーの基準点とする．

解説 2 秒後の速度 v および到達高さ h は，等加速度運動の式 (p.12 の④式，⑤式) より

$$v = 30 - 9.81 \times 2 = 10.38 \text{ m/s}$$
$$h = 30 \times 2 - \frac{1}{2} \times 9.81 \times 2^2 = 40.38 \text{ m}$$

③，④式より
$$E_p = 2.50 \times 9.81 \times 40.38 \fallingdotseq 990 \text{ J}$$
$$E_k = \frac{1}{2} \times 2.50 \times 10.38^2 \fallingdotseq 135 \text{ J}$$

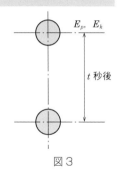

図 3

例題 3 質量 5 000 kg のトラックがある．50 km/h で走行中の運動エネルギーを求めよ．

解説 運動エネルギーの単位〔J〕→〔N・m〕にあわせるために，時速を秒速に変換する．

$$50 \text{ [km/h]} = 13.9 \text{ [m/s] より}$$

$$E_k = \frac{1}{2} \times 5\,000 \times 13.9^2 = 4.83 \times 10^5 \text{ N·m} = 4.83 \times 10^5 \text{ J} = 483 \text{ kJ}$$

 エネルギーとは仕事ができる能力である．したがって，運動エネルギーを含めてエネルギーと仕事の単位は同じで，ジュール〔J〕で表す．また，動力は仕事を時間で割った値で，単位はワット〔W〕である．

1-10 滑り摩擦

> **Point** 静摩擦力と動摩擦力は相違する．静止物体に力を加えていくとそれに伴い静摩擦力も増加するが，しばらくの間，物体は静止状態のままである．しかし，最大静摩擦力に達すると，力と静摩擦力の均衡が崩れ，物体は動き始める．物体に力を加えても動かないときは，加えた力と摩擦力がつり合っている．

重要な公式

1 静摩擦力

$f_0 = \mu_0 N$ 〔N〕　①

$\tan \phi_0 = \mu_0$

 f：静摩擦力

 f_0：最大静摩擦力〔N〕

 ϕ_0：静止摩擦角

 N：接触面の垂直力〔N〕

 μ_0：静止摩擦係数

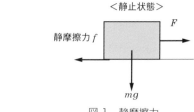

図1　静摩擦力

2 動摩擦力

$f' = \mu N$ 〔N〕　②

$\tan \phi = \mu$

 f'：動摩擦力〔N〕

 ϕ：動摩擦角

 N：接触面の垂直力〔N〕

 μ：動摩擦係数

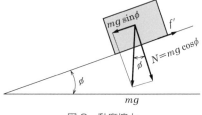

図2　動摩擦力

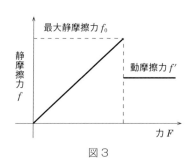

図3

1-10 滑り摩擦

公式を使って例題を解いてみよう！

例題 1 水平面上に静止している質量 100 kg の物体に 200 N の水平力で作用すると動き始めた．静止摩擦係数と摩擦角を求めよ．

解 説 ①式より

$$200 = \mu_0 \times 100 \times 9.81$$

∴ $\mu_0 \fallingdotseq 0.204$

$\tan \phi_0 = 0.204$ より

$\phi_0 = 11.5°$

例題 2 質量 50 kg の物体を板の上に乗せ，板を傾けると，30°の傾きで物体が滑りだした．板を水平に戻して，水平方向で動き出すのに必要な力を求めよ．

解 説 物体が滑りだしたのは，物体の滑り落ちる力が最大静摩擦力に達したからである．図4より

$$mg \cdot \sin \phi = \mu_0 \cdot mg \cos \phi$$

$$\mu_0 = \tan \phi$$

よって

$$f_0 = \mu_0 N = \tan 30° \times 50 \times 9.81 \fallingdotseq 283 \text{ N}$$

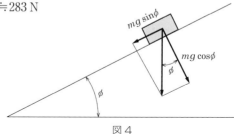

図4

動摩擦力は静摩擦力の約半分である．2つの物体の摺動（しょうどう）面に潤滑油などを施すことによって，さらにこの値を小さくし，物体をスムーズに動かすことができる．なお，摺動とは，機械の装置などが滑べる面のことである．
※摺動面とは，機械の装置などが滑べる面のこと．

1-11 円運動

Point 物体が円周上を一定の速度で回転している場合，この運動を等速度円運動と呼び，一定の加速度運動を行っているときは等角加速度運動という．角度の単位は，半径と円弧の長さの比から求めた，ラジアン単位を用いる．

重要な公式

1 等速度円運動

$$v = \frac{2\pi r}{T} = r\omega \quad ①$$

$$\omega = \frac{\theta}{t} = \frac{2\pi}{60}n \quad ②$$

v：周速度〔m/s〕
T：周期〔s〕
r：半径〔m〕
ω：角速度〔rad/s〕
θ：t 秒間の変位角度〔rad〕
n：回転速度〔rpm〕

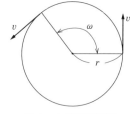

図1 1秒後の変位

2 等角加速度運動

$$\beta = \frac{\omega - \omega_0}{t} \quad ③$$

$$\omega = \omega_0 + \beta t \quad ④$$

$$\theta = \omega_0 t + \frac{1}{2}\beta t^2 \quad ⑤$$

β：角加速度〔rad/s²〕

回転速度 n〔rpm〕と ω との関係

$$\omega = \frac{2\pi}{60}n \text{〔rad/s〕} \quad ⑥$$

$$\left(1 \text{ rpm} \rightarrow \frac{1}{60} \text{ rps} \rightarrow \frac{2\pi}{60} \text{ rad/s} \right)$$

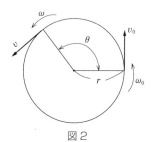

図2

公式を使って例題を解いてみよう！

例題1 直径 100 mm の丸棒を回転数 1 500 rpm で旋盤加工を行う場合の角速度と周速度を求めよ．

解 説 ⑥式より

$$\omega = \frac{2\pi n}{60} = \frac{2 \times \pi \times 1\,500}{60} \fallingdotseq 157 \text{ rad/s}$$

また，$r = \dfrac{0.100}{2} = 0.0500$ m，$\omega = 157$ rad/s より

$$v = r\omega = 0.05 \times 157 = 7.85 \text{ m/s}$$

例題2 回転軸の回転数が，1 000 rpm から 5 秒後に 1 500 rpm になった．このときの角加速度を求めよ．

解 説 ②式より

$$\omega_0 = \frac{2 \times \pi}{60} \times 1\,000 \fallingdotseq 105 \text{ rad/s}, \quad \omega = \frac{2 \times \pi}{60} \times 1\,500 \fallingdotseq 157 \text{ rad/s}$$

③式に代入して

$$\beta = \frac{157 - 105}{5} = 10.4 \text{ rad/s}^2$$

例題3 グラインダのスイッチを切ったところ，慣性で回転している 2 400 rpm の砥石がある．-5 rad/s^2 の角加速度で速度を失う場合，回転が停止するまで何回転を要するかを求めよ．

解 説 はじめの角速度を ω_0 とすると，⑥式より

$$\omega_0 = 2\,400 \times \frac{2\pi}{60} = 80\pi \text{ [rad/s]}$$

$\omega_0 = 80\pi$ [rad/s]，$\omega = 0$ rad/s，$\beta = -5$ [rad/s^2] を④式に代入する．

$0 = 80\pi + (-5)t$

$t \fallingdotseq 50.3$ s

⑤式より

$$\theta = 80\pi \times 50.3 + \frac{1}{2} \times (-5) \times 50.3^2 \fallingdotseq 6\,320 \text{ rad}$$

$$回転数 = \frac{6\,320}{2\pi} \fallingdotseq 1\,006 \text{ 回転}$$

1-12 向心力と遠心力

Point》 円運動をさせる力を向心力という．遠心力は，力のつり合いを考えて仮定された，向心力 F と大きさが等しく，逆向きの慣性力である．円運動する物体が半径方向に動かないとき，向心力と遠心力はつり合っているが，遠心力が大きくなれば物体は半径方向に動いていく．

重 要 な 公 式

1 向心加速度

$$\alpha = \frac{v^2}{r} = r\omega^2$$

①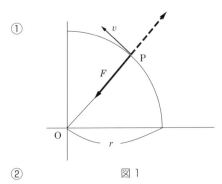

- α：向心加速度 [m/s²]
- r：円運動の半径 [m]
- v：周速度 [m/s]
- ω：角速度 [rad/s]

2 向心力（遠心力）

$$F = m\alpha = \frac{mv^2}{r} = mr\omega^2$$

②

- F：向心力（遠心力）[N]

図1

公式を使って例題を解いてみよう！

例題 1 質量 7.26 kg のおもりを付けた長さ 2 000 mm のワイヤの他端を中心として，毎分 120 回で等速円運動をさせる．このとき，物体の角速度，物体の速さ，物体の加速度，向心力および遠心力を求めよ．

解 説》

(1) 物体の角速度

　　回転数 $= 120$ 回/min $= 2$ 回/s

　　$2\pi \times 2 ≒ 12.6$ rad/s

※もしくは，$\omega = \dfrac{2\pi}{60}n = \dfrac{2\pi}{60} \times 120 = 12.6$ rad/s

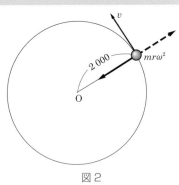

図2

(2) 物体の速さ

　　$v = r\omega = 2\,000 \times 12.6 = 25\,200$ mm/s

　　$= 25.2$ m/s

(3) 物体の加速度

　　$2\,000$ mm $= 2$ m なので

①式 $\alpha = r\omega^2$ より，$\alpha = 2 \times 12.6^2 \fallingdotseq 318 \text{ m/s}^2$

(4) 向心力および遠心力

②式より

$$F = m\alpha = 7.26 \times 318 \fallingdotseq 2\,310 \text{ N}$$

例題2 バイクで半径 50 m のカーブを速度 50 km/h で旋回したい．鉛直方向に対してバイクはどのくらい傾ければよいかを求めよ．

解説 図3のように，バイクの重力 mg，垂直抗力 R，遠心力 F の3力がつり合うと考える．

図3より

$$mg \tan \theta = F$$

②式より $F = \dfrac{mv^2}{r}$ を代入する．

$$mg \tan \theta = \dfrac{mv^2}{r}$$

速度 50 km/h = 13.9 m/s より

$$\tan \theta = \dfrac{v^2}{gr} = \dfrac{13.9^2}{9.81 \times 50} \fallingdotseq 0.394$$

$$\theta = 21.5°$$

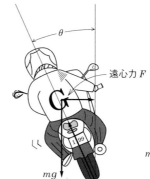

図3

> 遠心力は，つり合いを考えたみかけ上の力（慣性力）であるが，感覚的にわかりやすいため，広く用いられている．例えばバイクのカーブ走行時に外側に膨らもうとする力，陸上競技のハンマー投げにおけるワイヤーの手元握り部に伝わる力，あるいは「遠心」分離器ということばの中など，日常生活のさまざまな場面で接することができる．

1-13 慣性モーメント

Point 物体全体の直線運動ではなく，物体自身が自軸を中心に回転する回転体について，モーメントの考え方を用いて物体運動を取り扱うのが，慣性モーメントの考え方である．慣性モーメントが大きいと，回転させにくく，止めにくい物体であるといえるので，物体を回転させるためのモータの性能を計算するときなどに使われる．

重要な公式

1 慣性モーメント

$$J = \sum m_i r_i^2 \quad \text{①}$$

J：慣性モーメント〔$kg \cdot m^2$〕＝〔$N \cdot m \cdot s^2$〕
m_i：各部分の質量〔kg〕
r_i：各部分の回転軸からの距離〔m〕

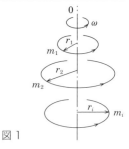

図 1

2 回転半径

$$k = \sqrt{\frac{J}{m}} \quad \text{〔m〕} \quad \text{②}$$

k：回転半径〔m〕
m：物体の全質量〔kg〕

3 回転運動の運動エネルギー

$$E_r = \frac{J \cdot \omega^2}{2} \quad \text{③}$$

E_r：回転運動の総合運動エネルギー〔J〕
ω：角速度〔rad/s〕

表 1 主な形の物体の慣性モーメント

種類	形	回転軸	J	k^2
細い棒	長さ l	中心を通り棒に垂直	$\dfrac{ml^2}{12}$	$\dfrac{l^2}{12}$
長方形板	$a \times b$	中心を通り b 辺に平行	$\dfrac{ma^2}{12}$	$\dfrac{a^2}{12}$
円柱（円板を含む）	半径 r，長さ l	円柱の軸	$\dfrac{mr^2}{2}$	$\dfrac{r^2}{2}$
環板	内径 r，外径 R	重心を通り環板面に垂直	$\dfrac{1}{2}m(r^2+R^2)$	$\dfrac{r^2+R^2}{2}$

公式を使って例題を解いてみよう！

例題1 図2に示す管状物体（単位は cm）の中心軸のまわりの慣性モーメントと回転半径を求めよ．ただし，物体の比重を $\rho=2.7$ とする．

解説 比重の基準となる水 $1\,\text{cm}^3$ の質量を $1\,\text{g}$ として物体の質量を求める．

$$m = \pi \times (R^2 - r^2) \times t \times \rho$$
$$= \pi \times (40^2 - 30^2) \times 10 \times 2.7$$
$$\fallingdotseq 59\,400\,\text{g} = 59.4\,\text{kg}$$

表1より

$$J = \frac{1}{2}m(R^2 + r^2) = \frac{1}{2} \times 59.4 \times (4^2 + 3^2)$$
$$\fallingdotseq 743\,\text{kg}\cdot\text{m}^2 = 743\,\text{N}\cdot\text{m}\cdot\text{s}^2$$

$$k = \sqrt{\frac{743}{59.4}} \fallingdotseq 3.54\,\text{m}$$

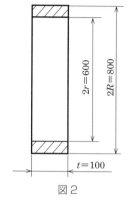

図2

例題2 慣性モーメントが $50\,\text{N}\cdot\text{m}\cdot\text{s}^2$，角速度が $15\,\text{rad/s}$ の回転体の運動エネルギーを求めよ．

解説 ③式より

$$E_r = \frac{50 \times 15^2}{2} = 5\,625\,\text{J}$$

> エンジン等の機械類では滑らかな回転運動を確保するために，はずみ車（フライホイール）を用いる．これは，回転軸にといし車のような重量物体を取り付け，慣性の法則を利用したものである．
>
> 慣性モーメントの回転半径は，回転中心からの総和モーメントの中心半径値である．これは，各部分のモーメント配分（統計学上の重み）を加味したものであり，重心位置を求める手法と全く同じである．

1-14 トルクと回転運動

Point》》 回転運動において，回転中心からの距離に回転力をかけたモーメントをトルクと呼ぶ．例えば，アームロボットの姿勢が変われば，慣性モーメントも変化して，回転させるために必要なモータのトルクも変わる．

重　要　な　公　式

1 トルク

$$T = Fr$$ ①

$$T = \frac{P}{\omega} = \frac{60}{2\pi n}P$$ ②

T：トルク〔N·m〕
F：回転のための力〔N〕
r：力 F と回転軸との距離〔m〕
P：動力〔N·m/s〕
1〔kW〕$= 1$〔kN·m/s〕
1〔Ps〕$= 735$〔N·m/s〕
n：回転速度〔rpm〕
ω：角速度〔rad/s〕

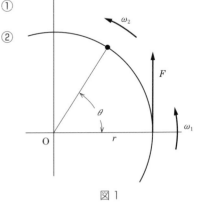

図1

2 回転運動の方程式

$$T = J\beta$$ ③

J：回転体の慣性モーメント〔kg·m²〕
β：角加速度〔rad/s²〕

公式を使って例題を解いてみよう！

例題1 図2に示すベルト車において，ベルトの張り側の張力が1 200 N，ゆるみ側の張力が490 N である．トルクを求めよ．

解説 ベルト車の周りに働く力は，張り側の張力とゆるみ側の張力の差である．

①式に，$F = 1\,200 - 490 = 710$ N，$r = 0.2$ m を代入すると

$$T = 710 \times 0.2 = 142 \text{ N·m}$$

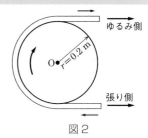

図2

例題2 質量200 kg，回転半径500 mm の回転数が5秒間に120 rpm から360 rpm になった．このとき与えられたトルクを求めよ．

解説 p.26の②式より

$$回転半径\ k = \sqrt{\frac{J}{m}}, \quad 0.5 = \sqrt{\frac{J}{200}}$$

よって，$J = 200 \times 0.5^2 = 50$ kg·m^2 となる．

$$\omega_1 = 2\pi \times \frac{120}{60} = 4\pi \ [\text{rad/s}], \quad \omega_2 = 2\pi \times \frac{360}{60} = 12\pi \ [\text{rad/s}]$$

p.22の③式より

$$\beta = \frac{\omega_2 - \omega_1}{t} = \frac{12\pi - 4\pi}{5} = \frac{8\pi}{5} = 1.6 \ [\text{rad/s}^2]$$

③式にこれらを代入して

$$T = J\beta = 50 \times 1.6\pi \fallingdotseq 251 \text{ kg·m}^2/\text{s}^2 = 251 \text{ N·m}$$

例題3 1 500 rpm で2 kW を発生するモータのトルクを求めよ．

解説 ②式に代入する．

2kW = 2 000 N·m/s なので

$$T = \frac{60}{2 \times \pi \times 1\,500} \times 2\,000 \fallingdotseq 12.7 \text{ N·m}$$

> トルクとは，モーメントにおいて，特に回転運動に注目した呼称である．また，回転軸では別称，回転モーメント（＝本来のトルク）と呼ぶのに対して，ねじりを受ける軸において，材料に働く応力，ひずみ，材料の強さ等を取り扱う場合には，ねじりモーメントと呼んで区別している．

1-15 回転運動の仕事・動力・エネルギー

Point 回転運動における仕事・動力・エネルギーの考え方は直線運動と基本的には同一である．ただし，回転運動では物体が円弧上の軌道を移動する．一般に機械は回転運動をする構成要素をもつ場合が多いので，円運動の性質を整理しておくことは重要である．

重 要 な 公 式

1 仕事

$$A = T\theta \quad [\text{N·m}] \qquad ①$$

A：仕事〔N·m〕
T：トルク〔N·m〕（$T=Fr$）　※1-14節「トルクと回転運動」を参照
θ：角変位〔rad〕

2 動力

$$P = \frac{T\theta}{t} = T\omega = 2\pi \times \frac{T}{60}N \quad [\text{N·m/s}] \qquad ②$$

P：動力〔N·m/s〕
t：時間〔s〕
ω：角速度〔rad/s〕
N：回転数〔rpm〕

3 軸受けの消耗動力

$$P_w = \frac{\mu \pi d W N}{60} \quad [\text{N·m/s}] \qquad ③$$

P_w：消耗動力〔N·m/s〕
μ：摩擦係数
d：軸受の直径〔m〕
W：軸受に働く荷重〔N〕
N：回転数〔rpm〕

4 運動エネルギー

$$E_k = \frac{J\omega^2}{2} = \frac{J(\pi N)^2}{1\,800} \quad [\text{J}] \qquad ④$$

E_k：運動エネルギー〔N·m〕＝〔J〕
J：慣性モーメント〔kg·m²〕

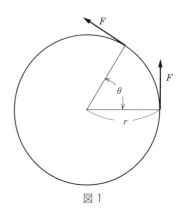

図1

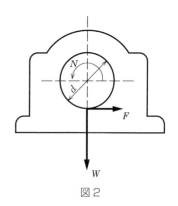

図2

公式を使って例題を解いてみよう！

例題1 回転数 1 500 rpm，出力 10 PS（7.35 kW）のモータにより，5：1 の減速装置を介して駆動される軸の受けるトルクの大きさを求めよ．ただし，損失は無視する．

解説 軸の回転数を N 〔rpm〕とすると，減速比は 5：1 なので

$$N = \frac{1\,500}{5} = 300 \text{ rpm},\quad \text{また，} 10 \text{ PS} = 10 \times 735 = 7\,350 \text{ N·m/s}$$

また，②式に $P = 7\,350$ N·m/s，$N = 300$ rpm を代入すると

$$7\,350 = 2\pi \times \frac{T}{60} \times 300$$

∴ $T ≒ 234$ N·m

例題2 質量 53.9 kg，慣性モーメント $J = 4.11$ kg·m²，軸径 50 mm のはずみ車を 200 rpm の回転数で回してから，これが静止するまでの回転数を求めよ．ただし，軸受け部の摩擦係数を 0.1 とする．

解説 はずみ車の運動エネルギーが軸受け部の摩擦による消耗仕事として，消耗された．④式に $J = 4.11$ kg·m²，$N = 200$ rpm を代入すると

$$E_k = \frac{4.11 \times (\pi \times 200)^2}{1\,800} ≒ 901 \text{ N·m}$$

静止するまでの回転数を N_w，その間の消耗仕事を A_w，はずみ車の質量を m とすると，③式と $W = mg$ を参考にして

$$A_w = \mu \pi d W N_w$$
$$= 0.1 \times \pi \times 0.05 \times 53.9 \times 9.81 \times N_w \text{ 〔N·m〕}$$

$E_k = A_w$ だから

$$901 ≒ 8.30 N_w$$

∴ $N_w = \dfrac{901}{8.30} ≒ 109$ 回転

例題2中の A_w 値は，③式中の $\dfrac{N}{60}$ を N_w と置き換えることによって導くことができる．

1-16 ころがり摩擦

Point》》 円板や球体がころがり運動をする際に，接触面から受ける抵抗力をころがり摩擦といい，その大きさは接触面向きの種類と状態によって決まる．ころがり摩擦がないと，物体は転がらないが，ころがり摩擦が大きすぎると抵抗が大きくなる．

重 要 な 公 式

1 ころがり摩擦力

$$F = f\frac{W}{r} \ [\text{N}] \qquad ①$$

$$F' = f\frac{W}{d} \ [\text{N}] \qquad ②$$

F：ころがり摩擦力
 （中心に力が加わるとき）[N]
F'：ころがり摩擦力
 （円周に力が加わるとき）[N]
f：ころがり摩擦係数 [m]
W：円筒の重力 [N]
N：垂直抗力 [N]
r：円筒の半径 [m]
R：反力 [N]
d：円筒の直径 [m]

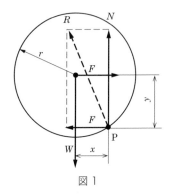

図1

2 ころがり摩擦係数

$$f = \frac{Fr}{W} \ [\text{m}] \qquad ③$$

公式を使って例題を解いてみよう！

例題1 直径 20 cm の車輪が傾角 3° の斜面を等速度でころがり落ちている．このときのころがり摩擦係数を求めよ．

解 説 図2において，車輪の質量を W' とすると，斜面に沿って車輪をころがす力（ころがり摩擦力）$= W' \sin\theta$，斜面を押す力 $= W' \cos\theta$ である．

そこで，①式に $F = W' \sin\theta$，$W = W' \cos\theta$，$\theta = 3°$ を入れると

$$r = \frac{0.20}{2} = 0.10 \text{ m}$$

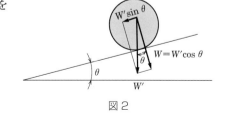

図2

$W' \sin\theta = f \dfrac{W' \cos\theta}{r}$ より

$$f = \frac{W' \sin\theta}{W' \cos\theta} \times 0.10 = \tan 3° \times 0.10 ≒ 0.00524 \text{ m}$$

例題2 質量 10 kg，直径 100 mm の円柱状ころを2本水平面上で平行に並べ，この上に質量 500 kg の台と荷をのせて運ぶとき，台を押すのに必要な力を求めよ．ただし，円柱状ころと台の間，平面と円柱状ころとの間のころがり摩擦係数をそれぞれ，2×10^{-3} m，3×10^{-3} m とする．

解 説 図3において，荷の質量は 250 kg ずつ，2つの円柱状ころに等分に働き，平面間ではこれに円柱状ころの質量 10 kg が加わる．1つずつの円柱状ころについて，ころがり摩擦力は平面間，荷台間の2箇所に生じる．これを F_1，F_2 とすると，②式より

$$F_1 = 2 \times 10^{-3} \times \frac{250 \times 9.81}{0.1} ≒ 49.1 \text{ N}$$

$$F_2 = 3 \times 10^{-3} \times \frac{(250 + 10) \times 9.81}{0.1} ≒ 76.5 \text{ N}$$

2本の円柱状ころについては

$F = 2(F_1 + F_2) = 2(49.1 + 76.5)$
$≒ 251 \text{ N}$

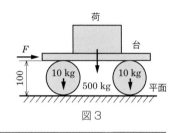

図3

 ころがり摩擦は滑り摩擦に比べてはるかに小さい．そのため，荷物を運ぶ際や重い物体を移動させるには，ころや車輪を用いるとよい．

1-17 往復スライダクランク機構

Point》》 往復スライダクランク機構は円運動を往復運動に変えたり，往復運動を円運動に変えたりするしくみである．比較的往復運動の動作量が多いので，プレス機械やエンジン内部のしくみなど利用範囲が広い．ここでは，円運動を往復運動に変える場合について取り扱う．

重要な公式

1 スライダの変位，速度，加速度

$$x = r\cos\theta + l - \frac{r^2}{2l}\sin^2\theta \quad ①$$

$$v = -r\omega\sin\theta - \frac{r^2}{l}\omega\sin\theta\cos\theta \quad ②$$

$$\alpha = -r\omega^2\left(\cos\theta + \frac{r}{l}\cos 2\theta\right) \quad ③$$

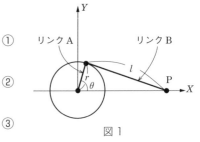

図1

x：クランク接続部P点の変位〔m〕
v：クランク接続部P点の速度〔m/s〕
α：クランク接続部P点の加速度〔m/s²〕
r：リンクAの長さ〔m〕
l：リンクBの長さ〔m〕

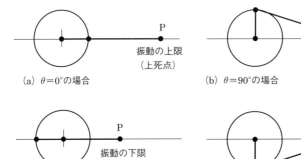

(a) $\theta = 0°$の場合　振動の上限（上死点）
(b) $\theta = 90°$の場合　振動の中心
(c) $\theta = 180°$の場合　振動の下限（下死点）
(d) $\theta = 270°$の場合　振動の中心

図2

公式を使って例題を解いてみよう！

例題1 図2において，$\theta = 0°，90°，180°，270°$における，クランク接続部P点の変位，速度，加速度を求めよ．

解説》》 ①〜③式に各θの値を代入して求める．

(1) $\theta=0°$ のとき

$$x = r\cos 0° + l - \frac{r^2}{2l}\sin^2 0° = r + l$$

$$v = -r\omega\sin 0° - \frac{r^2}{l}\omega\sin 0° \times \cos 0° = 0$$

$$\alpha = -r\omega^2\left\{\cos 0° + \frac{r}{l}\cos(2\times 0°)\right\} = -r\omega^2\left(1 + \frac{r}{l}\right)$$

(2) $\theta=90°$ のとき

$$x = r\cos 90° + l - \frac{r^2}{2l}\sin^2 90° = l - \frac{r^2}{2l}$$

$$v = -r\omega\sin 90° - \frac{r^2}{l}\omega\sin 90° \times \cos 90° = -r\omega$$

$$\alpha = -r\omega^2\left\{\cos 90° + \frac{r}{l}\cos(2\times 90°)\right\} = \frac{r^2\omega^2}{l}$$

(3) $\theta=180°$ のとき

$$x = r\cos 180° + l - \frac{r^2}{2l}\sin^2 180° = -r + l$$

$$v = -r\omega\sin 180° - \frac{r^2}{l}\omega\sin 180° \times \cos 180° = 0$$

$$\alpha = -r\omega^2\left\{\cos 180° + \frac{r}{l}\cos(2\times 180°)\right\} = r\omega^2\left(1 - \frac{r}{l}\right)$$

(4) $\theta=270°$ のとき

$$x = r\cos 270° + l - \frac{r^2}{2l}\sin^2 270° = l - \frac{r^2}{2l}$$

$$v = -r\omega\sin 270° - \frac{r^2}{l}\omega\sin 270° \times \cos 270° = r\omega$$

$$\alpha = -r\omega^2\left\{\cos 270° + \frac{r}{l}\cos(2\times 270°)\right\} = \frac{r^2\omega^2}{l}$$

> 形削り盤では，往復スライダクランク機構を用いて回転運動を直線運動に，バイクや車のエンジン内部ではピストン・クランク機構を用いて直線運動を回転運動にというように，変換方向は逆向きである．このように，動力源のもつ運動形態を実用機械では，それぞれの目的に応じた運動形態に変換して用いている．

1-18 輪軸と滑車

Point》 輪軸は大小2つの円柱を結合し一体として回転できるようにしたもので，滑車は輪と軸が独立して動くようになっている．輪軸も滑車も仕事をより小さな力でするためのものであるが，一般に滑車の方が汎用性が高い．

重　要　な　公　式

1 輪軸

$$F = W\frac{d}{D} \text{ [N]} \quad ①$$

　F：大円柱を引く力〔N〕
　W：小円柱に働く重力〔N〕
　D：大円柱の直径〔m〕
　d：小円柱の直径〔m〕

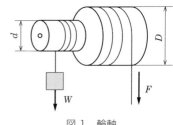

図1　輪軸

2 定滑車

力の大きさを変えることはできないが，力の向きを変えて力を加えやすくする．

3 動滑車

n 個の動滑車の場合

$$F = \frac{W}{2^n} \text{ [N]} \quad ②$$

　F：滑車を引く力〔N〕
　W：滑車に働く重力〔N〕

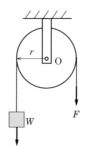
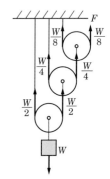

図2　定滑車　　図3　動滑車

4 差動滑車の場合

$$F = W\frac{D-d}{2D} \quad ③$$

　D：大滑車の直径〔m〕
　d：小滑車の直径〔m〕

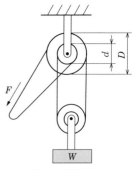

図4　差動滑車

公式を使って例題を解いてみよう！

例題1 輪の直径 500 mm，軸の直径 50 mm の輪軸がある．軸に巻いたロープに 1 000 N の力がかかっている．ロープを引くために必要な力を求めよ．

解説 ①式より

$$F = W\frac{d}{D} = 1\,000 \times \frac{50}{500} = 100 \text{ N}$$

例題2 図3の組合せ滑車で 1 600 N の荷物を引き上げるのに要する力を求めよ．

解説 ②式より

$$F = \frac{1\,600}{2^3} = 200 \text{ N}$$

例題3 定滑車の径がそれぞれ 300 mm，250 mm の差動滑車で，5 000 N の荷物を上げるために必要な力を求めよ．

解説 ③式より

$$F = 5\,000 \times \frac{300 - 250}{2 \times 300} \fallingdotseq 417 \text{ N}$$

重量物をもち上げる際には，荷重に持ち上げた距離をかけたものが仕事である．仕事量が一定の場合には，移動距離を長くとれば加える力を少なくすることができる．これを可能にしたものが動滑車や差動滑車である．人や機械の力が仮に小さくても，ロープを長く引き続けることではるかに大きな重量物を持ち上げることが可能となる．

2-1 単振動（調和振動）

Point 等速円運動において，運動平面に垂直な平面上に物体を投影（正射影）させた場合，物体は一直線上に移動を繰り返す．このような運動を単振動と呼ぶ．単振動は常に振動の中心に向かう復元力が働き続けることによって継続する．

重 要 な 公 式

1 周期と振動数

$$T = \frac{2\pi}{\omega} \quad ①$$

$$f = \frac{1}{T} = \frac{\omega}{2\pi} \quad ②$$

$$y = r \sin\theta = r \sin\omega t \quad ③$$

T：周期〔s〕
f：振動数〔Hz〕
ω：円運動の角速度（円振動数）〔rad/s〕
y：振動の中心からの変位〔m〕

2 速度と加速度

$$v = r\omega \cos\omega t \quad ④$$

$$\alpha = -\omega^2 y \quad ⑤$$

v：単振動の速度〔m/s〕
α：単振動の加速度〔m/s^2〕
r：円運動の半径（振幅）〔m〕
θ：角変位〔rad〕
m：等速円運動物体の質量〔kg〕
v_0：等速円運動物体の速度〔m/s〕

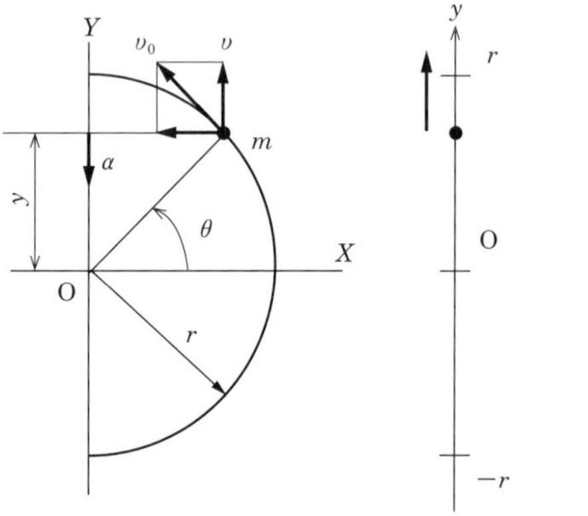

3 振動の方程式

$$F = -m\alpha = -m\omega^2 y \quad ⑥$$

F：単振動に必要な力〔N〕
（または中心に引き戻そうとする復元力）
m：単振動する物体の質量〔kg〕

(a) 正面から見た場合　(b) 側面から見た場合

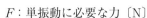

図1　円運動

2-1 単振動（調和振動）

公式を使って例題を解いてみよう！

例題 1 振幅 500 mm，振動数 10 Hz の単振動をしている質量 0.8 kg の物体がある．この振動の周期と円振動数および最大復元力を求めよ．

解 説 （1）振動の周期

②式に 10 Hz を代入すると

$$T = \frac{1}{10} = 0.1 \text{ s}$$

（2）円振動数

①より

$$\therefore \quad \omega = \frac{2\pi}{T} = \frac{2 \times \pi}{0.1} \fallingdotseq 62.8 \text{ rad/s}$$

（3）最大復元力

⑥式に，$m = 0.5$ kg，$\omega = 62.8$ rad/s，復元力が最大となる $y = 0.5$ m を代入すると

$$F = -0.8 \times 62.8^2 \times 0.5 \fallingdotseq -1\,580 \text{ N}$$

力の大きさは，正なので，最大復元力は，1 580 N となる．

例題 2 ある物体が振幅 1 200 mm，最大速度 2 m/s の単振動をしている．その周期と，中心より 550 mm だけ変位した点における加速度を求めよ．

解 説 最大速度は，中心の位置にきたときであるから，θ が 0 rad なので $\omega t = 0°$ となり $\cos \omega t = 1$ となる．

④式に $r = 1.20$ m，$\cos \omega t = 1$，$v = 2$ m/s を代入すると

$2 = 1.20 \times \omega \times 1$

$\omega \fallingdotseq 1.67$ rad/s

⑤式に $\omega = 1.67$，$y = 0.55$ を代入すると

$\alpha = -1.67^2 \times 0.55 \fallingdotseq -1.53 \text{ m/s}^2$

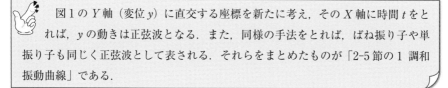

図1の Y 軸（変位 y）に直交する座標を新たに考え，その X 軸に時間 t をとれば，y の動きは正弦波となる．また，同様の手法をとれば，ばね振り子や単振り子も同じく正弦波として表される．それらをまとめたものが「2-5節の1 調和振動曲線」である．

2-2 単振り子

Point》》 糸におもりをつるし，少し ($\theta_0°$) 傾けて離すとおもりは左右にふれる．これを単振り子と呼ぶ．単振り子では，振動数や周期は一定であるが，糸の張力は常に変化し，振り子の位置エネルギー，運動エネルギーは常に相互にやりとりをしながら運動する．

重 要 な 公 式

1 単振り子の運動方程式

$$F = -\frac{mg}{l}x \quad ①$$

F：振り子に働く，糸に直角方向の力〔N〕
m：振り子の質量〔kg〕
l：糸の長さ〔m〕
x：おもりの接線方向の変位〔m〕
S：糸の張力〔N〕

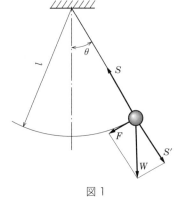

図 1

2 周期と振動数

$$T = 2\pi\sqrt{\frac{l}{g}} \quad ②$$

$$f = \frac{1}{2\pi}\sqrt{\frac{g}{l}} \quad ③$$

T：周期〔s〕
f：振動数〔Hz〕

公式を使って例題を解いてみよう！

例題 1 両端間を 1 秒で振動する単振り子の長さを求めよ．

解 説》》 1 往復に要する時間は振幅間を移動する時間の 2 倍であるから，②式に $T=2$ s, $g=9.81$ m/s² を代入すると

$$2 = 2 \times \pi \times \sqrt{\frac{l}{9.81}}$$

$$\therefore\ l = \left(\frac{2}{2\times\pi}\right)^2 \times 9.81 \fallingdotseq 0.995 \text{ m}$$

例題2 1日に2分進み過ぎる時計がある．この振り子の長さをどれだけ変えたらこの時計は正しくなるか．ただし，もとの振り子の長さを400 mmとする．

解説 ②式より，周期 T は長さ l の平方根に比例し，振動数，つまり時計の「進み」に反比例する．正しい時計の長さを l_0 とし，現在の長さを l とすると

$$\frac{l}{l_0} = \left(\frac{24 \times 60^2 + 2 \times 60}{24 \times 60^2}\right)^2 \fallingdotseq 1.00139^2 \fallingdotseq 1.00278$$

これより，$400 \times 1.00278 - 400 \fallingdotseq 1.11$ mm

よって，1.11 mm だけ長くするとよい．

例題3 A地で正しく動く振り子時計を，B地に移したところ1日に5秒進むようになった．両地の重力加速度を比較せよ．

解説 ②式により，単振り子の周期 T は g の平方根に反比例することがわかる．したがって，A，B両地の周期を T_a，T_b とし，重力加速度を g_a，g_b とすると

$$\frac{T_a}{T_b} = \sqrt{\frac{g_b}{g_a}}$$

$$\therefore \quad \frac{g_b}{g_a} = \left(\frac{T_a}{T_b}\right)^2 \quad\quad ④$$

T はまた，時計の振動数すなわち「進み」に反比例するから

$$\frac{T_a}{T_b} = \frac{24 \times 60^2 + 5}{24 \times 60^2} \quad\quad ⑤$$

④式，⑤式より

$$g_a : g_b \fallingdotseq 1 : 1.000116$$

単振り子では，振幅が小さく鉛直線からの傾き θ_0 が小さい範囲内では，θ_0 が変化してもこの周期は変化しない．これを振り子の等時性という．

②式は，この現象を数的に表したものであり，振り子の周期が振り子の長さ l と重力加速度 g のみによって決まり，振り子の質量や振幅には依存しないことを示している．

2-3 ばね振り子

> **Point** つる巻きばねにおもりをつるすとばねは伸びてつり合うが（O点とする），さらに伸ばして離すとつり合い点（O点）を中心に単振動する．O点より下側へは＋，上側へは－として取り扱う．ばねによって支持された物体の振動数を知ることは，機械の安全運転のために有益である．

重 要 な 公 式

1 ばね振り子の方程式

$ky_0 = mg$ 〔N〕　　①

$F = -ky$ 〔N〕　　②

- k：ばね定数〔N/m〕
- y_0：ばねの自然長さからおもりによって伸びた長さ〔m〕
- F：ばねに働く力〔N〕
- y：つり合い位置からのおもりの変位〔m〕

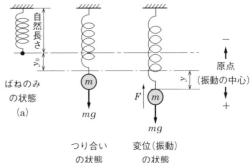

図 1

2 周期と振動数

$$T = 2\pi\sqrt{\frac{m}{k}} \quad ③$$

$$f = \frac{1}{2\pi}\sqrt{\frac{k}{m}} \quad ④$$

$$f = \frac{1}{2\pi}\sqrt{\frac{g}{y_0}} \quad ⑤$$

- T：周期〔s〕
- f：振動数〔Hz〕

3 ばねの接続

(1) 直列　$\dfrac{1}{k} = \dfrac{1}{k_1} + \dfrac{1}{k_2} + \cdots\cdots = \sum \dfrac{1}{k_i}$

(2) 並列　$k = k_1 + k_2 + \cdots\cdots = \sum k_i$　　⑥

- k：合成ばね定数〔N/m〕
- k_i：それぞれのばね定数〔N/m〕

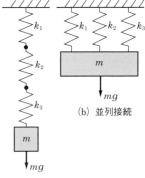

図 2

公式を使って例題を解いてみよう！

例題1 ばね定数 20 N/m のばねに質量 0.20 kg のおもりをつけて振動させたときの周期を求めよ．

解説 ③式に代入すると

$$T = 2 \times \pi \times \sqrt{\frac{0.20}{20}} \fallingdotseq 0.628 \text{ s}$$

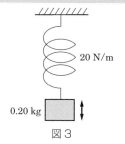

図3

例題2 ある工場では，新規購入機械を防振ゴム・防振ばねを用いた防振基盤の上に設置したところ，防振基盤が約 5 mm 沈んだ．この機械装置全体の固有振動数を求めよ．

解説 ⑤式に 5 mm（0.005 m）を代入すると

$$f = \frac{1}{2\pi}\sqrt{\frac{g}{y_0}} = \frac{1}{2 \times \pi}\sqrt{\frac{9.81}{0.005}} \fallingdotseq 7.05 \text{ Hz}$$

⑤式は①式と④式から求めた．

④式のように，振幅に関係なく，質量とばね定数 k によってのみ決まる振動数を固有振動数という．ばねを含め，タイヤ・ゴム等，これらと近似する弾性体で支えられた機械や自動車・建造物等の固有振動数を考える際の参考となる．

荷重のかからないばね状態から，機械等の荷重をかけることによってもたらされた初期変位量 y_0 を測定することによって，⑤式からその物体設置状況での固有振動数を求めることができる．

2-4 ねじり振り子

Point　上端を固定した棒の下端に力のモーメントを加えて物体をねじれさせて離した場合，原位置を通過してねじれが反対方向にまで及ぶ．以下，この運動の繰返しによって振動する．この振り子をねじり振り子という．例えば，機械のある部品が，意図しないねじり振動を長時間繰り返すと，疲れ現象によって破壊することがある．

重要な公式

1 回転ばね定数

$$k_t = \frac{M}{\theta}\ [\text{N·m/rad}] = \frac{GI_p}{l}\ [\text{N·m}] \quad ①$$

k_t：回転ばね定数〔N·m/rad〕
M：軸端に働くトルク〔N·m〕
θ：ねじれ角〔rad〕
G：軸の横弾性係数〔N/m²〕
I_p：軸の断面二次極モーメント〔m⁴〕
l：軸の長さ〔m〕

2 周期と周波数

$$T = 2\pi\sqrt{\frac{J}{k_t}} \quad ②$$

$$f = \frac{1}{2\pi}\sqrt{\frac{k_t}{J}} \quad ③$$

T：周期〔s〕
f：振動数〔Hz〕
J：物体の慣性モーメント〔kg·m²〕

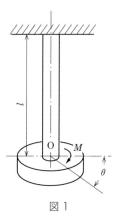

図1

公式を使って例題を解いてみよう！

例題1 図1において，円盤の径を 200 mm，質量を 10 kg とし，軸は鋼線で長さ 200 mm，横弾性係数 8.24×10^{10} N/m²，断面二次極モーメント 1.57×10^{-12} m⁴ とすると，このときの周期を求めよ．

解説 ①式に $G = 8.24 \times 10^{10}$ N/m², $I_p = 1.57 \times 10^{-12}$ m⁴, $l = 0.2$ m を代入すると

$$k_t = \frac{8.24 \times 10^{10} \times 1.57 \times 10^{-12}}{0.2} \fallingdotseq 0.647 \text{ N·m}$$

1-13 節の表1より，円板の慣性モーメントは

$$J = \frac{mr^2}{2} = \frac{10 \times 0.100^2}{2} = 0.05 \text{ kg·m}^2$$

②式に，求めた k_t, J を代入すると

$$T = 2 \times \pi \times \sqrt{\frac{0.05}{0.647}} \fallingdotseq 1.75 \text{ s}$$

例題2 回転ばね定数 2.00 N·m/rad の鋼線に物体を取り付けてねじり振り子としたときの振動数が 2 Hz であった．物体の慣性モーメントを求めよ．

解説 ③式に $f = 2$ Hz, $k_t = 2.00$ N·m/rad を代入すると

$$2 = \frac{1}{2\pi} \sqrt{\frac{2.00}{J}}$$

$$\therefore J = \frac{2.00}{(2 \times 2 \times \pi)^2} \fallingdotseq 0.0127 \text{ kg·m}^2$$

ねじり振り子はばね振り子とともに材料の弾性（復元力）を利用したものである．ばね振り子に作用する力は直線方向であったが，ねじり振り子に作用する力は回転方向である．ばね振り子で使われる m を，ねじり振り子では J にすれば諸式は同じ形になる．

2-5 振動の減衰と共振

Point》 振動は外力に対する復元力によって発生し，時間とともに減衰する．エンジンが自動車の固有振動数と同じ振動数で振動したり，走行中に自動車の固有振動数と同じ振動数の振動が路面から伝われば，自動車は大きく振動する．どのような機械でも振動は発生するが，実用上問題のない範囲にとどめないと，機械の寿命，効率，機能，精度の低下をもたらす．

周期的に同じ波形の運動を繰り返す振動を調和振動という．

自由振動とは，ある系がその固有振動数で振動することである．減衰のない自由振動では，強制振動とは異なり，系に外部から作用しなくても運動し続ける．

実際の振動では時間の経過により振幅が小さくなり，最終的には停止する．
このような振動を減衰振動という．

重要な公式

1 調和振動曲線

$$T = \frac{2\pi}{\omega} = 2\pi\sqrt{\frac{m}{k}} \quad ①$$

$$f = \frac{1}{T} = \frac{\omega}{2\pi} \quad ②$$

$$\omega = \sqrt{\frac{k}{m}} \quad ③$$

m：質量〔kg〕
T：周期〔s〕
ω：角振動数〔rad/s〕
f：振動数〔Hz〕
k：ばね定数〔N/m〕

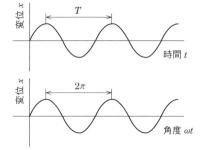

図1 調和振動曲線

2 減衰振動

$$f_d = \frac{1}{2\pi}\sqrt{1-\zeta^2}\,\omega_0 \quad ④$$

f_d：減衰固有振動数〔Hz〕
ζ：減衰比
ω_0：固有角振動数〔rad/s〕
t：時間〔s〕

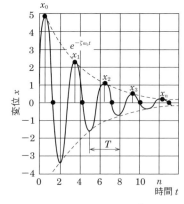

図2 減衰振動曲線[1]

振動体に強制振動を加えると振動の合成は図3のようになるが，自由振動が減衰振動のみであればついには強制振動のみとなる．

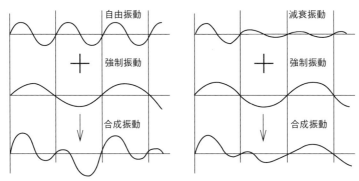

図3　自由振動と強制振動の合成[2)]

3 共振

振動体が強制振動を受けるとき，強制力の振動数 ω が機械の固有振動数 ω_0 に近づくと，振動数が大きくなり，強制力が小さくても振幅が極めて大きくなる（共振）．

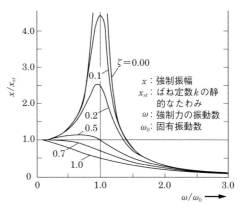

図4　共振曲線（減数のある場合）[3)]

> 機械の運転中に軸やばねに共振が発生すると，突然破壊したりして，極めて危険である．機械の振動を完全になくすことはできない．しかし，機械の設計にあたっては，機械の固有振動数を正確に知り，予想される外力による振動数がこれに近づいて共振しないように工夫する必要がある．

3-1 三針法による有効径の測定

Point》》 ねじは，締結用や移動用に広く使われている重要な機械要素である．ここでは，おねじの有効径を3本の針を使って測定する．ねじの有効径は，ねじの基本となる値であり，強度計算，はめ合い精度などを検討するときに不可欠である．おねじとめねじは，しっくりはまり合わないとねじとして役に立たない．

重 要 な 公 式

1 おねじの有効径の測定

3本の針を図1のように，ねじの斜面に接触させ，M〔mm〕の寸法を測定して有効径 d_2 を求める．

$$d_2 = M - d\left(1 + \frac{1}{\sin \alpha}\right) + \frac{1}{2} p \cot \alpha \quad [\text{mm}] \tag{1}$$

$$\cot \alpha = \frac{1}{\tan \alpha}$$

$$\alpha = \frac{\text{ねじ山の角度}}{2}$$

d：針の径〔mm〕
p：ねじのピッチ〔mm〕

特にねじ山の角度 $2\alpha = 60°$ のとき

$$d_2 = M - 3d + 0.866p \quad [\text{mm}] \tag{2}$$

2 最適な針径

測定に使用する針は，以下の寸法のものを採用する．

$$d = \frac{p}{2 \cos \alpha} \quad [\text{mm}] \tag{3}$$

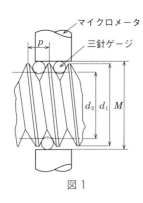

図1

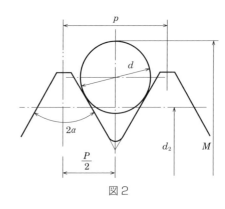

図2

公式を使って例題を解いてみよう！

例題1 ピッチが 2.50，ねじ山の角度が 60°のメートルねじの有効径を求めたい．$d=1.43$ の三針を選んで，マイクロメータで M を測ったところ $M=20.51$ であった．このねじの有効径を求めよ．

解説 $\alpha=60°/2=30°$，$p=2.5$，$M=20.51$，$d=1.43$ を①式に代入する．

$$d_2 = 20.51 - 1.43 \times \left(1 + \frac{1}{\sin 30°}\right) + \frac{1}{2} \times 2.5 \times \cot 30°$$

$$= 18.39 \text{ mm}$$

簡単に②式に代入してもよい．

$$d_2 = 20.51 - 3 \times 1.43 + 0.866 \times 2.5$$

$$= 18.39 \text{ mm}$$

例題2 例題1で最適な針径はいくらか．

解説 $p=2.5$，$\alpha=30°$ を③式に代入する．

$$d = \frac{2.5}{2\cos 30°} = 1.443 \text{ mm}$$

呼び針径では，1.443 のものを採用する．

① 図1の M は主にマイクロメータを使って測定する．
② ねじの有効径は，工具顕微鏡によっても測定することができる．
③ ねじのはめ合いを考えるとき，有効径は重要であり，誤差があると「はめ合い」が，硬かったり，緩かったりする．
④ 計測の現場で長さの基準になるのは，ブロックゲージである．103個（標準）から複数のブロックゲージを選んで組み合わせるときは，小さい桁から確定していき，組合せ数を最小にする．
⑤ ブロックゲージはていねいに取り扱う．素手でもつと数秒でも熱膨張するので，手袋をするか，ガーゼなどで取り扱う．

3-2 またぎ歯厚の測定

Point またぎ歯厚の測定は，歯車を加工するときに，最も広く使われている歯車の寸法測定法である．またぎ歯厚を測定するには，歯厚マイクロメータを使う．歯切りの際に，またぎ歯厚を測りながら，計算したまたぎ歯厚を目指して切り込み量を調節して，しっくりとかみ合う歯車に仕上げる．

重要な公式

1 またぎ歯数

$$n = \frac{\alpha Z}{180} + 0.5$$ ①

α：圧力角〔°〕
Z：歯数

2 標準歯車に対するまたぎ歯厚

(1) $\alpha = 14.5°$ のとき

$$E_{n0} = (0.00537Z + 3.04152n - 1.52076)m$$

(2) $\alpha = 20°$ のとき

$$E_{n0} = (0.01401Z + 2.95213n - 1.47606)m$$ ②

n：またぎ歯数
m：モジュール〔mm〕

3 標準切り込み深さよりも深く切り込んだときのまたぎ歯厚

またぎ歯厚 $E_n = E_{n0} - 2\sin\alpha \Delta t$ 〔mm〕 ③

(1) $\alpha = 14.5°$ のとき

$$E_n = E_{n0} - 0.50076 \Delta t$$ ④

(2) $\alpha = 20°$ のとき

$$E_n = E_{n0} - 0.68404 \Delta t$$ ⑤

Δt：必要なバックラッシ B〔mm〕を与えるための切り込み量〔mm〕

$$\Delta t = \frac{B}{2\sin\alpha}$$ ⑥

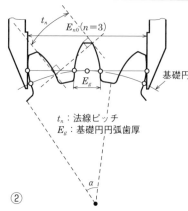

t_n：法線ピッチ
E_g：基礎円円弧歯厚

図1 またぎ歯厚

公式を使って例題を解いてみよう！

例題 1 圧力角 20°，歯数 $Z_1=40$，$Z_2=82$，モジュール 3 mm の標準平歯車のまたぎ歯厚を求めよ．

解 説 ①式に歯数を代入し，n を求める．

$$n = \frac{20 \times 40}{180} + 0.5 = 4.9 \fallingdotseq 5$$

$n=5$，$m=3$ mm を②式に代入して，E_{n0} を求めると

$$E_{n0} = (0.01401 \times 40 + 2.95213 \times 5 - 1.47606) \times 3 = 41.535 \text{ mm}$$

同様にして

$$n = \frac{20 \times 82}{180} + 0.5 = 9.6 \fallingdotseq 10$$

$$E_{n0} = (0.01401 \times 82 + 2.95213 \times 10 - 1.47606) \times 3 = 87.582 \text{ mm}$$

例題 2 圧力角 20°，モジュール 6 mm，歯数 $Z_1=17$，$Z_2=70$ の 1 組の歯車を，標準の中心距離で取り付けて，バックラッシ $B=0.04m$ を与える．またぎ歯厚はそれぞれいくらか．

解 説 $\alpha=20°$，$Z_1=17$ であるから，アンダカットの限界歯数である．したがって，小歯車は標準歯車にして，大歯車を標準より深く切り込んで，バックラッシをつける．①式に代入して小歯車のまたぎ歯数 n を求める．

$$n = \frac{20 \times 17}{180} + 0.5 = 2.4 \fallingdotseq 2$$

②式に代入して小歯車のまたぎ歯厚 E_{n0} を求める．

$$E_{n0} = (0.01401 \times 17 + 2.95213 \times 2 - 1.47606) \times 6 = 27.998 \text{ mm}$$

①式に代入して大歯車のまたぎ歯数 n を求める．

$$n = \frac{20 \times 70}{180} + 0.5 = 8.3 \fallingdotseq 8$$

②式から

$$E_{n0} = (0.01401 \times 70 + 2.95213 \times 8 - 1.47606) \times 6 = 138.730 \text{ mm}$$

⑥式に，$B=0.04m=0.04 \times 6$，$\alpha=20°$ を代入すると

$$\varDelta t = \frac{B}{2 \sin \alpha} = \frac{0.04 \times 6}{2 \times \sin 20°} = 0.351$$

したがって，④式より大歯車のまたぎ歯厚 E_n は

$$E_n = E_{n0} - 0.68404 \varDelta t = 138.730 - 0.68404 \times 0.351 = 138.490 \text{ mm}$$

3-3 液柱圧力計（マノメータ）

Point》》》 測定すべき圧力を水や水銀などの液柱による高さで読むことができるものであり，U字管マノメータ，逆U字管マノメータ，傾斜微圧計などに使われている．

重要な公式

1 U字管マノメータ

$$p - p_0 = (\rho' h' - \rho h)g \quad [\text{Pa}] \quad ①$$

p：容器内の圧力〔Pa〕

p_0：ガラス管自由表面の圧力〔Pa〕
（絶対圧で大気圧 0.10132 MPa，ゲージ圧 0 kPa である．）

ρ'：水銀の密度〔kg/m³〕

ρ：容器内の液体の密度〔kg/m³〕

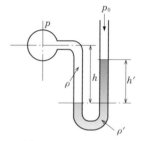

(a) U字管マノメータ

2 逆U字管マノメータ

$$p_1 - p_2 = (\rho - \rho')gh \quad [\text{Pa}] \quad ②$$

p_1, p_2：管内の圧力〔Pa〕

ρ：測定する液体の密度〔kg/m³〕

ρ'：ガラス管内部の液体の密度〔kg/m³〕

3 傾斜微圧計

$$\Delta p = (\rho - \rho')gl\left(\sin\theta + \frac{a}{A}\right)^2 \quad [\text{Pa}] \quad ③$$

$$\frac{l}{h} = \left(\sin\theta + \frac{a}{A}\right) \quad ④$$

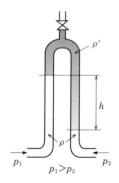

(b) 逆U字管マノメータ

図1 液柱圧力計

Δp：容器内の圧力増加〔Pa〕

ρ'：測定気体の密度〔kg/m³〕

ρ：タンク内の液体の密度〔kg/m³〕

l：傾斜管の液体の移動量〔m〕

a：傾斜管断面積〔m²〕

A：タンク断面積〔m²〕

$\dfrac{l}{h}$：拡大率（倍率）

θ：傾斜管の角度

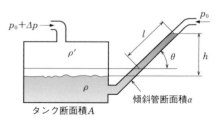

図2 傾斜微圧計

3-3 液柱圧力計(マノメータ)

公式を使って例題を解いてみよう！

例題 1 図 1 に示す U 字管で $h=15$ cm, $h'=40$ cm のとき管内の圧力 p を求めよ．ただし管内の水の密度を $1\,000$ kg/m^3，水銀の密度を 13.6×10^3 kg/m^3 とする．

解説 絶対圧では，$p_0=0.10132$ MPa，$\rho'=13.6\times10^3$ kg/m^3，$\rho=1\,000$ kg/m^3，$g=9.81$ m/s^2，$h'=40\times10^{-2}$ m，$h=15\times10^{-2}$ m を①式に代入すると

$$p=0.10132\times10^6+13.6\times10^3\times9.81\times40\times10^{-2}-1\,000\times9.81\times15\times10^{-2}$$
$$=153\,215 \text{ Pa}$$
$$\fallingdotseq 153 \text{ kPa}$$
$$=0.153 \text{ MPa}$$

例題 2 水が流れている管路の 2 点間の圧力差を上部に密度 900 kg/m^3 の油を満たした逆 U 字管で測定した．$h=40$ cm のとき圧力差はいくらか．また，油のかわりに空気を使用したとき，逆 U 字管内の水面差はいくらか．

解説 ②式に，$\rho=1\,000$ kg/m^3，$\rho'=900$ kg/m^3，$h=0.4$ m，$g=9.81$ m/s^2 を代入すると

$$p_1-p_2=(1\,000-900)\times9.81\times0.4=392 \text{ Pa}$$

油の代わりに空気を用いた場合，空気の密度は 10℃で $\rho'=1.247$ kg/m^3，水の密度は $\rho=1\,000$ kg/m^3 なので，②式において，$\rho'\ll\rho$ となり $\rho'=0$ とおける．

$$h=\frac{p_1-p_2}{\rho g}$$
$$=\frac{392}{1\,000\times9.81}$$
$$=0.04 \text{ m}=4 \text{ cm}$$

例題 3 図 2 において，一方を大気に開放し，容器に密度 820 kg/m^3 のアルコールを入れ空気の圧力変化を測定したら $l=100$ mm であった．$A=2.83\times10^{-3}$ m^2，$a=1.96\times10^{-5}$ m^2，$\theta=25°$，空気の密度を 1.247 kg/m^3 とするとき圧力増加を求めよ．

解説 $\rho=820$ kg/m^3，$\rho'=1.247$ kg/m^3，$l=100\times10^{-3}$ m などを③式に代入すると

$$\Delta p=(820-1.247)\times9.81\times100\times10^{-3}\times\left\{\sin 25°+\left(\frac{1.96\times10^{-5}}{2.83\times10^{-3}}\right)^2\right\}$$
$$=339 \text{ Pa}$$

3-4 流量測定（1）オリフィス・ベンチュリ計

> **Point》》》** 管路の途中に断面積が小さくなる部分を設け，この前後の圧力差から流量を求める．

重要な公式

1 オリフィス

$$v = \sqrt{\frac{2(p_1 - p_2)}{\rho}} = \sqrt{2gH} \quad [\text{m/s}] \quad ①$$

$$Q_a = CA\sqrt{\frac{2(p_1 - p_2)}{\rho}} = CA\sqrt{2gH} \quad [\text{m}^3/\text{s}] \quad ②$$

$$H = \frac{p_1 - p_2}{\rho g} = \left(\frac{\rho'}{\rho} - 1\right) H'$$

p_1, p_2：オリフィス板前後の流体の圧力〔Pa〕
A, A_1：断面積〔m²〕
d, d_1：内径〔m〕
v：オリフィスの流出速度〔m/s〕
Q_a：実流量〔m³/s〕
C：流量係数＝C_e（収縮係数）・C_v（速度係数）
H：圧力ヘッドの差〔m〕
ρ：流体の密度〔kg/m³〕
ρ'：測定器の液体の密度〔kg/m³〕
H'：測定器の液体の圧力ヘッド差〔m〕

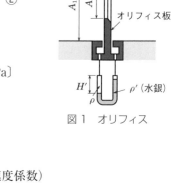

図1 オリフィス

2 ベンチュリ計

$$v_2 = \frac{1}{\sqrt{1 - \left(\frac{A_2}{A_1}\right)^2}} \sqrt{\frac{2(p_1 - p_2)}{\rho}} \quad [\text{m/s}] \quad ③$$

$$Q_a = CA_2 v_2 = \frac{CA_2}{\sqrt{1 - \left(\frac{A_2}{A_1}\right)^2}} \sqrt{\frac{2(p_1 - p_2)}{\rho}}$$

$$= \frac{CA_2}{\sqrt{1 - \left(\frac{A_2}{A_1}\right)^2}} \sqrt{2gH} \quad [\text{m}^3/\text{s}] \quad ④$$

C：流量係数（0.96〜0.99）
H：圧力ヘッドの差（オリフィスを参照）

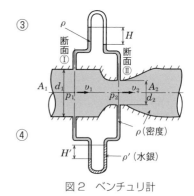

図2 ベンチュリ計

公式を使って例題を解いてみよう！

例題 1 管路の途中に穴径 40 mm のオリフィスが設けられている．オリフィス前後の圧力差が 49 100 Pa であるとき流量はいくらか．ただし，流量係数は 0.6 とし，水の密度は，1 000 kg/m³ とする．

解説 オリフィス前後の圧力差を②式に代入すると

$$H = \frac{p_1 - p_2}{\rho g}$$

$$= \frac{49\,100}{1\,000 \times 9.81}$$

$$= 5.01 \text{ m}$$

$$Q_a = CA\sqrt{2gH}$$

$$= 0.6 \times \frac{\pi}{4} \times 0.04^2 \times \sqrt{2 \times 9.81 \times 5.01}$$

$$= 0.00747 \text{ m}^3/\text{s}$$

例題 2 図 2 のように，水の流れる内径 80 mm の管路に，のど部の内径 40 mm のベンチュリ計を取り付けたところ，60 mmHg の圧力差を示した．流量係数を 0.98 として実流量を求めよ．水銀の密度は 13.6×10^3 kg/m³，重力加速度は 9.81 m/s² である．

解説 水の圧力差 H は，$\rho = 1\,000$ kg/m³，$H' = 60 \times 10^{-3}$ m を代入すると

$$H = \frac{p_1 - p_2}{\rho g} = \left(\frac{\rho'}{\rho} - 1\right)H'$$

$$= \left(\frac{13\,600}{1\,000} - 1\right) \times 60 \times 10^{-3}$$

$$= 0.756 \text{ m}$$

式④に $C = 0.98$，$A_1 = \frac{\pi}{4} \times 0.08^2 = 0.00502$ m²，$A_2 = \frac{\pi}{4} \times 0.04^2 = 0.0126$ m²，$H = 0.756$ m を代入すると

$$Q_a = \frac{0.98 \times 0.00126}{\sqrt{1 - \left(\frac{0.00126}{0.00502}\right)^2}} \times \sqrt{2 \times 9.81 \times 0.756}$$

$$= 0.00491 \text{ m}^3/\text{s}$$

3-5 流量測定（2）ピトー管

Point ピトー管は，2個の差圧管を使って流速を求めている．

重要な公式

1 ピトー管

$$v_a = C\sqrt{\frac{2(p_2-p_1)}{\rho}} = C\sqrt{2gH} \quad [\text{m/s}] \qquad ①$$

$$H = \frac{p_2-p_1}{\rho g} = \frac{\rho'-\rho}{\rho}H'$$

C：ピトー管係数（0.98〜1.01）
H：動圧の圧力ヘッド差
v_a：実際の流速〔m/s〕
p_1：①での流体の圧力〔Pa〕
p_2：Ⅱでの流体の圧力〔Pa〕
v_1：①での流体の流速〔m/s〕
v_2：Ⅱでの流体の流速（$v_2=0$ m/s）
ρ：①，Ⅱでの流体の密度〔kg/m³〕
ρ'：測定器の液体の密度〔kg/m³〕

なお，主な流体の密度は次のとおり．

水（約 0℃）：1×10^3 kg/m³

水銀（0℃）：13.5955×10^3 kg/m³

空気（0℃　101.325 kPa）：1.293 kg/m³

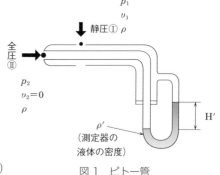

図1　ピトー管

公式を使って例題を解いてみよう！

例題 1 ピトー管にて水の流速を測定したところ，動圧が水銀柱で 50 mm であった．ピトー管係数を 0.99 とし，流速を求めよ．水銀の密度は，$13.6 \times 10^3 \text{ kg/m}^3$ とする．

解説 動圧は，次の通り．

$$p_2 - p_1 = (\rho' - \rho)gH' = (13.6 - 1) \times 10^3 \times 9.81 \times 50 \times 10^{-3} = 6\,180.3 \text{ Pa}$$

①式より

$$v_a = C\sqrt{2gH}$$
$$= C\sqrt{\frac{2g(\rho' - \rho)H'}{\rho}}$$
$$= 0.99\sqrt{\frac{2 \times 6\,180.3}{1\,000}} = 3.48 \text{ m/s}$$

例題 2 ピトー管で空気の流速を測定したら，全圧指示 $180 \text{ mmH}_2\text{O}$，静圧指示 $100 \text{ mmH}_2\text{O}$ であった．このときの動圧指示は何 mmH_2O か．また，ピトー管係数を $C = 0.99$ とすると，流速を求めよ．指示装置内の空気の密度は無視できるものとする．

解説 全圧＝動圧＋静圧の関係から動圧指示は以下のようになる．

全圧指示－静圧指示＝$180 \text{ mmH}_2\text{O} - 100 \text{ mmH}_2\text{O} = 80 \text{ mmH}_2\text{O}$

また，流速 v_a は，$p_2 - p_1 = (\rho' - \rho)gH'$ より，空気の密度は水の密度に比べて無視できるものとすると

$$p_2 - p_1 = \rho' gH' = 1\,000 \times 9.81 \times 80 \times 10^{-3}$$
$$= 784.8 \text{ Pa}$$

より，①式を用いて

$$v_a = C\sqrt{2gH} = C\sqrt{\frac{2gH\rho'H'}{\rho}}$$
$$= 0.99\sqrt{\frac{2 \times 784.8}{1.293}}$$
$$\fallingdotseq 34.5 \text{ m/s}$$

> ピトー管は原理的に，簡単で精度も優れている．可動部も全くなく，構造も簡単で，故障も少なく安定な流速測定器として，航空機やレースカーなどで使われている．

Note

II編

材料の強さ・加工

- 4章 材料力学 ……… 60
- 5章 要素設計 ……… 110
- 6章 機械工作法 ……… 178

4-1 垂直応力とせん断応力

Point》》 単位面積当たりの内力を応力という．

荷重の種類によって，5種類（引張り・圧縮・せん断・曲げ・ねじり）の応力がある．垂直（引張り・圧縮）応力・せん断応力は，単純応力と呼ばれ，曲げ・ねじりは単純応力で表現できる．

重要な公式

1 垂直応力

$$\sigma = \frac{N}{A} \quad (W=N) \ [\text{MPa}] \quad ①$$

N：仮想断面に垂直な内力〔N〕
A：断面積〔mm^2〕

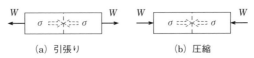

(a) 引張り　　　　(b) 圧縮

図1　垂直応力

2 せん断応力

$$\tau = \frac{F}{A} \quad (W=F) \ [\text{MPa}] \quad ②$$

F：仮想断面に平行な内力〔N〕
A：断面積〔mm^2〕

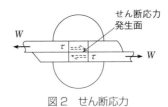

図2　せん断応力

公式を使って例題を解いてみよう！

例題1 直径30 mmの丸棒に4 000 Nの引張り荷重が加わったとき，この丸棒に生じる垂直（引張り）応力を求めよ（図4）．

解説 ①式で $W = 4\,000$ N

$$A = \frac{\pi}{4}d^2 = \frac{\pi}{4} \times 30^2$$

$$\sigma = \frac{4\,000}{225\pi} \fallingdotseq 5.66 \text{ MPa}$$

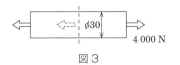

図3

例題2 図5のようなボルト軸に垂直に1 500 Nのせん断荷重がかかったとき，軸にかかるせん断応力を求めよ（軸の直径20 mm）．

解説 ②式で $W = 1\,500$ N

$$A = \frac{\pi}{4} \times 20^2$$

$$\tau = \frac{1\,500}{314} \fallingdotseq 4.78 \text{ MPa}$$

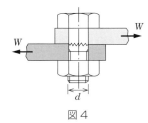

図4

- 曲げ応力は，引張りと圧縮を複合した力である．
- ねじり応力は，せん断応力である．
- 応力は，テンソルと呼ばれる物理量である．
- せん断面がねじ部にかからないように注意が必要である．

4-2 ひずみとポアソン比

Point ひずみとは荷重を受けて内部に応力が生じているときのわずかな変形をいう．荷重の種類によって，引張り・圧縮・せん断ひずみと，弾性ひずみ（弾性限度内），塑性ひずみ（弾性限度超）がある．荷重のかかる方向と荷重に垂直な方向とで縦ひずみ・横ひずみに区別される．横ひずみと縦ひずみの比がポアソン比，その逆数がポアソン数であり，弾性限度内では，材料によって一定の値を示す．

重要な公式

1 引張りひずみと圧縮ひずみ

引張りひずみ $\varepsilon_t = \dfrac{変形量}{元の長さ} \times 100$

$= \dfrac{l - l_0}{l_0} \times 100 \ [\%]$

圧縮ひずみ $\varepsilon_c = \dfrac{変形量}{元の長さ} \times 100$

$= \dfrac{l_0 - l}{l_0} \times 100 \ [\%]$

変形量を $l' = l - l_0$ とすれば

$\varepsilon = \dfrac{l'}{l_0}$ ①

l_0：元の長さ
l：変形後の長さ

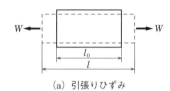
(a) 引張りひずみ

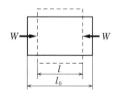
(b) 圧縮ひずみ

2 せん断ひずみ

$\gamma = \dfrac{\lambda}{l} = \tan \phi \fallingdotseq \phi$ ②

ϕ：微少角（せん断角）
τ：せん断応力
λ：ひずみ量（図1（c）参照）

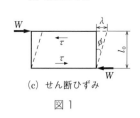
(c) せん断ひずみ

図1

3 ポアソン比とポアソン数

ポアソン比 $\nu = \dfrac{\varepsilon_1}{\varepsilon} = \dfrac{1}{m}$ ③

ポアソン数 $m = \dfrac{1}{\nu} = \dfrac{\varepsilon}{\varepsilon_1}$ ④

ε：縦ひずみ ε_1：横ひずみ

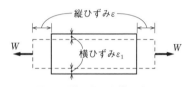
図2 縦ひずみと横ひずみ

※ひずみは単位長さ当たりの変形量

公式を使って例題を解いてみよう！

例題 1　伸びが 0.8 mm，ひずみが 0.04% のとき，元の長さを求めよ．

解説　①式を変形すると

$$l_0 = \frac{l'}{\varepsilon}$$

$l' = 0.8$，$\varepsilon = 0.0004$ を代入する．

$$l_0 = \frac{0.8}{0.0004} = 2\,000 \text{ mm}$$

例題 2　一辺 30 mm，長さ 100 mm のアルミニウム角棒（断面：正方形）が圧縮荷重を受け，0.78 mm 縮んだときの断面積を求めよ．
ただし，アルミニウムのポアソン比を 0.34 とする．

解説　横ひずみを考えればよい．③式と①式を使って ε_1 を求め，断面積を求める．

$$\frac{\varepsilon_1}{\varepsilon} = \frac{1}{m} = v \text{ および } v = 0.34,\ l' = 0.78,\ l = 100 \text{ より}$$

$$\varepsilon_1 = \frac{1}{m} \cdot \varepsilon = \frac{1}{m} \cdot \frac{l'}{l}$$

$$= v \cdot \frac{l'}{l}$$

$$= 0.34 \times 0.0078 = 0.002652$$

一辺の長さ $= 30 \times (1 + \varepsilon_1)$
$ = 30 \times (1 + 0.002652) \fallingdotseq 30.08$

断面積 $= (30.08)^2 \fallingdotseq 905 \text{ mm}^2$

　荷動がある限度以上に大きくなると，荷重を取り去っても材料は元の形には戻らずに，変形したままになる．このときの変形量を"永久ひずみ"という．
　「永久ひずみを起こさない範囲で荷重によって材料に生じる応力の限度」のことを弾性限度という．

4-3 弾性係数と弾性エネルギー

Point》》 フックの法則（応力∝ひずみ）から，その比例定数 E を縦弾性係数（ヤング率），G をせん断（横）弾性係数という．外力の仕事により，物体内部にひずみとして蓄えられたエネルギーを弾性エネルギーという．

重 要 な 公 式

1 垂直応力 σ と縦ひずみ ε の関係

$$\sigma = E\varepsilon \;[\mathrm{MPa}] \qquad ①$$

$$E = \frac{Wl_0}{Al'}$$

2 せん断応力 τ とせん断ひずみ γ の関係

$$\tau = G\gamma \;[\mathrm{MPa}] \qquad ②$$

$$G = \frac{W_s l_0}{A\lambda} = \frac{Ws}{A\phi}$$

ϕ：せん断角（せん断ひずみ）
E：縦弾性係数
G：せん断弾性係数
l_0：変形前の量
A：断面積
λ：ひずみ量
W_s：せん断力

3 弾性エネルギー

物体に蓄えられた弾性エネルギー U は

$$W = \sigma A, \quad l' = \frac{Wl_0}{AE} = \frac{\sigma l_0}{E} \;\text{から}$$

$$U = \frac{\sigma^2}{2E} A l_0 = \frac{1}{2} W l' \;[\mathrm{N\cdot m}] \qquad ③$$

A：断面積 $[\mathrm{mm}^2]$
l_0：長さ $[\mathrm{mm}]$
l'：変形量 $[\mathrm{mm}]$
E：縦弾性係数 $[\mathrm{GPa}]$
W：荷重 $[\mathrm{N}]$
σ：応力 $[\mathrm{MPa}]$

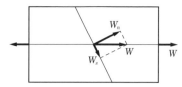

W：荷重 $[\mathrm{N}]$
W_n：垂直荷重 $[\mathrm{N}]$
W_s：せん断荷重 $[\mathrm{N}]$

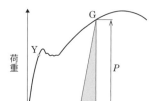

図1 塑性変形

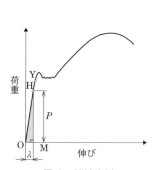

図2 弾性変形

公式を使って例題を解いてみよう！

例題 1 直径 20 mm，長さ 3 m の軟鋼丸棒を 50 kN の荷重で引張ったとき，棒の伸びを求めよ．ただし，縦弾性係数を 200 GPa とする．

解説 ①式に $E=200\times10^3$ MPa として数値を代入する．

$$l'=\frac{50\times10^3\times3\times10^3}{\frac{\pi}{4}\times20^2\times200\times10^3}=0.00239 \text{ m}=2.39 \text{ mm}$$

例題 2 直径 25 mm，長さ 1 m の軟鋼丸棒に 80 kN の引張り荷重がかかるとき，この材料に蓄えられている弾性エネルギーを求めよ．ただし，縦弾性係数を 200 GPa とする．

解説 $l'=\dfrac{Wl_0}{AE}$ を③に代入する．

$$U=\frac{1}{2}Wl'=\frac{1}{2}W\frac{Wl}{AE}=\frac{W^2l}{2AE}$$

数値を入れると

$$U=\frac{(80\times10^3)^2\times1\times10^3}{2\times\frac{\pi}{4}\times25^2\times200\times10^9\times10^{-6}}$$

$$=\frac{64\times10^3}{625\times\pi}$$

$$=32.6 \text{ N·m}$$

主な工業材料の弾性係数を表に示す．

表 1 主な工業材料の弾性係数

材料	E 〔GPa〕	G 〔GPa〕	ν
軟 鋼	206	82	0.28〜0.3
硬 鋼	200	78	0.28
鋳 鉄	157	61	0.26
銅	123	46	0.34
黄 銅	100	37	0.35
チタン	103	——	——
アルミニウム	73	26	0.34
ジュラルミン	72	27	0.34
ガラス	71	29	0.35
コンクリート	20	——	0.2

4-4 応力集中

Point 材料に，穴・切欠き・段付きがある場合，その断面積の変化する部分で応力が大きくなることを応力集中という．形状係数によって，応力集中の度合いを知ることができる．

重要な公式

1 形状係数 α_k

$$\alpha_k = \frac{\sigma_{max}}{\sigma_n} \qquad ①$$

σ_{max}：断面に生じる最大応力〔MPa〕

σ_n：断面に生じる平均応力〔MPa〕

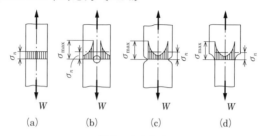

図1 応力集中

2 各種形状における形状係数

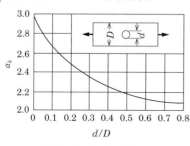

図2 丸穴のある帯板

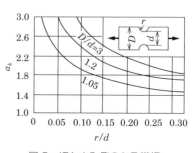

図3 切欠きみぞのある帯板

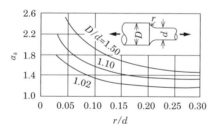

図4 段付き丸棒

公式を使って例題を解いてみよう！

例題1 幅 80 mm，厚さ 10 mm の帯板の中央に径 20 mm の穴が開いている．この板の軸線方向に 20 kN の引張り荷重が加わったとき，応力集中による最大応力を求めよ．

解説 応力集中がないときの平均垂直応力は

$$\sigma_n = \frac{W}{A} = \frac{20 \times 10^3}{(80-20) \times 10} = 33.3 \text{ MPa}$$

$$\frac{d}{D} = \frac{20}{80} = 0.25$$

よって，図2より

形状係数 $\alpha_k = 2.4$

公式①より

$$\sigma_{max} = \alpha_k \cdot \sigma_n = 2.4 \times 33.3 = 79.9 \text{ MPa}$$

例題2 図4のような，$D=22$ mm，$d=20$ mm の段付き丸棒で，角に 2 mm の丸み r をつけてある．10 kN の引張り荷重を受けるとき，応力集中による最大応力を求めよ．

解説

$$\sigma_n = \frac{W}{A} = \frac{10 \times 10^3}{\frac{\pi}{4} \times 20^2} = 31.8 \text{ MPa}$$

$$\frac{D}{d} = 1.1, \quad \frac{r}{d} = \frac{2}{20} = 0.1$$

よって，図4より

$\alpha_k = 1.6$

公式①より

$$\sigma_{max} = 1.6 \times 31.8 = 50.9 \text{ MPa}$$

応力集中による破壊を避けるためには，できるだけ急激な断面積の変化が生じない形状に設計する必要がある．

4-5 熱応力

Point 物体は，温度変化で自由膨張・自由収縮する．荷重ではなく，温度変化による伸縮により材料内部に生じる応力を熱応力という．材料の一部加熱など温度の不均一分布によって生じる応力も熱応力である．

重要な公式

1 熱によるひずみ

$$\varepsilon = \frac{\lambda}{l} = \frac{\alpha(t_1 - t_2)l}{l} = \alpha(t_1 - t_2) \qquad ①$$

α：材料の線膨張係数〔1/K〕
t_1：初めの温度〔℃〕
t_2：変化後の温度〔℃〕

2 熱応力

$$\sigma = E\varepsilon = E\alpha(t_1 - t_2) \ \text{〔Pa〕} \qquad ②$$

E：縦弾性係数〔GPa〕
σ：＋（正）のとき引張応力，－（負）のとき圧縮応力

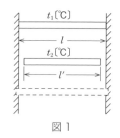

図 1

公式を使って例題を解いてみよう！

例題 1 20℃のとき両端を固定した軟鋼棒が，50℃になったとき棒に生じる熱応力はいくらか．また，棒の径を 25 mm とすれば，固定端におよぼす圧力はいくらか．ただし縦弾性係数 $E = 200$ GPa，鋼の線膨張係数 $\alpha = 11.5 \times 10^{-6}$ とする．

解説 ②式に $E = 200$ GPa，$\alpha = 11.5 \times 10^{-6}$，$t_1 = 20$℃，$t_2 = 50$℃ を代入する．

$\sigma = 200 \times 10^9 \times 11.5 \times 10^{-6} \times (20 - 50)$

$\quad = -2 \times 3 \times 11.5 \times 10^6$ Pa

$\quad = -69.0$ MPa

値が負だから，圧縮応力である．
固定端に及ぼす圧力は

$\omega = \sigma A = 69.0 \times 10^6 \times \dfrac{\pi}{4} \times 25^2 \times (10^{-3})^2$

$\quad = 3.39 \times 10^4$ N

$\quad = 33.9$ kN

例題2 気温25℃のとき，鉄道のレールの継ぎ目を溶接で結合した．その後気温が -3℃まで降下した．このとき生じる熱応力を求めよ．ただし，縦弾性係数 $E=200$ GPa，鋼の線膨張係数 $\alpha=11.5\times10^{-6}$ とする．

解説 ②式に $E=200$ GPa, $\alpha=11.5\times10^{-6}$, $t_1=25$℃, $t_2=-3$℃を代入すると

$\sigma=200\times10^9\times11.5\times10^{-6}\times\{25-(-3)\}$

$=64.4\times10^6$ Pa

$=64.4$ MPa

各種材料の線膨張係数を以下に示す．

表1 各種材料の線膨張係数

材料	線膨張係数 ($\times10^{-6}$)	μm/100・℃[1]	材料	線膨張係数 ($\times10^{-6}$)	μm/100・℃[1]
ブロックゲージ	11.51 ± 1[2]	1.05〜1.25	ラウタール	21〜22	2.1〜2.2
鋳 鉄	9.2〜11.8	0.92〜1.18	ローエックス	19	1.9
炭 素 鋼	11.7−(0.9×C%)[3]	1.01〜1.17	純マグネシウム	25.5〜28.7	2.55〜2.87
ク ロ ム 鋼	11〜13	1.1〜1.3	エレクトロン	24	2.4
ニッケルクロム鋼	13〜15	1.3〜1.5	ザマック（亜鉛合金）	27	2.7
純 銅	17	1.7	炭化タングステン	5〜6	0.5〜0.6
七 三 黄 銅	19	1.9	クラウンガラス	8.9	0.89
四 六 黄 銅	18.4	1.84	フリントガラス	7.9	0.79
青 銅	17.5	1.75	石英ガラス	0.5	0.05
砲 金	18	1.8	塩化ビニール樹脂[4]	7〜25$\times10^{-5}$	7〜25
純アルミニウム	24.6	2.46	フェノール樹脂	3〜4.5$\times10^{-5}$	3〜4.5
ジュラルミン	22.6	2.26	ユリヤ樹脂	2.7$\times10^{-5}$	2.7
Y 合 金	22	2.2	ポリエチレン	0.5〜5.5$\times10^{-5}$	0.5〜5.5
シルミン	19.8〜22	1.95〜2.2	ナイロン	10〜15$\times10^{-5}$	10〜15

(1) 100 mmの長さのものが1℃の温度上昇で伸びる長さ
(2) JISではこの範囲内にあるものを普通とすると定められている
(3) C%：炭素量
(4) 合成樹脂は可塑剤あるいは充填物により非常に異なる

4-6 許容応力と安全率

Point 材料の破壊を防ぐため,弾性限度以下の範囲で実際に使用しても安全と考えられる最大の応力を許容応力という.材料の基準強さ(基準応力)と許容応力の比を安全率という.その値が大きいほど,安全性が高い.

重 要 な 公 式

1 許容応力と安全率

$$S = \frac{\sigma_b}{\sigma_a} \quad ①$$

σ_b:材料の基準応力(極限強さ〔引張り強さ〕)
σ_a:許容応力
S:安全率

公式を使って例題を解いてみよう!

例題 1 1辺が 30 mm の正方形断面の鉄棒が,30 kN の荷重を受けるとき,そのときの安全率はいくらになるか求めよ.ただし,鉄棒の引張り強さは 380 MPa とする.

解 説 応力の計算式 $\sigma = W/A$ に $W = 30 \times 10^3$ kN,$A = 30 \times 30$ mm^2 を代入する.

$$\sigma = \frac{30 \times 10^3}{30^2} = 33.3 \text{ MPa}$$

①式から安全率は

$$S = \frac{380}{33.3} = 11.4$$

例題 2 機械構造用炭素鋼(S45C)の鋼線に,負荷 30 kN の物体をつるすとき,鋼線の直径をいくらにすればよいか求めよ.ただし,S45C の引張り強さを 700 MPa,安全率を 5 とする.

解 説 ①式から許容応力は

$$\sigma_a = \frac{\sigma_b}{S} = \frac{700}{5} = 140 \text{ MPa}$$

$$A = \frac{W}{\sigma_a} = \frac{30 \times 10^3}{140 \times 10^6} = 214.29 \text{ mm}^2$$

丸棒の半径は

$$r = \sqrt{\frac{A}{\pi}} = \sqrt{\frac{214.29}{3.14}} \fallingdotseq 8.26 \text{ mm}$$

直径　$d = 2 \times 8.26 = 16.5$ mm

表1は，実験や経験によって得られた鉄鋼の許容応力の値である．安全率を小さくすることは経済性を向上させるが追求し過ぎると破壊事故を招く．また，航空機やロケットなどは最低限の安全率で設計しないと重量制限があるので飛ばなくなってしまう．安全と軽量化を両立させるには優れた材料が必要である．

表1　鉄鋼の許容応力〔MPa〕，〔N/mm²〕

荷重		軟鋼	中硬鋼	鋳鋼	鋳鉄
引張り	a	90〜150	120〜180	60〜120	30
	b	60〜100	80〜120	40〜80	20
	c	30〜50	40〜60	20〜40	10
圧縮	a	90〜150	120〜180	90〜150	90
	b	60〜100	80〜120	60〜100	60
曲げ	a	90〜150	120〜180	75〜120	—
	b	60〜100	80〜120	50〜80	—
	c	30〜50	40〜60	25〜40	—
せん断	a	72〜120	96〜144	48〜96	30
	b	48〜80	64〜96	32〜64	20
	c	24〜40	32〜48	16〜32	10
ねじり	a	60〜120	90〜144	48〜96	—
	b	40〜80	60〜96	32〜64	—
	c	20〜40	30〜48	16〜32	—

〔備考〕荷重で，aは静荷重，bは動荷重，cは繰返し荷重をさす．

表2　安全率

材料＼安全率	静荷重	動荷重		変化する荷重，または衝撃荷重
		繰返し荷重	交番荷重	
鋳鉄	4	6	10	15
軟鋼	3	5	8	12
鋳鋼	3	5	8	15
木材	7	10	15	20
れんが・石材	20	30	—	—

4-7 内圧を受ける薄肉円筒

Point 図のように，密閉された円筒容器に内圧が加わったとき，(1) 円筒容器の端面は縦方向（X-X′断面に沿って）に，(2) 円周（横）方向（Y-Y′断面に沿って）に応力を生じる．円周方向の応力をフープ応力と呼ぶ．

重要な公式

1 縦方向応力

$$\sigma_1 = \frac{pd}{4t} \ [\mathrm{MPa}] \quad ①$$

d：円筒の内径〔mm〕
t：板厚〔mm〕
p：内圧〔MPa〕

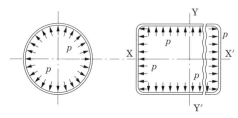

図1　薄肉円筒に働く力

2 円周方向応力（フープ応力）

$$\sigma_2 = \frac{pd}{2t} \ [\mathrm{MPa}] \quad ②$$

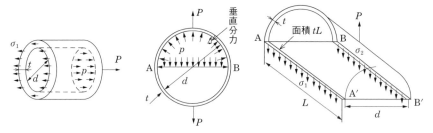

図2　縦方向に裂こうとする力　　図3　横方向に裂こうとする力

公式を使って例題を解いてみよう！

例題1 内径 350 mm，厚さ 6 mm の軟鋼製円筒に，2 MPa の内圧が働くとき，板に生じる応力を求めよ．

解説 $d = 350$ mm，$t = 6$ mm，$P = 2$ MPa を①式に代入すると

$$\sigma_1 = \frac{350 \times 2}{4 \times 6} = 29.2 \text{ MPa}$$

$d = 350$ mm，$t = 6$ mm，$P = 2$ MPa を②式に代入すると

$$\sigma_2 = \frac{350 \times 2}{2 \times 6} = 58.3 \text{ MPa}$$

例題2 内径 200 mm の薄肉円筒で，1.5 MPa の内圧に耐えられる板厚を求めよ．ただし，板の許容圧力を，80 MPa とする．

解説 ①式，②式より $\sigma_2 = 2\sigma_1$ であり，強さの計算には②式を用いればよく，また，薄肉円筒であるから，常にフープ応力を用いる．

②式に $d = 200$ mm，$p = 1.5$ MPa，$\sigma_2 = 8$ MPa を代入する．

$$t = \frac{dp}{2\sigma_2} = \frac{200 \times 1.5}{2 \times 80} = 1.88 \text{ mm}$$

例題3 内径 100 mm，外径 110 mm のシームレス鋼管がある．これを圧力 2.5 MPa の給水管に使用する．材料の引張強さを 400 MPa とするとき安全率を求めよ．

解説 ②式に $d = 100$ mm，$t = (110 - 100)/2 = 5$ mm，$p = 2.5$ MPa を代入する．

$$\sigma_2 = \frac{100 \times 2.5}{2 \times 5} = 25.0 \text{ MPa}$$

4-6 節の①式に，$\sigma_b = 400$ MPa，$\sigma_a = \sigma_2 = 25$ MPa を代入すると，安全率 S は

$$S = \frac{400}{25.0} = 16$$

　図2で，断面積 A ＝断面全体の面積－中空部の面積＝$\pi dt + \pi t^2$ であるが，薄肉であるため，πt^2 が省略されている．一般に，肉厚を t，内径 d としたとき，$t < \frac{1}{10}d$ のもの（円筒の肉厚が，内径の 10％）を薄肉とする．これより厚いものは，厚肉として扱う（上式の πt^2 を無視できない）．しかし，最新データでは，外径半径と内径半径の比 1.3 まで薄肉とするものもある．

4-8 内圧を受ける厚肉円筒

Point 内径に比べて肉厚が比較的大きい円筒を厚肉円筒という．このような円筒では，内圧 p によって材料内部に生じる応力は一様にならないで，内壁で最大，外側に行くほど小さくなって外壁で最小となる．

重 要 な 公 式

1 フープ応力

図1において，中心から任意の半径（$r_1 < r < r_2$）の距離にある点のフープ応力を σ_r とすると

$$\sigma_r = \frac{p r_1^2 (r_1^2 + r^2)}{r^2 (r_2^2 - r_1^2)} \qquad ①$$

p：内圧〔MPa〕
r_1：中心から内壁までの半径〔mm〕
r_2：中心から外壁までの半径〔mm〕

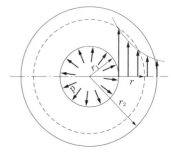

図1　厚肉円筒

2 最大フープ応力

最大フープ応力は内壁に生じ，この最大フープ応力 $\sigma_{\max}$ は，$r = r_1$ とすると

$$\sigma_{\max} = p \frac{r_2^2 + r_1^2}{r_2^2 - r_1^2} \qquad ②$$

このことから

$$\frac{r_2}{r_1} = \sqrt{\frac{\sigma_{\max} + p}{\sigma_{\max} - p}} \qquad ③$$

公式を使って例題を解いてみよう！

例題 1 内径 500 mm，肉厚 50 mm の軟鋼製厚肉円筒には，いくらの内圧を加えることができるか．軟鋼の許容応力を 5.88 MPa とする．

解 説 式②を変形して

$$p = \sigma_{\max} \frac{r_2^2 - r_1^2}{r_2^2 + r_1^2}$$

$$= 5.88 \times \frac{0.3^2 - 0.25^2}{0.3^2 + 0.25^2}$$

$$= 5.88 \times 0.52$$

$$\fallingdotseq 3.08 \text{ MPa}$$

　材料内部に生じるフープ応力は，半径 r についての 2 次関数で決まるので，放物線状に変化し，内壁で最大となる．
　また，内壁の腐食が進めば，材料の強度は落ちることになる．
　厚肉円筒とされるのは，エンジンシリンダ，コンプレッサーの内圧タンク，さまざまなガスボンベなどの実用圧力容器である．

4-9 衝撃荷重

Point 衝突などの急激に加わる荷重を衝撃荷重という．エネルギー保存則から，「重りの位置エネルギーと棒（弾性体）に蓄えられるひずみエネルギーは等しい」．たとえ高さが 0 であっても，急速な荷重を加えると最大伸び・最大応力ともに静的負荷のときの 2 倍になる．

重要な公式

1 衝撃荷重によって生じる応力

$$\sigma = \frac{W}{A}\left(1 + \sqrt{1 + \frac{2EAh}{Wl}}\right) \;[\text{MPa}] \quad ①$$

l：材料の元の長さ〔mm〕

2 急速荷重によって生じる応力

①式で $h = 0$ の場合

$$\sigma = \frac{2W}{A} \;[\text{MPa}] \quad ②$$

h：高さ〔mm〕
A：断面積〔mm²〕
W：重量〔N〕
E：縦弾性係数〔GPa〕

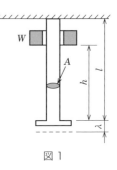

図 1

公式を使って例題を解いてみよう！

例題 1 直径 20 mm，長さ 3 m の鋼製丸棒に 40 kN の引張り荷重を急速に加えたとき，生じる応力と瞬間最大伸びを求めよ．ただし，$E = 200$ GPa とする．

解説 ②式に $W = 40$ kN，$A = (\pi/4) \times 20^2$ mm² を代入する．

$$\sigma = \frac{2 \times 40 \times 10^3}{\frac{\pi}{4} \times 20^2} = 255 \text{ MPa}$$

伸びは，$\dfrac{\sigma}{\varepsilon} = E$，$\varepsilon = \dfrac{\lambda}{l}$ から

$$\lambda = \frac{\sigma}{E} l = \frac{255 \times 10^6 \times 3 \times 10^3}{200 \times 10^9} = 3.83 \text{ mm}$$

例題 2 図1のように直径 40 mm，長さ 2 m の丸棒に，1 kN の荷重を 150 mm の高さから落下させたとき，生じる衝撃応力と伸びを求めよ．ただし，$E=200$ GPa とする．

解 説 ①式に $W=1$ kN, $A=(\pi/4)\times 40^2$ mm², $l=2\times 10^3$ mm, $E=200$ GPa を代入する．

$$\sigma = \frac{1\times 10^3}{\frac{\pi}{4}\times 40^2} \times \left(1+\sqrt{1+\frac{2\times 200\times 10^3\times(\pi/4)\times 40^2\times 150}{1\times 10^3\times 2\times 10^3}}\right)$$

$$=0.7957\times 195.1652 \fallingdotseq 155 \text{ MPa}$$

伸びは

$$\lambda = \frac{\sigma}{E}l = \frac{155\times 2\times 10^3}{200\times 10^3} = 1.55 \text{ mm}$$

例題 3 下端が固定された高さ 6 m，直径 300 mm のアルミニウム製の柱の上に，高さ 1 m から 4.5 kN の重りが落下したとき，柱に生じる最大圧縮応力を求めよ．ただし，$E=72$ GPa とする．

解 説 ①式を用いる．

$W=4.5$ kN, $A=\frac{\pi}{4}\times 300^2$, $E=72$ GPa, $l=6$ m, $h=1$ m を代入すると

$$\sigma = \frac{4.5\times 10^3}{\frac{\pi}{4}\times 300^2} \times \left(1+\sqrt{1+\frac{2\times 72\times 10^3\times \frac{\pi}{4}\times 300^2\times 1\times 10^3}{4.5\times 10^3\times 6\times 10^3}}\right)$$

$$=0.05366\times 614.99684 \fallingdotseq 39.2 \text{ MPa}$$

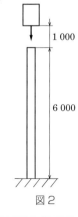

図2

 重さ（重量）とは力であり，質量ではない．SI 単位系では N（ニュートン）で表される．

4-10 はりの支点の反力

Point》》 はりに荷重が作用し，つり合いを保っている静止状態のとき，支点には荷重と逆向きの力が生じている．その力を反力という．平行力のつり合いの条件から次の①②が成り立つ．

①はりに作用する外力の和は0である．
②はりの任意の点における力のモーメントの和は0である．

重 要 な 公 式

1 集中荷重を受ける両端支持はり

支点Aの力のモーメントから

$$R_B = \frac{w_1 l_1 + w_2 l_2 + w_3 l_3}{l} \text{〔N〕} \quad ①$$

$$R_A = w_1 + w_2 + w_3 - R_B \text{〔N〕} \quad ②$$

w：等分布荷重〔N/m〕
R_A：支点Aにおける反力
R_B：支点Bにおける反力
l, l_1, l_2, l_3：点Aからのそれぞれの距離〔mm〕

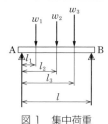

図1 集中荷重

2 等分布荷重を受ける両端支持はり

$$R_A = R_B = \frac{wl}{2} \text{〔N〕} \quad ③$$

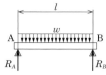

図2 等分布荷重

公式を使って例題を解いてみよう！

例題1 図3のようなはりの支点の反力をそれぞれ求めよ．

解説 ①式から

$$R_B = \frac{2\,000 \times 300 \times 10^{-3} + 3\,000 \times 500 \times 10^{-3}}{1}$$

$$= 2\,100 \text{ N}$$

②式より

$$R_A = 2\,000 + 3\,000 - 2\,100 = 2\,900 \text{ N}$$

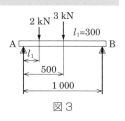

図3

例題2 図4のようなはりの支点の反力をそれぞれ求めよ．

解説 等分布荷重は，その中央に

$$W = wl = 5\,000 \times 600 \times 10^{-3} = 3 \text{ kN}$$

が集中荷重として作用していると考えればよい．①式から

$$R_B = \frac{3\,000 \times 500 \times 10^{-3} + 2\,000 \times 900 \times 10^{-3}}{1.2}$$

$$= 2\,750 \text{ N}$$

$$R_A = 3\,000 + 2\,000 - 2\,750 = 2\,250 \text{ N}$$

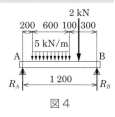

図4

例題3 図5のようなはりの支点の反力をそれぞれ求めよ．

解説 B点まわりの力のモーメントを考えると

$$1\,500 \times (200 + 200 + 300) \times 10^{-3} + 5\,000$$
$$\times 300 \times 10^{-3} - R_A \times (200 + 300) \times 10^{-3} = 0$$

∴ $R_A = 5\,100$ N

$$R_B = 1\,500 + 5\,000 - 5\,100 = 1\,400 \text{ N}$$

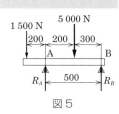

図5

例題4 図6のようなはりの支点の反力をそれぞれ求めよ．

解説 例題2と同様に考えて，等分布荷重の合力は

$$W = 5\,000 \times 1\,000 \times 10^{-3} = 5\,000 \text{ N}$$

②式から

$$R_B = \frac{2\,500 \times 400 \times 10^{-3} + 5\,000 \times (1\,000/2) \times 10^{-3}}{1}$$

$$= 3\,500 \text{ N}$$

$$R_A = 2\,500 + 5\,000 - 3\,500 = 4\,000 \text{ N}$$

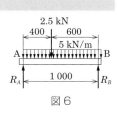

図6

4-11 はりのせん断力と曲げモーメント

Point》》 はりの仮想断面に働くせん断力の大きさは，その断面の左右に働く力の和が等しく向きが反対である．よって，仮想断面の左右いずれか片方の力の代数和を求めればよい．曲げモーメントの大きさも，仮想断面の片側の力のモーメントの代数和を求める．仮想断面に働くせん断力と曲げモーメントは，左右で大きさが同じであるので，簡単なほうを用いる．

重要な公式

1 はりのせん断力

仮想断面 X の片側の力の代数和を求める．

AC間　$F = R_A$ 〔N〕：左側 ┐
CB間　$F = R_A - W$ 〔N〕：左側 ├ ①
　　　$= -R_B$ 〔N〕：右側 ┘

図2　せん断力の符号

F：せん断力〔N〕　R_A, R_B：反力〔N〕
x：支点 A からの距離〔mm〕

2 はりの曲げモーメント

仮想断面 X の片側の力のモーメントの代数和を求める．

AC間　$M = R_A x_1$ 〔N·m〕：左側 ┐
　　　$M = R_B(l - x_1) - P(l_1 - x_1)$：右側 ├ ②
CB間　$M = R_A x_2 - W(x_2 - l_1)$ 〔N·m〕：左側 │
　　　$M = R_B(l - x_2)$ 〔N·m〕：右側 ┘

図3　曲げモーメントの符号

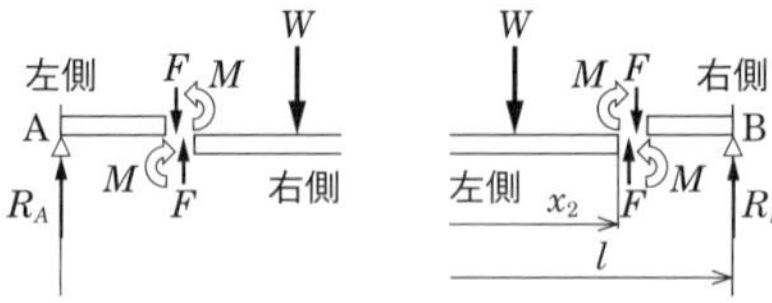

x_1：支点 A から仮想断面 x_1 までの距離
x_2：支点 A から仮想断面 x_2 までの距離

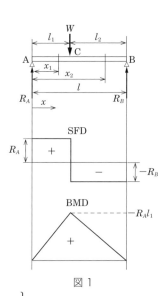

図1

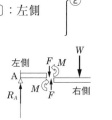

(a) x_1 の仮想断面　(b) x_2 の仮想断面

図4　仮想断面

3 せん断力線図（SFD）と曲げモーメント線図（BMD）

各断面におけるせん断力または曲げモーメントの値を縦軸にとり，はりの長

さを横軸にとってその関係を表した線図をいう（図1）.

SFD：Shearing force diagram　　BMD：Bending moment diagram

公式を使って例題を解いてみよう！

例題1 図4のようなはりで，仮想断面 X_1 および仮想断面 X_2 におけるせん断力，曲げモーメントを求めよ．

解説 (a) はじめに反力を求める．

$$R_A = \frac{2\,000 \times 600 \times 10^{-3}}{1} = 1\,200 \text{ N}$$

$$R_B = 2\,000 - 1\,200 = 800 \text{ N}$$

(b) せん断力　①式より

x_1 断面　$F_{x1} = R_A = 1\,200$ N

x_2 断面　$F_{x2} = 1\,200 - 2\,000 = -800$ N

(c) 曲げモーメント　②式より

x_1 断面　$M_{X1} = 1\,200 \times 300 \times 10^{-3}$
$= 360$ N·m

x_2 断面　$M_{X2} = 1\,200 \times 700 \times 10^{-3} - 2\,000 \times (700-400) \times 10^{-3} = 240$ N·m

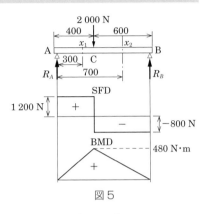

図5

例題2 図5のはりで，せん断力線図（SFD）と曲げモーメント線図（BMD）を描け.

解説 (a) SFD

AC間　$F = 1\,200$ N

CB間　$F = 1\,200 - 2\,000 = -800$ N

(b) BMD

AC間　$M_x = 1\,200 x \times 10^{-3} (0 \leq x \leq 400)$

CB間　$M_x = 1\,200 x \times 10^{-3}$
　　　　　　$- 2\,000 (x - 400) \times 10^{-3}$

$(400 \leq x \leq 1\,000)$

以上を図示すると図6のようになる．

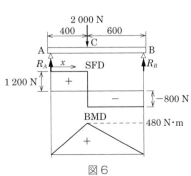

図6

4-12 片持ばり（1）集中荷重を受ける場合

Point 図1の片持ばりのA点を固定端，B点を自由端という．最大曲げモーメントが作用する断面が最も破断しやすいため，その断面を危険断面ともいう．

重要な公式

1 反力

$R = W$ 〔N〕　①

2 せん断力

$F = W$ 〔N〕　②

3 曲げモーメント

$M = -Wx$　③

$M_{max} = -Wl$ 〔N·m〕

W：集中荷重〔N〕

x：自由端からの距離〔mm〕

l：片持ばりの全長〔mm〕

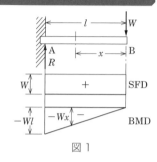

図1

公式を使って例題を解いてみよう！

例題1 図2のような片持ばりのせん断力線図（SFD）と曲げモーメント線図（BMD）を描け．

解説 ①式より

$R = 2\,000$ N

仮想断面×作用するせん断力 F は，断面右側に荷重 W が加わるだけなので

$F = W = 2\,000$ N

となり，SFDは横軸に平行な直線となる．

曲げモーメントは集中荷重の作用点から考えて③式より

$M = -2\,000 \times 1 = -2\,000$ N·m

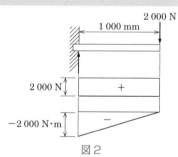

図2

例題2 BMDは，一次関数（斜めの直線）であるので，固定端最大 $2\,000\,\mathrm{N\cdot m}$ と自由端 0 を結べばよい（図2）．図3のように，2種類の集中荷重が作用する片持ちばりのSFDとBMDを描け．

解説 (a) せん断力

自由端 B から考えて

BC 間　$F=1\,000\,\mathrm{N}$

CA 間　$F=1\,000+2\,500=3\,500\,\mathrm{N}$

(b) 曲げモーメント

$1\,000\,\mathrm{N}$ の荷重だけによる BMD（mnp）を描き，次に $2\,500\,\mathrm{N}$ の荷重だけによる BMD（pq′r）を上に重ねて描く．これを合成して BMD は mnqr となる．

③式より $M_B=0$

$M_C=-1\,000\times 200\times 10^{-3}=-200\,\mathrm{N\cdot m}$

$M_A=-1\,000\times 500\times 10^{-3}=-500\,\mathrm{N\cdot m}$

$2\,500\,\mathrm{N}$ の荷重による曲げモーメントは③式より

$M_C=0$

$M_A=-2\,500\times 300\times 10^{-3}=-750\,\mathrm{N\cdot m}$

最大曲げモーメントは

$M_{\max}=-500-750=-1\,250\,\mathrm{N\cdot m}$

よって，図3のようになる．

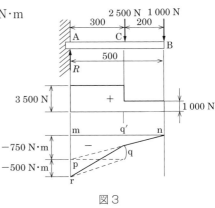

図3

はりは，漢字で梁と書く．橋などの場合は，橋梁と書き，「きょうりょう」と読む．

4-13 片持ばり（2）等分布荷重を受ける場合

Point　図1のように，長さ l〔m〕の片持ばりに w〔kN/m〕の等分布荷重が働くとき，等分布荷重の総和は wl〔N〕で，その着力点（作用点）は l の中央にあると考える．

重要な公式

1 反力

$$R = wl \ \text{〔N〕} \quad ①$$

2 せん断力

$$F = -wl \ \text{〔N〕} \quad ②$$

3 曲げモーメント

$$M = -\frac{wx^2}{2} \quad M_{\max} = -\frac{wl^2}{2} \ \text{〔N·m〕} \quad ③$$

w：等分布荷重〔N/m〕

x：自由端からの距離〔mm〕

l：片持ばりの全長〔mm〕

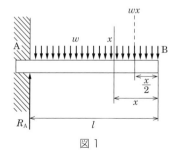

図1

公式を使って例題を解いてみよう！

例題1 図2のような等分布荷重を受ける片持ちばりのせん断力線図（SFD）と曲げモーメント線図（BMD）を描け．

解説 (a) せん断力

②式に $w=3\,\text{kN/m}=3\,000\,\text{N/m}$ を入れると

$F=3\,000x$

x は，B 点からの距離だから

B 点　$F=0\,\text{N}$

A 点　$F=3\,000×1\,500×10^{-3}=4\,500\,\text{N}$

(b) 曲げモーメント

③式に $w=3\,\text{kN/m}=3\,000\,\text{N/m}$ を入れると

$M=\dfrac{-3\,000x^2}{2}$（放物線）

B 点，$M_B=0$

A 点，$M_A=\dfrac{-3\,000×(1\,500)^2×(10^{-3})^2}{2}=-3\,375\,\text{N·m}$

以上より図2のようになる．

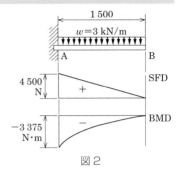

図2

例題2 図3のような一部分に等分布荷重を受ける片持ばりの SFD と BMD を描け．

解説 (a) せん断力

集中荷重 $1\,000\,\text{N}$ によるせん断力は

$F=W=1\,000\,\text{N}$

等分布荷重によるせん断力は 4-12 の②式より

$F=2\,000×500×10^{-3}=1\,000\,\text{N}$

これを合成すると図3に示す SFD になる．

(b) 曲げモーメント

集中荷重 $1\,000\,\text{N}$ よる曲げモーメントは

$M_{\max}=Wl=-1\,000×1\,000×10^{-3}=-1\,000\,\text{N·m}$

等分布荷重による曲げモーメントは

$M_{\max}=-\dfrac{wl^2}{2}=-\dfrac{2\,000×500^2×(10^{-3})^2}{2}=-250\,\text{N·m}$

これを合成すると図3のような BMD になる．

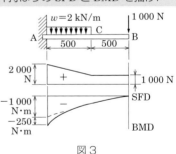

図3

4-14 両端支持ばり（1）集中荷重を受ける場合

Point 集中荷重を受ける両端支持ばりでは，せん断力が正から負に変化する点で，曲げモーメントが最大になる．また，最大荷重の作用点で曲げモーメントが最大となる．SFD と BMD を描くとき，役に立つ．

重　要　な　公　式

1 公式 1

(a) せん断力

AC 間　$F_1 = R_A = \dfrac{Wl_2}{l}$ 〔N〕

BC 間　$F_2 = -W + R_A = -R_B$ 〔N〕

(b) 曲げモーメント

AC 間　$M_1 = R_A x_1 = \dfrac{Wl_2}{l} x_1$ 〔N・m〕

BC 間　$M_2 = \dfrac{Wl_1(l - x_2)}{l}$ 〔N・m〕

$M_{max} = \dfrac{Wl_1 l_2}{l}$ 〔N・m〕

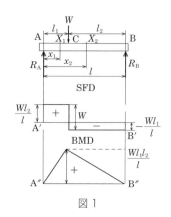

図 1

2 公式 2

(a) せん断力

AC 間　$F_1 = R_A$ 〔N〕

CD 間　$F_2 = R_A - W_1$ 〔N〕

DB 間　$F_3 = R_A - W_1 - W_2$
　　　　　$= -R_B$ 〔N〕

(b) 曲げモーメント

AC 間　$M_1 = R_A x$ 〔N・m〕

CD 間　$M_2 = R_A x - W(x - l_1)$ 〔N・m〕

DB 間　$M_3 = R_A x - W_1(x - l_1) - W_2(x - l_2)$
　　　　　$= R_B(l - x)$ 〔N・m〕

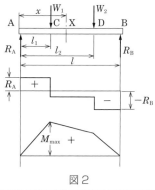

図 2

公式を使って例題を解いてみよう！

例題 1 図 3 のようなはりで，SFD と BMD を描け．

解　説

圧力 $R_A = \dfrac{3\,000 \times (1\,000 - 400) \times 10^{-3} + 2\,000 \times (1\,000 - 700) \times 10^{-3}}{1\,000 \times 10^{-3}} = 2\,400$ N

$R_B = 3\,000 + 2\,000 - 2\,400 = 2\,600$ N

せん断力は ② 公式2より

　AC 間　$F_1 = R_A = 2\,400$ N

　CD 間　$F_2 = R_A - W_1$
　　　　　　$= 2\,400 - 3\,000 = -600$ N

　DB 間　$F_3 = R_B = -2\,600$ N

曲げモーメントは ② 公式2より

　AC 間　$M_1 = R_A x = 2\,400 x$

　　C 点　$x = 400$
　　　　　$M_C = 2\,400 \times 400 \times 10^{-3} = 960$ N・m

　CD 間　$M_2 = 2\,400 x - 3\,000 \times (x - 400)$

　　D 点　$x = 700$
　　　　　$M_D = 2\,400 \times 700 \times 10^{-3} - 3\,000 \times (700 - 400) \times 10^{-3}$
　　　　　　　$= 780$ N・m

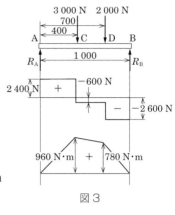

図3

M_{max} は C 点なので

　$M_{max} = M_C = 960$ N・m

例題2 図4のようなはりで，SFD と BMD を描け．

解説 反力は

$R_B = \dfrac{(5\,000 \times 300 + 4\,000 \times 700) \times 10^{-3}}{1\,000 \times 10^{-3}} = 4\,300$

$R_A = 5\,000 + 4\,000 - 4\,300 = 4\,700$ N

せん断力は

　AC 間　$F_1 = R_A = -4\,700$ N

　CD 間　$F_2 = R_A + w_1 = 4\,700 + (-5\,000)$
　　　　　　$= -300$ N

　BD 間　$F_3 = R_A + w_1 + w_2$
　　　　　　$= 4\,700 - 5\,000 - 4\,000$
　　　　　　$= -4\,300$ N

曲げモーメントは

　$M_C = R_A l_1 = 4\,700 \times 300 \times 10^{-3} = 1\,410$ N・m

　$M_D = R_B(l - l_2) = 4\,300 \times (1\,000 - 700) \times 10^{-3} = 1\,290$ N・m

最大曲げモーメントは，$M_C > M_D$ より

　$M_{max} = M_C = 1\,410$ N・m

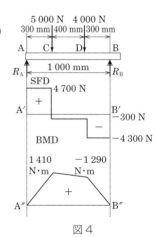

図4

4-15 両端支持ばり (2) 等分布荷重を受ける場合

Point 等分布荷重を受ける両端支持ばりでは，せん断力が 0 になる点で曲げモーメントが最大になる．両端支持ばり（集中・等分布ともに）の支点におけるせん断力（絶対値）の大きさは，反力の大きさに等しく，支点における曲げモーメントは 0 である．

重要な公式

1 反力

$$R_A = R_B = \frac{wl}{2} \quad ①$$

2 せん断力

$$F = R_A - wx = \frac{w}{2}(l - 2x)$$
$$x = 0 \text{ で } F = \frac{wl}{2} = R_A \text{ 〔N〕}$$
$$x = \frac{l}{2} \text{ で } F = 0 \qquad\qquad ②$$
$$x = l \text{ で } F = -\frac{wl}{2} = -R_B \text{ 〔N〕}$$

x：A 点からの距離

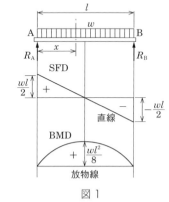

図 1

3 曲げモーメント

曲げモーメントの大きさとは，正負の符号をとった絶対値をいう．

$$M = R_A x - wx\frac{x}{2} = \frac{w}{2}(lx - x^2) \text{ 〔N·m〕}$$
$$x = \frac{l}{2} \text{ で } M_{\max} = \frac{wl^2}{8} \text{ 〔N·m〕} \qquad ③$$

公式を使って例題を解いてみよう！

例題 1 図 2 のように，長さ 1 000 mm で $w = 5$ kN/m の等分布荷重を受けている両端支持ばりの SFD と BMD を描け．

解説 (1) 反力は①式より

$$R_A = R_B = \frac{3\,000 \times 1\,000 \times 10^{-3}}{2} = 1\,500 \text{ N}$$

(2) せん断力は②式より

$F_A = -wl/2 = 1\,500$ N

$F_C = 0$ N

$F_B = -wl/2 = -1\,500$ N

(3) 曲げモーメントは③式より

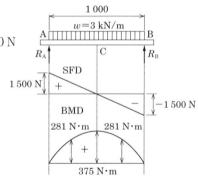

図 2

$$M_{\max} = \frac{wl^2}{8} = \frac{3\,000 \times 1\,000^2 \times (10^{-3})^2}{8} = 375 \text{ N·m}$$

$x = 250$ で，$M = \dfrac{3\,000}{2}\{1\,000 \times 250 \times (10^{-3})^2 - 250^2 \times (10^{-3})^2\} = 281$ N·m

$x = 750$ においても同値になる（放物線（2次曲線）は左右対称）．

例題2 図3のように，等分布荷重を部分的に受けている両端支持ばりのSFDとBMDを描き，最大曲げモーメントを求めよ．ただし，$w = 6$ kN/m とする．

解説 $l = 750$ mm，l_1（AC間）$= 150$ mm，l_2（CD間）$= 500$ mm とする．
Aから等分布荷重の作用点（CDの中央）までの距離を a とする．

(1) 反力

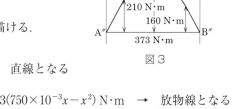

$$a = l_1 + \frac{l_2}{2} = 150 + \frac{500}{2} = 400 \text{ mm}$$

$$R_B = \frac{awl_2}{l} = \frac{400 \times 10^{-3} \times 6\,000 \times 500 \times 10^{-3}}{750 \times 10^{-3}}$$
$$= 1\,600 \text{ N}$$

$R_A = wl_2 - R_B = 6\,000 \times 500 \times 10^{-3} - 1\,600$
$\qquad = 1\,400$ N

(2) せん断力

AC間　$F_1 = R_A = 1\,400$ N

BD間　$F_2 = -R_B = -1\,600$ N

C′D′を直線で結べばSFDが描ける．

(3) 曲げモーメント

AC間　$M_{AC} = R_A \times x = 1\,400x$　→　直線となる

CD間　$M = \dfrac{6}{2}(750 \times 10^{-3}x - x^2) = 3(750 \times 10^{-3}x - x^2)$ N·m　→　放物線となる

DB間　$M_{DB} = R_B(l - x) = 1600 \times (750 - x)$　→　直線となる

SFDにおいてA′B′とC′D′の交点Eで最大曲げモーメントを生じる．
CE+ED=500 から，CE : ED = CE : (500−CE) = $|R_A| : |R_B|$ = 7 : 8

$$\therefore \text{ CE} = \frac{7}{8+7} \times 500 ≒ 233 \text{ mm}$$

$$M_{\max} = R_A(l_1 + \text{CE}) - \frac{w\text{CE}^2}{2}$$

$$= 1\,400 \times (150 + 233) \times 10^{-3} - \frac{6\,000 \times (233 \times 10^{-3})^2}{2} ≒ 373 \text{ N·m}$$

図3

4-16 数個の荷重を受けるはり

Point 合成の法則：集中・等分布荷重いずれかが単独で数個作用する場合，または両方が同時に作用する場合のSFD，BMDは，各荷重が単独に作用する場合の反力・せん断力・曲げモーメントを加え合成すればよい．

公式を使って例題を解いてみよう！

例題1 図1のような，荷重が作用する両端支持ばりのSFDとBMDを描け．また，最大曲げモーメントも求めよ．

解 説 (1) 反力

● 集中荷重

$$R_{A1} = \frac{6\,000 \times 750 \times 10^{-3}}{1\,000 \times 10^{-3}}$$

$$= 4\,500\text{ N}$$

$$R_{B1} = 6\,000 - 4\,500 = 1\,500\text{ N}$$

● 等分布荷重

$$R_{A2} = R_{B2} = \frac{4\,000 \times 1\,000 \times 10^{-3}}{2}$$

$$= 2\,000\text{ N}$$

(2) せん断力

● 集中荷重

AC間　$F_1 = R_{A1} = 4\,500$ N

CB間　$F_1 = B_{B1} = -1\,500$ N

● 等分布荷重

$$F = \frac{w(l-2x)}{2}\text{ より}$$

A点　$F_2 = 2\,000$ N

B点　$F_2 = -2\,000$ N

合成すれば図1(c)のようになる．C点でせん断力が負から正に変わる．

(3) 曲げモーメント

● 集中荷重

$$M_1 = R_{A1}x = 4\,500x$$

C点　$M_{C1} = 4\,500 \times 250 \times 10^{-3} = 1\,125$ N·m

● 等分布荷重

$$M_2 = \frac{4\,000}{2}(1\,000x - x^2)$$

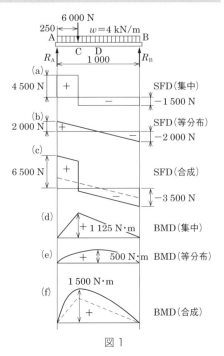

図1

中央では

$$M_{D2} = \frac{wl^2}{8} = \frac{4\,000 \times 1\,000^2 \times (10^{-3})^2}{8} = 500 \text{ N·m}$$

等分布荷重の C 点（$x=250$）における曲げモーメントは

$$M_{C2} = \frac{4\,000}{2}\{1\,000 \times 250 \times (10^{-3})^2 - 250^2 \times (10^{-3})^2\} = 375 \text{ N·m}$$

最大曲げモーメントは両荷重の C 点の値を加え

$$M_{max} = 1\,125 + 375 = 1\,500 \text{ N·m}$$

合成すれば図 1 (f) のようになる.

例題2　図 2 のような荷重が作用する片持ちばりの SFD と BMD を描け．また，最大曲げモーメントも求めよ．

解説　(1) 反力

集中荷重 W，等分布荷重 wl を合成して
$R_A = W + wl = 3\,000 + 5\,000 \times 1\,000 \times 10^{-3}$
$= 8\,000 \text{ N}$

(2) せん断力

集中荷重 W，等分布荷重 wx を合成して
$F_x = W + wx$ 〔N·m〕 $(0 \leq x \leq l)$

SFD は合成すると図 2 の長方形（集中荷重）と直角三角形（等分布荷重）を合わせた台形 AA″B′B の台形となる．

(3) 曲げモーメント

集中荷重 $M_{max} = -Wl$,

等分布荷重 $M_{max} = -\dfrac{Wl^2}{2}$ より,

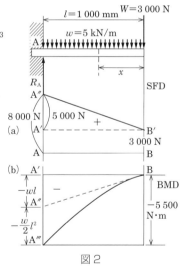

図2

$$M_{max} = -\left(Wl + \frac{Wl^2}{2}\right) = -\left\{3\,000 \times 1\,000 \times 10^{-3} + \frac{5\,000 \times 1\,000^2 \times (10^{-3})^2}{2}\right\}$$
$$= -5\,500 \text{ N·m}$$

BMD は図 2 のように合成して△BA′A″（集中荷重）の上に B から放物線（等分布荷重）BA‴ を描けばよい．

4-17 断面二次モーメントと断面係数

Point 断面二次モーメント〔mm^4〕は，断面の形状によって一定の値を持ち，断面係数〔mm^3〕は固有の数値（係数）となる．断面係数は，断面積が同じでも断面の形・荷重のかかる方向によって異なる．よって，断面係数は曲げに対する強度の比較に用いられる．

重要な公式

1 中立軸に対する断面二次モーメント

$I = \sum y^2 \Delta a$ 〔mm^4〕 ①

2 断面係数

$$Z_c = \dfrac{I}{y_c} \ [mm^3]$$
$$Z_t = \dfrac{I}{y_t} \ [mm^3]$$ ②

y_c, y_t：中立軸からの距離〔mm〕

対称形断面の場合 $Z = \dfrac{I}{y}$ 〔mm^3〕 ③

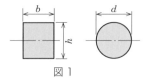

図1

3 主な断面の断面二次モーメント I と断面係数 Z

長方形 $I = \dfrac{1}{12}bh^3$, $Z = \dfrac{1}{6}bh^2$ ④

円 $I = \dfrac{\pi}{64}d^4$, $Z = \dfrac{\pi}{32}d^3$ ⑤

$M = \sigma Z$ ⑥

4 平行軸に対する断面二次モーメント

$I_x = I + Al^2$ 〔mm^4〕

A：断面積
l：中立軸から x 軸までの距離〔mm〕

公式を使って例題を解いてみよう！

例題1 図2のような幅 60 mm，高さ 100 mm の長方形断面の I と Z を求めよ．

解説 ④式より

$I = (1/12) \times 60 \times 100^3 = 5\,000\,000 \ mm^4$

$Z = (1/6) \times 60 \times 100^2 = 100\,000 \ mm^3$

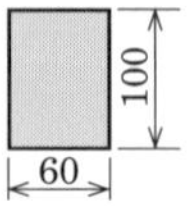

図2

例題 2 図3のような中空円断面の断面二次モーメント I と断面係数 Z を求めよ．

解説 中空円の I は，外円と内円の I の差を求める．

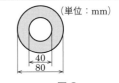

(単位：mm)

図3

外円　$I_1 = (1/64) \times \pi \times 80^4 = 2\,009\,600 \text{ mm}^4$

内円　$I_2 = (1/64) \times \pi \times 40^4 = 125\,600 \text{ mm}^4$

中空円　$I = I_1 - I_2 = 1\,884\,000 \text{ mm}^4$

例題 3 図4のような断面の I と Z を求めよ．

解説 中空円と同様に考えて

$$I = I_1 - I_2 = \frac{60 \times 100^3}{12} - \frac{40 \times 60^3}{12}$$

$$= 4\,280\,000 \text{ mm}^4$$

$$Z = \frac{I}{y} = \frac{4\,280\,000}{50} = 85\,600 \text{ mm}^3$$

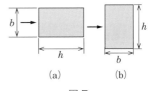

(単位：mm)

図4

(a)，(b)，(c) とも同じ値になる．

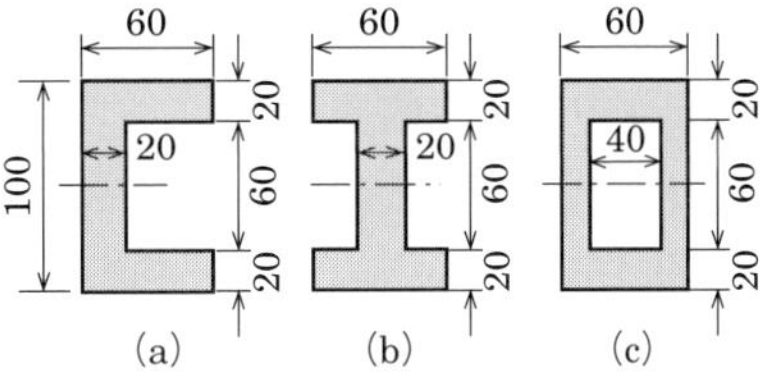

例題 4 図5において，断面積が同じはりの場合，(a) と (b) のように使うとき強さを比較せよ．

解説 ④式から，$Z_{(a)} = bh^2/6$，$Z_{(b)} = b^2h/6$

仮に $h = 210$ mm，$b = 100$ mm とすると

$Z_{(a)} = (100 \times 210^2)/6 = 735\,000 \text{ mm}^3$

$Z_{(b)} = (210 \times 100^2)/6 = 350\,000 \text{ mm}^3$

同じ大きさの曲げモーメントが作用するとき

図5

⑥式を変形した $\sigma = M/Z$ から

(a) には $\sigma_{(a)} = M/735\,000$，(b) には $\sigma_{(b)} = M/350\,000$

$\sigma_{(b)} : \sigma_{(a)} = 1/350\,000 : 1/735\,000 = 2.1 : 1$

(b) のほうが 2.1 倍大きな応力が発生している．逆に言えば，(b) のほうが (a) より 2.1 倍強さに耐えられる（強い）．

4-18 曲げ応力

Point はりが上面に曲げモーメントを受けて，たわむ（撓む）とき上面には圧縮応力，下面には引張り応力が生じる．この圧縮応力と引張り応力をまとめて曲げ応力という．伸びも縮みもしない面（図1のEE′FF′）を中立面，中立面がはりの断面と交わってできる直線を中立軸という．

重要な公式

1 曲げ応力（σ_b）と曲率半径（ρ）

$$\sigma_b = \varepsilon E = \frac{y}{\rho} E \qquad ①$$

E：縦弾性係数
ρ：中立面の曲率半径
y：中立面からの距離

2 曲げモーメント（M）と曲率半径（ρ）

$$M = \frac{E}{\rho} I \qquad ②$$

3 曲げ応力（σ_b），曲げモーメント（M）と断面係数（Z）

$$M = \sigma_b Z, \quad \sigma_b = \frac{M}{Z} \qquad ③$$

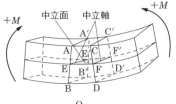
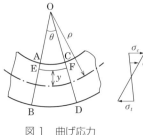

図1　曲げ応力

公式を使って例題を解いてみよう！

例題1 図2のように，$w = 5\,\text{kN/m}$ の等分布荷重を受ける片持ちばりで，固定端に生じる曲げ応力を求めよ．ただし，$b = 60\,\text{mm}$，$h = 100\,\text{mm}$ とする．

解説 固定端に生ずる曲げモーメントの大きさは

$$M = \frac{wl^2}{2} = \frac{5\,000 \times 800^2 \times (10^{-3})^2}{2}$$
$$= 1\,600\,\text{N} \cdot \text{m}$$

断面係数 $Z = bh^2/6 = \dfrac{0.06 \times (0.1)^2}{6} = 1.0 \times 10^{-4}\,\text{m}^3$

③式より

$$\sigma_b = \frac{M}{Z} = \frac{1\,600}{1.0 \times 10^{-4}} = 16.0\,\text{MPa}$$

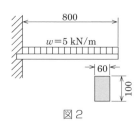

図2

例題2 図3のような集中荷重を受けるはりの断面の寸法を決めよ。ただし，材料の許容応力は60 MPa，断面は長方形で$b:h=1:2$とする。

解説 力のつり合いから反力は

$R_A=R_B=3\,000$ N

C，D点の曲げモーメントを求める。

$M_C=3\,000\times400\times10^{-3}=1\,200$ N·m

$M_D=3\,000\times700\times10^{-3}-4\,000\times300\times10^{-3}$

　　　$=900$ N·m

$M_C>M_D$ より，$M_{\max}=1\,200$ N·m

③式より

$$Z=\frac{M}{\sigma_b}=\frac{1\,200}{60\times10^6}=20\,000\times10^{-9}\text{ m}^3=20\,000\text{ mm}^3$$

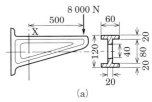

図3

$h=2b$ を 4-17 の④式に代入すると $(1/6)\times b\times(2b)^2=20\,000$

∴ 幅　$b=\sqrt[3]{30\,000}\fallingdotseq31.1$ mm

　高さ　$h=2b=31.1\times2=62.2$ mm

例題3 図4（a）のような壁ブラケットのX断面に生じる応力を求めよ。

解説 断面二次モーメント I は 60×120 の長方形 I_1 から図4（b）の左右2つを合わせた長方形 I_2 と中央の長方形 I_3 を除いて求める。

$I=I_1-(I_2+I_3)$

　$=(60\times120^3-40\times80^3-20\times40^3)/12$

　$\fallingdotseq6\,830\,000$ mm^4

$Z=\dfrac{I}{y}=\dfrac{6\,830\,000}{(120/2)}\fallingdotseq113\,800$ mm^3

　$\fallingdotseq114\times10^{-6}$ m^3

$\sigma_b=\dfrac{M}{Z}=\dfrac{8\,000\times500\times10^{-3}}{114\times10^{-6}}=35.1\times10^6$ Pa

　$=35.1$ MPa

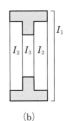

図4

4-19 はりのたわみ

Point はりがわん曲した状態を示す曲線 $y=f(x)$ は，軸線の変形を表していてたわみ曲線と呼び，この曲線の y 座標値をたわみという．また，たわみ曲線の接線ともとの水平な軸線とのなす角度 i をたわみ角という．

重要な公式

1 たわみ（弾性）曲線の曲率半径（ρ）

$$\frac{l}{\rho} = \frac{M}{EI} \qquad ①$$

2 最大たわみ

$$\delta_{\max} = \beta \frac{Wl^3}{EI} \qquad ②$$

β：定数

3 たわみ角

$$i_{\max} \fallingdotseq \alpha \frac{Wl^2}{EI} \qquad ③$$

α：定数

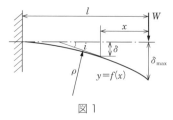

図1

表1　たわみとたわみ角

はりの種類	β	たわみ δ	α	たわみ角 i
	$\dfrac{1}{3}$	$\delta = \dfrac{Wl^3}{3EI}\left(1 - \dfrac{3x}{2l} + \dfrac{x^3}{2l^3}\right)$	$\dfrac{1}{2}$	$i = \dfrac{Wl^2}{2EI}\left(1 - \dfrac{x^2}{l^2}\right)$
	$\dfrac{1}{8}$	$\delta = \dfrac{Wl^4}{8EI}\left(1 - \dfrac{4x}{3l} + \dfrac{x^4}{3l^4}\right)$	$\dfrac{1}{6}$	$i = \dfrac{Wl^3}{6EI}\left(1 - \dfrac{x^3}{l^3}\right)$
	$\dfrac{1}{48}$	$\delta = \dfrac{Wl^3}{48EI}\left(\dfrac{3x}{l} - \dfrac{4x^3}{l^3}\right)$ $\left(0 \leq x \leq \dfrac{l}{2}\right)$	$\dfrac{1}{16}$	$i = -\dfrac{Wl^2}{16EI}\left(1 - \dfrac{4x^2}{l^2}\right)$ $\left(0 \leq x \leq \dfrac{l}{2}\right)$
	$\dfrac{1}{24}$	$\delta = \dfrac{Wl^4}{24EI}\left(\dfrac{x}{l} - \dfrac{2x^3}{l^3} + \dfrac{x^4}{l^4}\right)$	$\dfrac{1}{24}$	$i = -\dfrac{Wl^3}{24EI}\left(1 - \dfrac{6x^2}{l^2} + \dfrac{4x^3}{l^3}\right)$

公式を使って例題を解いてみよう！

例題 1 長さ 600 mm の片持ちばりの自由端に 5 000 N の荷重が作用するとき，最大たわみ δ_{max} を求めよ。ただし，はりの断面は幅 40 mm，高さ 60 mm の長方形で，$E=200$ GPa とする。

解説 断面二次モーメント I は，$b=40$ mm，$h=60$ mm を代入すると

$$I = \frac{1}{12}bh^3$$
$$= \frac{40 \times 60^3}{12}$$
$$= 720 \times 10^3 \text{ mm}^3$$

公式②と表 1 から，$W=5\,000$ N，$l=600$ mm，$E=200 \times 10^3$ MPa を代入すると

$$\delta_{max} = \frac{Wl^3}{3EI}$$
$$= \frac{5\,000 \times 600^3}{3 \times 200 \times 10^3 \times 720 \times 10^3}$$
$$= 2.5 \text{ mm}$$

例題 2 図 2 のように，長さ 1 m の両端支持ばりに左半分に等分布荷重 $w=1\,000$ N/m が作用するとき，点 C におけるたわみ δ_C を求めよ。ただし，$E=200$ GPa とする。

解説 断面二次モーメントは，$b=12$ mm，$h=20$ mm を代入すると

$$I = \frac{12 \times 20^3}{12}$$
$$= 8 \times 10^3 \text{ mm}^4$$

$x = \dfrac{l}{2}$ におけるたわみ δ_C は，次式で表される。

$$\delta_C = \frac{1}{EI}\left\{\frac{w}{24}\left(\frac{l}{2}\right)^4 - \frac{wl}{16}\left(\frac{l}{2}\right)^3 + \frac{3wl^3}{128}\left(\frac{l}{2}\right)\right\}$$
$$= \frac{10^3}{(200 \times 10^9) \times (8 \times 10^{-9})} \times \frac{5}{768}$$
$$= 4.1 \times 10^{-3} \text{ m}$$
$$= 4.10 \text{ mm}$$

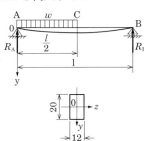

図 2　はりの断面形状単位〔mm〕

4-20 平等強さのはり

Point 片持ばりに荷重が作用するとき，はりに生じる最大曲げモーメントは固定端で，最大曲げ応力も固定端に生じる．曲げモーメントの大きさに応じて断面形状を変えて，各断面に働く曲げ応力を一定にしたはりを平等強さのはりという．重量軽減・省資源・合理的といった利点がある．

重要な公式

1 集中荷重

はりの形状	公　式
①厚さ一定の長方形断面（三角板ばね）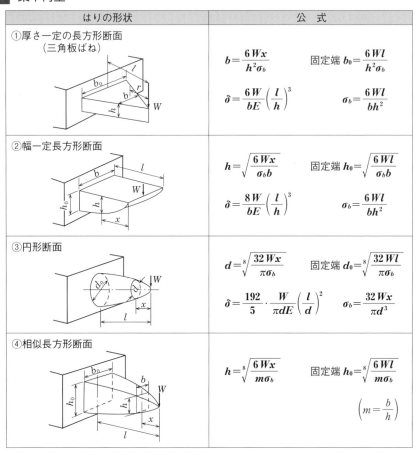	$b = \dfrac{6Wx}{h^2 \sigma_b}$　　固定端 $b_0 = \dfrac{6Wl}{h^2 \sigma_b}$ $\delta = \dfrac{6W}{bE}\left(\dfrac{l}{h}\right)^3$　　$\sigma_b = \dfrac{6Wl}{bh^2}$
②幅一定長方形断面	$h = \sqrt{\dfrac{6Wx}{\sigma_b b}}$　　固定端 $h_0 = \sqrt{\dfrac{6Wl}{\sigma_b b}}$ $\delta = \dfrac{8W}{bE}\left(\dfrac{l}{h}\right)^3$　　$\sigma_b = \dfrac{6Wl}{bh^2}$
③円形断面	$d = \sqrt[8]{\dfrac{32Wx}{\pi \sigma_b}}$　　固定端 $d_0 = \sqrt[8]{\dfrac{32Wl}{\pi \sigma_b}}$ $\delta = \dfrac{192}{5} \cdot \dfrac{W}{\pi dE}\left(\dfrac{l}{d}\right)^2$　　$\sigma_b = \dfrac{32Wx}{\pi d^3}$
④相似長方形断面	$h = \sqrt[8]{\dfrac{6Wx}{m\sigma_b}}$　　固定端 $h_0 = \sqrt[8]{\dfrac{6Wl}{m\sigma_b}}$ $\left(m = \dfrac{b}{h}\right)$

2 等分布荷重

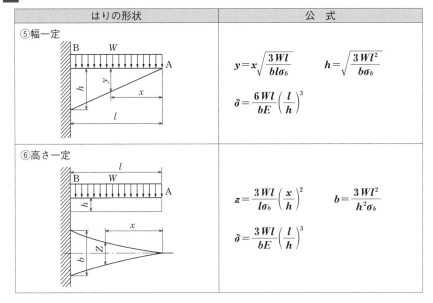

はりの形状	公式
⑤幅一定	$y = x\sqrt{\dfrac{3Wl}{bl\sigma_b}}$ $h = \sqrt{\dfrac{3Wl^2}{b\sigma_b}}$ $\delta = \dfrac{6Wl}{bE}\left(\dfrac{l}{h}\right)^3$
⑥高さ一定	$z = \dfrac{3Wl}{l\sigma_b}\left(\dfrac{x}{h}\right)^2$ $b = \dfrac{3Wl^2}{h^2\sigma_b}$ $\delta = \dfrac{3Wl}{bE}\left(\dfrac{l}{h}\right)^3$

公式を使って例題を解いてみよう！

例題 1 長さ 120 mm，厚さ 3 mm の三角板ばねで，最大荷重 40 N のときのたわみが 2 mm であるとするとき，固定端の幅を求めよ．また，最大曲げ応力も求めよ．ただし，$E = 200$ GPa とする．

解説 $W = 40$ N，$l = 120$ mm，$\sigma = 2$ mm，$E = 200 \times 10^3$ MPa，$h = 3$ mm を①の公式を変形した $b = \dfrac{6W}{\delta E}\left(\dfrac{l}{h}\right)^3$ に代入すると

$$b = \dfrac{6 \times 40 \times 120^3}{2 \times 200 \times 10^3 \times 3^3}$$

$$= 38.4 \text{ mm}$$

$$\sigma_b = \dfrac{6Wl}{bh^2}$$

$$= \dfrac{6 \times 40 \times 120}{38.4 \times 3^2}$$

$$= 83.3 \text{ MPa}$$

4-21 座屈

Point 材料力学では，曲げ応力を伴う圧縮荷重を受ける構造物を柱と呼び，柱が圧縮荷重による破壊以前に曲げ作用により破壊する現象を座屈という．座屈（オイラー）か圧縮による破壊（ランキン）なのかは，細長比により判断する．

重要な公式

【オイラーの式】

1 最小断面二次半径と細長比

最小断面二次半径 $k = \sqrt{\dfrac{I}{A}}$ ①

細長比 $\dfrac{l}{k}$ ②

I：最小断面二次モーメント
A：断面積

2 座屈荷重

$W = n\pi^2 \dfrac{EI}{l^2}$ ③

E：縦弾性係数〔MPa〕

3 座屈応力

$\sigma = \dfrac{n\pi^2 E}{\left(\dfrac{l}{k}\right)^2}$ ④

n：端末係数

表1　オイラーの式適用範囲

材質	鋳鉄	軟鋼・硬鋼	木材
$\dfrac{l}{k}$ の値	80 以上	90 以上	100 以上

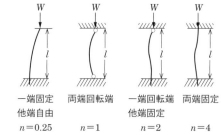

図1　端末条件・端末係数

【ゴルドン・ランキンの式】

1 座屈荷重

$W = \dfrac{\sigma_c A}{1 + \dfrac{a}{n}\left(\dfrac{l}{k}\right)^2}$

2 座屈応力

$\sigma = \dfrac{\sigma_c}{1 + \dfrac{a}{n}\left(\dfrac{l}{k}\right)^2}$

σ_c：材料によって一定の定数
a：材料の種類による定数

表2　ゴルドン・ランキンの式適用範囲

材質	鋳鉄	軟鋼	硬鋼	木材
$\dfrac{l}{k}$ の値	80 以下	90 以下	85 以下	60 以下

表3　ゴルドン・ランキンの式　定数

材料	圧縮破壊応力〔MPa〕	定数 a
軟鋼	330	$\dfrac{1}{7500}$
硬鋼	480	$\dfrac{1}{5000}$
鋳鉄	550	$\dfrac{1}{1600}$
木材	50	$\dfrac{1}{750}$

公式を使って例題を解いてみよう！

例題1 長方形断面（幅 100 mm, 高さ 50 mm）で，長さ 3 m，両端回転端の軟鋼柱にかけられる許容荷重を求めよ．ただし，$E=200$ MPa，安全率を 5 とする．

解説 細長比を求める．

$$A = 100 \times 10^{-3} \times 50 \times 10^{-3} = 5 \times 10^{-3}$$

$$I = \frac{bh^3}{12} = \frac{100 \times 10^{-3} \times 50^3 \times (10^{-3})^3}{12}$$

$$= 1.04 \times 10^{-6}$$

$$k = \sqrt{\frac{I}{A}} = \sqrt{\frac{1.04 \times 10^{-6}}{5 \times 10^{-3}}} = 1.44 \times 10^{-2}$$

$$\frac{l}{k} = \frac{3}{1.44 \times 10^{-2}} \fallingdotseq 208 \quad (\text{④式})$$

表1より 208＞90 → オイラーの式

$$W = n\pi^2 \frac{EI}{l^2} \quad (\text{③式})$$

図1から $n=1$，$E=200$ MPa $=200 \times 10^6$ Pa $=200 \times 10^6$ N/m² とすると，座屈荷重は

$$W = (3.14)^2 \times \frac{200 \times 10^6 \times 1.04 \times 10^{-6}}{3^2} = 228 \text{ N}$$

許容荷重と安全率の公式から

　　座屈荷重＝安全率×許容荷重

なので，安全率 5 より

$$許容荷重 = \frac{座屈荷重}{安全率} = \frac{228}{5} = 45.6 \text{ N}$$

座屈に関する式は多くの実験式が提案されているが，一般的には広範囲で利用できるオイラーの式を使うことが多い．

4-22 ねじり

Point 丸棒を固定して，自由端に偶力を加えるとねじれが生じる．このように棒が偶力を受けてねじられる現象をねじりといい，ねじり作用を受ける棒材を軸という．軸には，強さとこわさが必要である．一般に軸の長さ1mにつきねじれ角1/4°をこわさの限度とする．

重要な公式

1 ねじりによるせん断ひずみ

$$\gamma = \tan\phi \fallingdotseq \phi = \frac{r\theta}{l} \quad ①$$

2 ねじり応力（せん断応力）

$$\tau = G\phi = G\frac{r\theta}{l} \quad ②$$

G：横弾性係数

図1

3 断面二次極モーメントと極断面係数

断面二次極モーメント $\quad I_p = \sum \rho^2 \Delta a \quad ③$

極断面係数 $\quad Z_p = \dfrac{I_p}{r} \quad ④$

中実円 $\quad I_p = \dfrac{\pi d^4}{32},\quad Z_p = \dfrac{\pi d^3}{16} \quad ⑤$

中空円 $\quad I_p = \dfrac{\pi}{32}(d_2^4 - d_1^4),\quad Z_p = \dfrac{\pi}{16}\left(\dfrac{d_2^4 - d_1^4}{d_2}\right) \quad ⑥$

4 ねじりモーメントとねじり応力

$$T = \tau Z_p, \quad \tau = \frac{T}{Z_p} \quad ⑦$$

τ：ねじり応力〔MPa〕
T：ねじりモーメント〔N·m〕

5 軸の伝達動力

$$T = 9.55 \times 10^3 \times \frac{P}{N} \quad \text{〔N·m〕} \quad ⑧$$

P：動力〔kW〕
N：回転数〔rpm〕

6 ねじれ角

$$\theta = \frac{Tl}{GI_p \times 10^6} \text{〔rad〕} = 57.3 \times \frac{Tl}{GI_p \times 10^6} \text{〔°〕} \qquad ⑨$$

7 伝達動力（P）とねじれ角（θ）

$$\theta = 9.74 \times 10^3 \times \frac{P}{N} \cdot \frac{l}{GI_p} \text{〔rad〕}$$

$$= 5.58 \times 10^4 \times \frac{Pl}{NGI_p} \text{〔°〕} \qquad ⑩$$

N：毎分の回転数〔$\min^{-1}$〕，〔rpm〕

公式を使って例題を解いてみよう！

例題 1　直径 40 mm の中実円の I_p と Z_p を求めよ．

解説　⑤式より

$$I_p = \frac{\pi \times 40^4}{32} = 251\,000 \text{ mm}^4$$

$$Z_p = \frac{\pi \times 40^3}{16} = 12\,600 \text{ mm}^3$$

例題 2　直径 30 mm，長さ 500 mm の丸棒にねじれモーメントが作用して，ねじれ角が 1°であったとき，棒に生じるねじり応力を求めよ．ただし，$G = 82$ GPa とする．

解説　②式を用いる．

$\theta = \dfrac{\pi}{180}$，$G = 82 \times 10^3$ MPa，$r = 15$ mm，$l = 500$ mm，$\theta = \dfrac{\pi}{180}$ rad を代入すると

$$\tau = 82 \times 10^3 \times \frac{15 \times \pi}{500 \times 180}$$

$$= 42.9 \text{ MPa}$$

例題 3　1 000 rpm で 10 kW を伝達している軸に働くねじりモーメントを求めよ．

解説　⑧式に $P = 10$ kW　$N = 1\,000$ rpm を代入すると

$$T = 9.55 \times 10^3 \times \frac{10}{1\,000} = 95.5 \text{ N·m}$$

4-23 組合せ（複合）応力（1）

Point 引張りまたは圧縮荷重では，材料の断面は軸線（荷重方向）と45°の傾きをもってせん断力によって破壊する．主面とは，複合応力が垂直に作用する断面をいい，主面に作用する垂直応力を主応力という．主面には，せん断応力が働かない．

重 要 な 公 式

1 傾斜断面における応力

$$\sigma_n = \sigma \sin^2 \theta \text{〔MPa〕} \qquad ①$$

$$\tau_t = \frac{\sigma}{2} \sin 2\theta \text{〔MPa〕} \qquad ②$$

$\theta = 0°$ の場合　$\sigma_{n\,max} = \sigma$ 〔MPa〕

$\theta = 45°$ の場合　$\tau_{max} = \dfrac{\sigma}{2}$ 〔MPa〕　　③

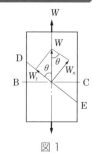

図1

$\sigma \sin^2 \theta$ において，$\sin 0°$ とすると，$\sin 0° = 0$ なので，$\sigma \sin^2 \theta = 0$ になる．

σ_n：垂直応力〔MPa〕
σ：応力〔MPa〕
τ：せん断応力〔MPa〕

2 せん断応力の性質

1組のせん断応力 τ があるとき，これと直角の面には大きさが等しい1組のせん断力 τ' を生じる．

$$\tau = \tau' \qquad ④$$

τ と45°の方向には大きさが等しい垂直応力が生じる．

$$\sigma_n = \tau \qquad ⑤$$

図2

3 互いに直角な垂直応力が働く場合

$$\sigma_n = \sigma_x \cos^2 \theta + \sigma_y \sin^2 \theta \text{〔MPa〕} \qquad ⑥$$

$$\tau = \frac{\sigma_x - \sigma_y}{2} \sin 2\theta \text{〔MPa〕} \qquad ⑦$$

$\sigma_x > \sigma_y$ のとき

$\theta = 0°$（主面）の場合　$\sigma_{n\,max} = \sigma_x$（主応力）　⑧

$\theta = 90°$（主面）の場合　$\sigma_{n\,min} = \sigma_y$（主応力）　⑨

$\theta = 45°$ の場合　$\tau_{max} = \dfrac{\sigma_x - \sigma_y}{2}$　⑩

$\theta = 0°$ の場合　$\tau_{min} = 0$　⑪

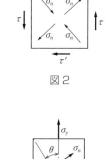

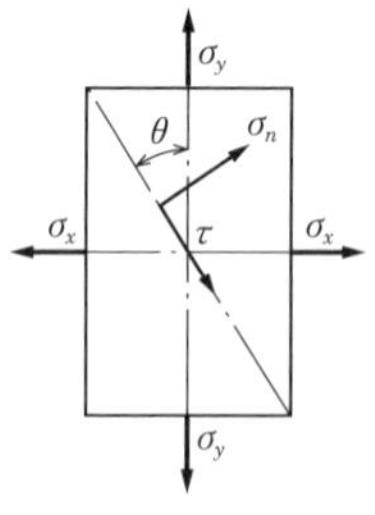

図3

4-23 組合せ（複合）応力（1）

公式を使って例題を解いてみよう！

例題1 引張り荷重を受ける棒に，80 MPa の応力が生じるとき，軸に 30° 傾いた面の垂直応力とせん断応力を求めよ．

解説 公式①，②より

$$\sigma_n = 80 \times (\sin 30°)^2 = 20 \text{ MPa}$$

$$\tau = \frac{80}{2} \sin 60° = 34.6 \text{ MPa}$$

例題2 軸線方向に 60 MPa の引張り応力を生じてる棒において，軸線と 50° の傾きをなす面の垂直応力とせん断力と，これら 2 つの合成応力を求めよ．

解説 公式①，②より

$$\sigma_n = 60 \times (\sin 50°)^2 = 35.2 \text{ MPa}$$

$$\tau = \frac{60}{2} \sin 100° = 29.5 \text{ MPa}$$

合成応力 P は，σ_n と τ の値から三平方の定理により

$$P = \sqrt{\sigma_n^2 + \tau^2} = \sqrt{(35.2)^2 + (29.5)^2} = 45.9 \text{ MPa}$$

例題3 図 4 のように互いに垂直な 2 面に 50 MPa と 30 MPa の引張り応力が作用しているとき，垂直応力とせん断応力の最大値，最小値を求めよ．

解説 公式⑧，⑨，⑩に数値を入れると

$\theta = 0°$ のとき　$\sigma_{n\,\max} = 50$ MPa

$\tau_{\min} = 0$ MPa

$\theta = 90°$ のとき　$\sigma_{n\,\min} = 30$ MPa

$\theta = 45°$ のとき　$\tau_{\max} = \dfrac{1}{2}(50 - 30) = 10$ MPa

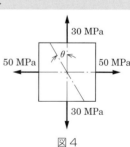

図 4

4-24 組合せ応力 (2)

Point 直角方向のせん断力：一つの面にせん断力が存在すれば，これと直角の面にもせん断力が存在し，大きさが等しく方向は反対である．このせん断力を補助せん断力という．ねじりを受けると，ねじ状に破壊する．

重 要 な 公 式

互いに直角な垂直応力とせん断応力が働く場合，次の公式が成り立つ．

1 主応力〔MPa〕

$$\sigma_{\max} = \frac{1}{2}(\sigma_x + \sigma_y) + \sqrt{\frac{1}{4}(\sigma_x - \sigma_y)^2 + \tau^2} \quad ①$$

$$\sigma_{\min} = \frac{1}{2}(\sigma_x + \sigma_y) - \sqrt{\frac{1}{4}(\sigma_x - \sigma_y)^2 + \tau^2} \quad ②$$

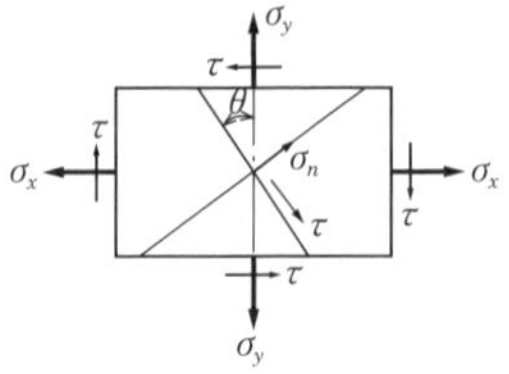

2 主面の位置

$$\tan 2\theta = \frac{2\tau}{\sigma_x - \sigma_y} \quad ③$$

図1

3 最大せん断応力〔MPa〕（主面と 45°の断面）

$$\tau_{\max} = \frac{\sigma_{\max} - \sigma_{\min}}{2} = \sqrt{\frac{1}{4}(\sigma_x - \sigma_y)^2 + \tau^2} \quad ④$$

公式を使って例題を解いてみよう！

例題1 図2のように，それぞれ 60 MPa，20 MPa の引張り応力が互いに直角に生じ，これらと直角に 20 MPa のせん断応力が生じているとき，主応力と最大せん断応力を求めよ．

解説 公式①，②に数値を入れると

$$\sigma_{\max} = \frac{1}{2}(60+20) + \sqrt{\frac{1}{4}(60-20)^2 + 20^2} = 40 + 28.3 = 68.3 \text{ MPa}$$

$$\sigma_{\min} = 40 - 28.3 = 11.7 \text{ MPa}$$

公式③より

$$\tan 2\theta = \frac{2 \times 20}{60 - 20} = 1$$

$$2\theta = 45° \quad \rightarrow \quad \theta = 22.5°$$

公式④より

$$\tau_{\max} = \frac{1}{2}(\sigma_{\max} - \sigma_{\min}) = \frac{1}{2}(68.3 - 11.7) = 28.3 \text{ MPa}$$

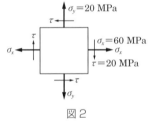

図2

> **例題2** 図3のように,曲げとねじりを受ける棒で40 MPaの引張り応力と,30 MPaのせん断応力が生じているとき,σ_{max} と τ_{max} を求めよ.

解説 σ_y は生じていないので $\sigma_y=0$

公式①と④から

$$\sigma_{max} = \frac{1}{2}\sigma_x + \sqrt{\frac{\sigma_x^2}{4} + \tau^2}$$

$$= \frac{40}{2} + \sqrt{\frac{40^2}{4} + 30^2}$$

$$= 56.1 \text{ MPa}$$

$$\tau_{max} = \sqrt{\frac{\sigma_x^2}{4} + \tau^2}$$

$$= \sqrt{\frac{40^2}{4} + 30^2}$$

$$= 36.1 \text{ MPa}$$

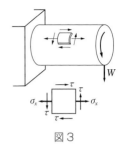

図3

> **例題3** 図4のように引張り応力50 MPa,圧縮応力30 MPaが直角に生じ,引張り応力これと直角に20 MPaのせん断応力が生じているときの σ_{max} と τ_{max} を求めよ.

解説 σ_y は圧縮応力だから公式①,④で $\sigma_y=-30$ MPa と考えればよい.

$$\sigma_{max} = \frac{1}{2}\{50+(-30)\} + \sqrt{\frac{1}{4}\{50-(-30)\}^2 + 20^2}$$

$$= 54.7 \text{ MPa}$$

$$\tau_{max} = \sqrt{\frac{1}{4}(\sigma_x-\sigma_y)^2 + \tau^2}$$

$$= \sqrt{\frac{1}{4}\{50-(-30)\}^2 + 20^2}$$

$$= 44.7 \text{ MPa}$$

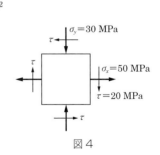

図4

4-25 組合せ応力（3）

Point》》 図1のような構造物に荷重 W が働くと，引張りまたは圧縮と曲げモーメントによる曲げ応力が生じる．また，エンジンの主軸やクランク軸などは，ねじれだけでなく軸が支える荷重による曲げモーメントによる曲げ応力を生じる．

重 要 な 公 式

1 引張りと曲げを受ける場合

$$\sigma_{\max} = \sigma_t + \sigma_b = \frac{W}{A} + \frac{Wl}{Z} \quad [\text{MPa}] \quad ①$$

A：断面積
W：荷重

2 圧縮と曲げを受ける場合

$$\sigma_{\max} = \sigma_c + \sigma_b = -\frac{W}{A} - \frac{Wl}{Z} \quad [\text{MPa}] \quad ②$$

3 曲げとねじりを受ける場合（丸棒）

$$\sigma_{\max} = \frac{16(M + \sqrt{M^2 + T^2}) \times 10^{-4}}{\pi d^3} \quad [\text{MPa}] \quad ③$$

M：曲げモーメント $[\text{N·m}]$
T：ねじりモーメント $[\text{N·m}]$
$M + \sqrt{M^2 + T^2}$ を相当ねじりモーメント $[\text{N·m}]$ という．

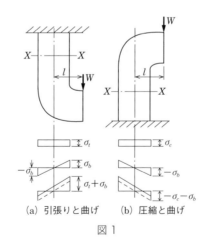

(a) 引張りと曲げ　(b) 圧縮と曲げ

図 1

公式を使って例題を解いてみよう！

例題 1 図2のように長方形断面の短い柱に 40 mm 偏心して 50 000 N の圧縮荷重が作用するとき，生じる最大応力を求めよ．

解　説　最大応力は，圧縮側の表面に生じる．②式に数値を代入する．

$$Z = \frac{bh^2}{6} = \frac{60 \times 80^2}{6} = 64\,000 \text{ mm}^3$$

$$\sigma_{max} = -\frac{50\,000}{4\,800} - \frac{50\,000 \times 40}{64\,000}$$

$$= -(10.4 + 31.3) = -41.7 \text{ MPa}$$

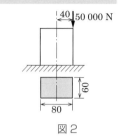

図2

例題 2 図3のようなシャコ万力で，2 000 N の力で材料を締め付けた場合，m-n 断面に生じる最大応力を求めよ．

解　説　m-n 断面

$A = 30 \times 20 = 600 \text{ mm}^2$

$Z = \frac{1}{6}bh^2 = \frac{1}{6} \times 20 \times 30^2 = 3\,000 \text{ mm}^3$

$l = 100$ mm などを①式に代入すると

$$\sigma_{max} = \frac{2\,000}{600} + \frac{2\,000 \times 100}{3\,000}$$

$$= 3.33 + 66.7 = 70.0 \text{ MPa}$$

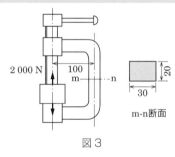

図3

例題 3 25×10^6 N·m の曲げモーメントと，30×10^6 N·m のねじりモーメントが同時に作用する軟鋼丸棒の最小直径を求めよ．ただし，この丸棒の常用許容直角応力を 40 MPa とする．

解　説　相当ねじりモーメントを T_e とすると

$T_e = 25 \times 10^6 + \sqrt{(25 \times 10^6)^2 + (30 \times 10^6)^2}$

$= 64.1 \times 10^6$ N·m $= 64.1 \times 10^9$ N·mm

③式に直径を d mm とすると

$$40 = \frac{16(64.1 \times 10^9) \times 10^{-4}}{\pi d^3}$$

$$d^3 = \frac{16 \times 64.1 \times 10^5}{40 \times \pi} \fallingdotseq 8.15 \times 10^5$$

$$d = \sqrt[3]{8.15 \times 10^5} = 93.4 \text{ mm}$$

5-1 リベット継手

Point》》》 リベット継手の強度は，リベットの強さと板の強さの両方を考慮し，リベット間の1ピッチの強度で表す．

リベット継手では，締結するとリベット軸はつぶれ，穴のすき間をみたすが，強度計算では，安全を考慮してリベットの呼び径で計算する．

重要な公式

1 リベットのせん断に対する引張り荷重

(1) 1面せん断（重ね継手）

$$W = \frac{\pi}{4}d^2\tau \ [\text{N}] \quad ①$$

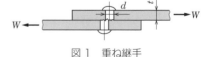

図1　重ね継手

(2) 2面せん断（両目板突合せ継手）

$$W = 2\frac{\pi}{4}d^2\tau$$
$$= \frac{\pi}{2}d^2\tau \ [\text{N}] \quad ②$$

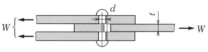

図2　両目板突合せ継手

2 リベット穴間の板の破断における引張り荷重

$$W = (p - d_1)t\sigma_t \ [\text{N}] \quad ③$$

3 リベットとリベット穴の壁との圧縮

$$W = dt\sigma_c \ [\text{N}] \quad ④$$

t：板厚〔mm〕
τ：リベットのせん断応力〔MPa〕
p：リベットのピッチ〔mm〕
d：リベット径〔mm〕
d_1：リベット穴径〔mm〕
σ_t：板の許容引張り応力〔MPa〕
σ_c：板またはリベットの許容圧縮応力〔MPa〕

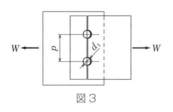

図3

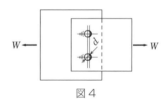

図4

公式を使って例題を解いてみよう！

例題1 厚さ 12 mm，リベット穴径 17 mm の板を，直径 16 mm のリベットで，重ね継手（1列リベット）で締結したい．リベットのピッチを求めよ．ただし，板の許容引張り応力を 50 MPa，リベットの許容せん断応力を 40 MPa とする．

解説 ①式より，リベットのせん断に対する許容引張り荷重を求める．

$$W = \frac{\pi}{4}d^2\tau = \frac{\pi}{4} \times 16^2 \times 40 \fallingdotseq 8\,040 \text{ N}$$

③式より，リベット間のピッチを求める．

$$p = \frac{W}{t\sigma_t} + d_1 = \frac{8\,040}{12 \times 50} + 17 = 30.4 \text{ mm}$$

例題2 図5のような板の幅 80 mm，板厚 10 mm，板穴径 17 mm，16 mm のリベット2本で締結した1列重ね継手において，何 N の引張り荷重に耐えられるか．リベットのせん断に対する許容荷重とリベット穴間の板の破断における許容荷重で比較せよ．ただし，リベットの許容せん断応力 40 MPa，板の許容引張り応力 50 MPa とする．

解説 （1）リベット2本（$N=2$）がせん断される場合

①式より，リベット2本のときの引張り荷重を p〔N〕とすると

$$W = N\frac{\pi}{4}d^2\tau = 2 \times \frac{\pi}{4} \times 16^2 \times 40 \fallingdotseq 16\,100 \text{ N}$$

N：リベット本数

（2）リベット穴が2個の部分で板が破断される場合

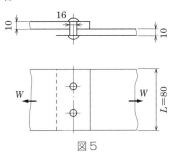

図5

③式より，$L=80$ mm とすると

$$W = (p-d_1)t\sigma_t = (L-2d_1)t\sigma_t$$
$$= (80 - 2 \times 17) \times 10 \times 50$$
$$= 23\,000 \text{ N}$$

よって，リベットのせん断により継手が破断するときの引張り荷重 16 100 N が，このリベット継手の許容荷重となる．

リベット長さ（首下長さ）L は，締結する全板の厚さ $+(1.3\sim1.6)d$ とする．穴の径 d_1 は一般に，リベットの呼び径 d より 1.0～1.5 mm 程度少し大きくする．

5-2 リベット継手の効率

Point 板の効率とは，リベット穴をあけた板の強さと，リベット穴をあける前の板の強さとの比をいう．リベットの効率とは，リベットのせん断強さと，リベット穴をあける前の板の強さとの比をいう．リベット継手の効率は，板の効率とリベットの効率の小さい値をとる．

重 要 な 公 式

1 板の効率

$$\eta = \frac{p - d_1}{p} \quad ①$$

2 リベットの効率

$$\eta_1 = \frac{n \frac{\pi}{4} d^2 \tau}{p t \sigma} \quad ②$$

d：リベット径〔mm〕
d_1：リベット穴径〔mm〕
p：リベットのピッチ〔mm〕
n：リベットのせん断面の数
σ：板の引張り応力〔MPa〕
τ：リベットのせん断応力〔MPa〕
t：板厚〔mm〕

公式を使って例題を解いてみよう！

例題1 板厚 16 mm，リベット径 24 mm，リベット穴径 25.5 mm，ピッチ 80 mm の1列重ねリベット継手において，リベットの効率を求めよ．ただし，板の許容引張り応力は 50 MPa，リベットの許容せん断応力を 40 MPa とする．

解説 ①式より，板の効率を求める．

$$\eta = \frac{p - d_1}{p} = \frac{80 - 25.5}{80} \fallingdotseq 0.681$$

②式より，リベットの効率を求める．

$$\eta_1 = \frac{n \frac{\pi}{4} d^2 \tau}{p t \sigma} = \frac{1 \times \frac{\pi}{4} \times 24^2 \times 40}{80 \times 16 \times 50} \fallingdotseq 0.283$$

η, η_1 を比べ，小さい値をリベット継手の効率とするので，0.283 とする．

例題2 リベット径 18 mm，リベット穴径 19 mm，ピッチ 60 mm の 1 列リベット重ね継手において，板厚 12 mm，引張り荷重を 15 000 N とするとき，板に生ずる引張り応力，リベットに生ずるせん断応力，リベット継手の板の効率を求めよ．

解説 (1) 板に生ずる引張り応力

5-1 節の **2** の③式より

$$\sigma_t = \frac{W}{(p-d_1)t} = \frac{15\,000}{(60-19) \times 12} \fallingdotseq 30.5 \text{ MPa}$$

(2) リベットに生ずるせん断応力

5-1 節の **1** の①式より

$$\tau = \frac{4W}{\pi d^2} = \frac{4 \times 15\,000}{\pi \times 18^2} \fallingdotseq 59.0 \text{ MPa}$$

(3) 板の効率

①式より

$$\eta = \frac{p-d_1}{p} = \frac{60-19}{60} \fallingdotseq 0.683$$

☞ リベット継手の破壊では，リベットの破壊と板の破壊がある．リベット継手の効率では，板の効率とリベットの効率を求め，小さいほうの値を採用すればよい．

- リベット継手の効率を最大にするには，$\eta = \eta_1$ になるように d，d_1，p の値を決定する．
- リベット継手においては，経験式により，リベットの径 $d = \sqrt{50t-4}$ mm，ピッチ $p = 3d$ で計算できる．

5-3 溶接継手

Point》》 突合せ継手では，母材の板厚を計算の基準とする（厚さが異なる板では，薄いほうの板厚を基準とする）．

溶接継手は突合せ溶接継手とすみ肉溶接継手とに大別され，溶接部は板面から盛り上がり（これを余盛と呼ぶ）断面積は大きくなるが，盛り上がり部分は強度上の安全を考慮して計算には入れない．

側面すみ肉溶接部では，のど厚断面にせん断応力が生ずるものとして計算する．

重 要 な 公 式

1 突合せ溶接継手における引張り応力

$$\sigma = \frac{W}{hl} \ [\text{MPa}] \qquad ①$$

ただし，$h=t$
W：荷重〔N〕
h：のど厚〔mm〕
l：溶接部の長さ〔mm〕
t：板厚〔mm〕

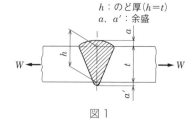

図1

2 前面すみ肉溶接継手における引張り応力

すみ肉溶接では，$a=0.7t$ として計算する（側面すみ肉溶接継手においても同様）．

図2のようにすみ肉部は2箇所あるので

$$\sigma = \frac{W}{2al} \ [\text{MPa}] \qquad ②$$

a：理論のど厚〔mm〕
f：脚長〔mm〕
一般に，脚長 ＝ 板厚（$f=t$）

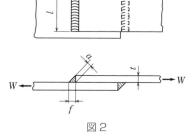

図2

3 側面すみ肉溶接継手におけるせん断応力

図3のようにすみ肉部は2箇所あるので

$$\tau = \frac{W}{2al} \ [\text{MPa}] \qquad ③$$

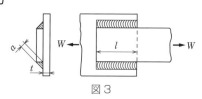

図3

公式を使って例題を解いてみよう！

例題1 板厚 10 mm の母材を突合せ溶接する場合，50 kN で引張られるときの溶接部に生ずる応力を求めよ．ただし，溶接長さを 200 mm とする．

解説 ①式より，引張り応力を求める．

$$\sigma = \frac{W}{hl} = \frac{50\,000}{10 \times 200} = 25 \text{ MPa}$$

例題2 板厚 12 mm の母材で側面すみ肉溶接をする場合，200 kN で引張られるときの溶接部に生ずる応力を求めよ．ただし，溶接部の長さを 200 mm とする．

解説 ③式より，せん断応力を求める．

$$\tau = \frac{W}{2al} = \frac{W}{2 \times 0.7t \times l} = \frac{200\,000}{2 \times 0.7 \times 12 \times 200} \fallingdotseq 59.5 \text{ MPa}$$

例題3 図3のような板厚 10 mm の側面すみ肉溶接継手において，40 000 N の荷重を吊り上げるには，溶接の長さをいくらにしたらよいか．
ただし，許容せん断応力を 50 MPa，継手効率を 0.8 とする．

解説 すみ肉溶接におけるのど厚を求める．

$$a = 0.7t = 0.7 \times 10 = 7 \text{ [mm]}$$

せん断応力は，継手効率が 0.8 なので

$$\tau = 50 \times 0.8 = 40 \text{ [MPa]}$$

③式より，溶接部の長さを求める．

$$l = \frac{W}{2a\tau} = \frac{40\,000}{2 \times 7 \times 40} \fallingdotseq 71.4 \text{ mm}$$

よって，溶接の長さは 72 mm 以上とする．

☞ 強度上できるだけ突合せ溶接を採用する．前面すみ肉溶接継手では，のど厚の断面に引張り応力が，側面すみ肉溶接継手にはせん断応力が生ずるものとして計算する．溶接部の強度計算では，接合部分の強度は母材と一体になっているとする．

5-4 ねじのはめ合い部の長さと面圧力

Point ねじのかみ合い長さは，おねじまたはめねじの山の根元部分でせん断破壊を起こさないように決める．

おねじとめねじの許容せん断応力が同じ場合は，おねじの強度で考える．

ナットの高さは，ねじ山の接触面に生じる圧力，ねじ山のせん断力などによる応力の大きさを考えて決定する．

重要な公式

1 互いにはまりあっているねじ部の長さ（ねじ込み深さ・ナットの高さ）

$$h = \frac{Wp}{\pi d_2 h' q} \; [\text{mm}] \quad ①$$

2 互いにはまりあっているねじ山の数

$$n = \frac{h}{p} = \frac{W}{\pi d_2 h' q} \; [山] \quad ②$$

3 ねじ山に働く面圧力

$$q = \frac{W}{\pi d_2 h' n} \; [\text{MPa}] \quad ③$$

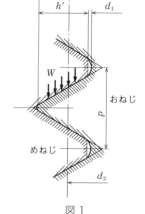

図 1

表1 ねじの許容面圧力〔MPa〕

おねじ	めねじ	締結用	移動用
軟 鋼	軟鋼または青銅	30	10
硬 鋼	硬鋼または青銅	40	13
硬 鋼	鋳 鉄	15	5

p：ねじのピッチ〔mm〕
W：ボルトの軸方向にかかる荷重〔N〕
q：ねじの許容接触面圧力〔MPa〕
h'：ねじ山のひっかかり高さ〔mm〕
d_2：ねじの有効径（$(d+d_1)/2$）〔mm〕
d：ねじの外径〔mm〕
d_1：ねじの谷径〔mm〕
h：互いにはまりあうねじ部の長さ〔mm〕
n：hの部分のねじ山の数

公式を使って例題を解いてみよう！

例題1 図2のようなアイボルトで，6 000 N の荷物を吊り上げる場合の，ねじの外径，めねじの長さ（板厚）を求めよ．ただし，ねじの許容引張応力を 40 MPa，許容面圧力を 15 MPa とする．

解説 (1) ねじの外径を求める．

5-5 節の①式より

$$d = \sqrt{\frac{2W}{\sigma}} = \sqrt{\frac{2 \times 6\,000}{40}} \fallingdotseq 17.3 \text{ mm}$$

よって，アイボルトのねじ外径は M20（アイボルトの規格）．

(2) 互いにはまりあうねじ部の長さを求める．

①式より，M20 のピッチ 2.5 mm，有効径 18.376 mm，ひっかかり高さ 1.353 mm（ねじの規格表から選ぶ）を代入して

$$h = \frac{Wp}{\pi d_2 h' q} = \frac{6\,000 \times 2.5}{\pi \times 18.376 \times 1.353 \times 15} \fallingdotseq 12.8 \text{ mm}$$

よって，めねじの長さ（板厚）を 13 mm とする．

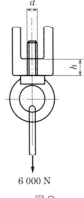

図2

例題2 ねじ径 18 mm で互いにはまりあう締結用ねじに，軸方向荷重 8 000 N の引張り力が加えられるとき，互いにはまりあうねじの山数を求めよ．ただし，ねじの有効径は 16.376 mm，ねじ山のひっかかり高さを 1.353 mm，ねじの許容面圧力を 30 MPa とする．

解説 ②式より，互いにはまりあっているねじ山の数を求める．

$$n = \frac{W}{\pi d_2 h' q} = \frac{8\,000}{\pi \times 16.376 \times 1.353 \times 30} \fallingdotseq 3.83 \text{ 山}$$

よって，はまりあうねじ山の数を 4 山とする．

 ねじの有効径とは，ねじの溝幅がねじ山の幅と等しくなるような，仮想的な円筒の直径をいう．

- はまりあうねじ部の長さは，おねじとめねじの接触面圧力が，許容面圧力を超えないようにする．
- ナットの高さは面圧に十分耐える寸法にしなければならない．また，ボルトのねじ込み量はナットの高さに等しくなる深さであればよい．
- ナット高さは，ボルト・ナット共に軟鋼では，ボルト外径の 0.8〜1 倍，ボルトが軟鋼，ナットが鋳鉄では，ボルト外径の 1.3〜1.5 倍程度にする．

5-5 ボルトの径

Point ボルトではいろいろな方向からの荷重が複雑に組み合わされて作用するので，これらの状態をすべて正確に把握して強さや寸法を決めることは困難である．

そのため，使用条件により軸方向の荷重だけを受ける場合，軸方向の荷重とねじりを同時に受ける場合，軸に直角にせん断力を受ける場合にそれぞれ分け，どれかにあてはめて計算する．ねじの大きさは，おねじでは外径，めねじでは対になるおねじの外径で表す．

重要な公式

1 軸方向の荷重だけを受ける場合

$$d = \sqrt{\frac{2W}{\sigma}} \ [\text{mm}] \quad ①$$

2 軸方向の荷重とねじりを同時に受ける場合

$$d = \sqrt{\frac{8W}{3\sigma}} \ [\text{mm}] \quad ②$$

3 軸に直角にせん断力を受ける場合

$$d = \sqrt{\frac{4W}{\pi\tau}} \ [\text{mm}] \quad ③$$

この場合，ねじ部でせん断力を受けないようにする．

W：荷重〔N〕
d：ねじの外径〔mm〕
d_1：ねじの谷径〔mm〕
σ：許容引張応力〔MPa〕
τ：許容せん断応力〔MPa〕

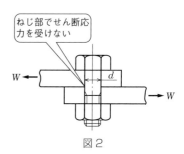

図1

図2

公式を使って例題を解いてみよう！

例題1 荷重 30 kN の引張り荷重を受ける場合のボルトの外径を求めよ．ただし，ボルトの許容引張り応力を 60 MPa とする．

解説 ①式より，ボルト外径を求める．

$$d = \sqrt{\frac{2W}{\sigma}} = \sqrt{\frac{2 \times 30\,000}{60}} \fallingdotseq 31.6 \text{ mm}$$

よって，ボルトの外径を 32 mm とする．

例題2 10 kN のねじプレスがある．ねじの外径をいくらにすればよいか．ただし，許容引張り応力を 60 MPa とする．

解説 ねじプレスでは，軸方向の荷重とねじりの両方を受ける．
②式より，ねじ外径を求める．

$$d = \sqrt{\frac{8W}{3\sigma}} = \sqrt{\frac{8 \times 10\,000}{3 \times 60}} \fallingdotseq 21.1 \text{ mm}$$

よって，ねじ外径を 22 mm とする．

例題3 M18 のボルトにせん断力を受けるときの負荷荷重を求めよ．ただし，ボルトの許容せん断応力を 40 MPa とする．

解説 ③式より，負荷荷重を求める．

$$W = \frac{d^2 \pi \tau}{4} = \frac{18^2 \times \pi \times 40}{4} \fallingdotseq 10\,200 \text{ N}$$

よって，10.2 kN のせん断力を受けることができる．

三角ねじは締付け用，角ねじは負荷の大きい移動用に適する．
ボルトがせん断力を受ける場合，ねじ部で受けると外径より小さい谷径でせん断力を受けることになるので，ねじ部で受けないようにする．
ボルトの外径 d と谷径 d_1 との関係は，$d_1 = 0.8d$ として計算してもよい．

5-6 コイルばね

Point ばねの変位（たわみ）に対する加える力の比をばね定数という．圧縮コイルばねでは，端部（座部）を平らに削る．この座部では素線の一部が互いに接触するので，素線の接触部から数え，座の部分を除いた巻数を有効巻数という．圧縮ばねでは巻き数 N に対して有効巻き数 N_a は，$N_a = N-2$ で，引張コイルばねでは $N_a = N$ として計算する．

重要な公式

1 ねじり応力

$$\tau = K\frac{8DW}{\pi d^3} \quad [\mathrm{MPa}] \qquad ①$$

$$K = \frac{4c-1}{4c-4} + \frac{0.615}{c} \qquad ②$$

2 たわみ

$$\delta = \frac{8N_a D^3 W}{Gd^4} \quad [\mathrm{mm}] \qquad ③$$

3 ばね定数

$$k = \frac{W}{\delta} = \frac{Gd^4}{8N_a D^3} \quad [\mathrm{N/mm}] \qquad ④$$

4 コイルばねの有効巻数

$$N_a = \frac{GD\delta}{8c^4 W} \qquad ⑤$$

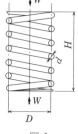

図1

W：ばねに加わる荷重〔N〕
d：素線径〔mm〕
K：応力修正係数
c：ばね指数（$c = D/d$：一般に 4〜10）
δ：たわみ〔mm〕
D：コイル平均径〔mm〕
τ：ねじり応力〔MPa〕
G：横弾性係数〔MPa〕
k：ばね定数〔N/mm〕

公式を使って例題を解いてみよう！

例題1 コイル平均径 50 mm，素線径 5 mm，有効巻数 10 の圧縮コイルばねに，荷重 $W = 100$ N を加えたときのたわみ，応力修正係数，ねじり応力，ばね定数を求めよ．ただし，横弾性係数を $G = 80$ GPa とする．

解説 (1) ③式より，たわみを求める．

$$\delta = \frac{8N_a D^3 W}{Gd^4} = \frac{8 \times 10 \times 50^3 \times 100}{80 \times 10^3 \times 5^4} = 20 \text{ mm}$$

(2) 修正係数を考慮したねじり応力を求める．

ばね指数 c，応力修正係数 K（②式），ねじり応力（①式）を求める．

$$c = \frac{D}{d} = \frac{50}{5} = 10$$

$$K = \frac{4c-1}{4c-4} + \frac{0.615}{c} = \frac{4\times10-1}{4\times10-4} + \frac{0.615}{10} \fallingdotseq 1.14$$

$$\tau = K\frac{8DW}{\pi d^3} = 1.14 \times \frac{8\times50\times100}{\pi\times5^3} \fallingdotseq 116 \text{ MPa}$$

(3) ④式より,ばね定数を求める.

$$k = \frac{W}{\delta} = \frac{100}{20} = 5 \text{ N/mm}$$

例題 2 コイル素線径 2 mm,コイル平均径 20 mm,有効巻数 200 の引張りコイルばねがある.次の値を求めよ.ただし,$G = 80$ GPa とする.

(1) ばね定数 k_1 を求めよ.
(2) このばねを 2 本並列接続したときの合成ばね定数を求めよ.
(3) このばね 1 本の場合と,2 本並列に接続した場合に,それぞれ荷重 10 N を加えたときの,それぞれのたわみ(伸び)を求めよ.

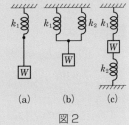

図 2

解 説 (1) ④式より,1 本のばね定数を求める(図 2 (a)).

$$k_1 = \frac{W}{\delta} = \frac{Gd^4}{8N_aD^3} = \frac{80\times10^3\times2^4}{8\times200\times20^3} = 0.1 \text{ N/mm}$$

(2) ばね 2 本を並列に接続したときの,合成ばね定数を求める(図 2 (b) (c) も同じ).k_2 を計算すると,k_1 と同じになるので

$$k = k_1 + k_2 = k_1 + k_1 = 0.1 + 0.1 = 0.2 \text{ N/mm}$$

(3) 1 本のたわみ(伸び)を求める.

$$\delta = \frac{W}{k_1} = \frac{10}{0.1} = 100 \text{ mm}$$

2 本並列の場合のたわみ(伸び)を求める.(2)より,$k = 0.2$ N/mm であるから

$$\delta = \frac{W}{k} = \frac{10}{0.2} = 50 \text{ mm}$$

 ばねに働くせん断応力は,ばねの内側で大きく,外側で小さくなるので応力修正係数 K をかけて修正する.

5-7 平板ばね

Point 曲げ応力は,矩形断面の片持ばりから求めることができる.
長方形ばねでは,曲げ応力は一様ではなく,固定端が最大となる.
台形ばねは,曲げ応力は一定である.

重要な公式

1 長方形ばね

(1) 曲げ応力

$$\sigma = \frac{6Wl}{bt^2} \; [\text{MPa}] \quad ①$$

(2) 自由端のたわみ

$$\delta = \frac{4Wl^3}{bt^3E} \; [\text{mm}] \quad ②$$

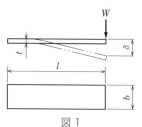

図 1

2 台形ばね

(1) 曲げ応力

$$\sigma = \frac{6Wl}{bt^2} \; [\text{MPa}] \quad ③$$

(2) 自由端のたわみ

$$\delta = k\frac{4Wl^3}{bt^3E} \; [\text{mm}] \quad ④$$

b:幅 [mm]
l:長さ [mm]
t:厚さ [mm]
W:荷重 [N]
E:縦弾性係数 [MPa]
k:たわみ修正係数

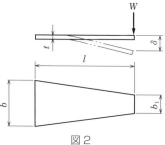

図 2

公式を使って例題を解いてみよう！

例題 1 図3のような幅 12 mm，厚み 2 mm，長さ 100 mm の長方形ばねがある．自由端に 50 N の荷重を加えたときの曲げ応力とたわみを求めよ．ただし，縦弾性係数 210 GPa とする．

解説 （1）①式より，曲げ応力を求める．

$$\sigma = \frac{6 \times 50 \times 100}{12 \times 2^2} = \frac{30\,000}{48} = 625 \text{ MPa}$$

（2）②式より，自由端のたわみを求める．

$$\delta = \frac{4Wl^3}{bt^3E} = \frac{4 \times 50 \times 100^3}{12 \times 2^3 \times 210 \times 10^3}$$
$$= 9.92 \text{ mm}$$

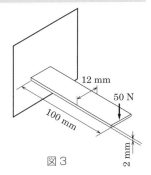

図3

例題 2 図4のような自由端の幅 20 mm，固定端の幅 50 mm，板厚 2 mm 長さ 100 mm の台形板ばねがある．自由端に 200 N の荷重を加えたときの曲げ応力とたわみを求めよ．ただし，修正係数 $k=1.2$，縦弾性係数 $E=210$ GPa とする．

解説 （1）③式より，ばねの曲げ応力を求める．

$$\sigma = \frac{6Wl}{bt^2} = \frac{6 \times 200 \times 100}{50 \times 2^2} = 600 \text{ MPa}$$

（2）④式より，ばねの自由端のたわみを求める．

$$\delta = k\frac{4Wl^3}{bt^3E}$$
$$= 1.2 \times \frac{4 \times 200 \times 100^3}{50 \times 2^3 \times 210 \times 10^3} = 11.4 \text{ mm}$$

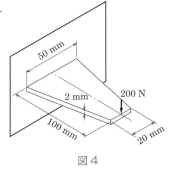

図4

> 長方形ばねは，台形ばねの自由端の幅 b_1 と，固定端の幅 b との比 (b_1/b) が 1 $(k=1)$ の場合，三角ばねは，台形ばねの b_1/b が 0 $(k=1.5)$ の場合と考えられる．
>
> したがって，三角ばねの自由端のたわみ δ は次の式で求めることができる．
>
> $$\delta = k\frac{4Wl^3}{bt^3E} = 1.5 \times \frac{4Wl^3}{bt^3E} = \frac{6Wl^3}{bt^3E} \text{ [mm]}$$

5-8 重ね板ばね

Point 重ね板ばねは三角板ばねの板を細長く切り,重ねて省スペース化したものと考えられる.

重ね板ばねには締付けのためにセンタボルトで固定する方法と,胴締金具で固定する方法があり,自動車や車両の緩衝装置として使われている.

重要な公式

1 同じ板厚が重なっている場合の曲げ応力

$$\sigma = \frac{3Wl}{2nbt^2} \ [\text{MPa}] \quad \text{①}$$

2 同じ板厚が重なっている場合のたわみ

$$\delta = \frac{3Wl^3}{8nbt^3E} \ [\text{mm}] \quad \text{②}$$

W:ばね中央にかかる荷重〔N〕
l:スパン〔mm〕
b:板幅〔mm〕
t:板厚〔mm〕
n:板の枚数
E:縦弾性係数〔GP〕

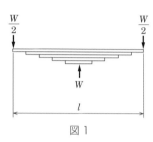

図1

3 胴締金具で取り付けたときのスパン

$$l' = l - 0.6e \ [\text{mm}] \quad \text{③}$$

※②式の l を l' として計算する.

e:胴締めの幅〔mm〕

4 板間の摩擦を考慮した場合のたわみ

$$\delta_1 = \frac{5(1 \pm \mu)}{5 + \mu} \delta \ [\text{mm}] \quad \text{④}$$

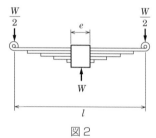

図2

$(1 \pm \mu)$ は,荷重を加えるときは-,荷重を除くときは+となる.

δ:たわみ〔mm〕
μ:摩擦係数

公式を使って例題を解いてみよう!

例題1 図1のような重ね板ばねで,板幅80 mm,板厚は全て等しく12 mm,枚数5,スパン1 200 mmとする.これに荷重10 000 Nが加わる場合の,曲げ応力とたわみを求めよ.ただし,縦弾性係数を210 GPa,板間の摩擦を無視する.

解説 (1) ①式より，曲げ応力を求める．

$$\sigma = \frac{3Wl}{2nbt^2} = \frac{3 \times 10\,000 \times 1\,200}{2 \times 5 \times 80 \times 12^2} = \frac{36\,000\,000}{115\,200} = 312.5 \text{ MPa}$$

(2) ②式より，たわみを求める．

$$\delta = \frac{3Wl^3}{8nbt^3E} = \frac{3 \times 10\,000 \times 1\,200^3}{8 \times 5 \times 80 \times 12^3 \times 210 \times 10^3} = 44.6 \text{ mm}$$

例題 2 図1のような重ね板ばねで，スパン 600 mm，幅 45 mm，板厚 6 mm，許容応力 400 MPa，荷重 2 000 N における板ばねの枚数とたわみを求めよ（板間の摩擦を無視）．また，摩擦係数 0.15（板間の摩擦を考慮）におけるたわみを求めよ．ただし，縦弾性係数を 210 GPa とする．

解説 (1) ①式より，板の枚数を求める．

$$n = \frac{3Wl}{2bt^2\sigma} = \frac{3 \times 2\,000 \times 600}{2 \times 45 \times 6^2 \times 400} = 2.78$$

よって，板の枚数を 3 枚とする．

(2) ②式より，たわみを求める．

$$\delta = \frac{3Wl^3}{8nbt^3E} = \frac{3 \times 2\,000 \times 600^3}{8 \times 3 \times 45 \times 6^3 \times 210 \times 10^3} = 26.5 \text{ mm}$$

よって，たわみは 27 mm となる．

(3) ④式より，板間の摩擦を考慮した場合のたわみを求める．

$$\delta_1 = \frac{5(1-0.15)}{5+0.15} \times 27 = 22.3 \text{ mm}$$

よって，摩擦を考慮した場合のたわみは 23 mm となる．

例題 3 図2のような重ね板ばねで，スパン 1 500 mm，幅 80 mm，板厚 10 mm，胴締長さ 80 mm 枚数 4，荷重 12 000 N における板ばねのたわみを求めよ．ただし，板間の摩擦を無視，縦弾性係数を 210 GPa とする．

解説 ③より，胴締金具で取り付けたときのスパンを求める．

$$l' = l - 0.6e = 1\,500 - 0.6 \times 80 = 1\,452 \text{ mm}$$

②式より，たわみを求める．

$$\delta = \frac{3Wl'^3}{8nbt^3E} = \frac{3 \times 12\,000 \times 1\,452^3}{8 \times 4 \times 80 \times 10^3 \times 210 \times 10^3} = 205 \text{ mm}$$

5-9 圧力容器

Point》》》 厚肉容器とは，肉厚が内径に比べて比較的厚いものをいい，板の断面に生ずる応力（フープ応力）は缶内から缶外壁まで一様ではなく，肉厚が厚くなるに従い，内壁の応力は，外壁の応力よりも大きくなる．

重要な公式

1 円周方向応力

$$\sigma = \frac{p(r_2{}^2 + r_1{}^2)}{r_2{}^2 - r_1{}^2} \ [\text{MPa}] \quad ①$$

2 r_2 と r_1 の比

$$\frac{r_2}{r_1} = \frac{\sqrt{\sigma + p}}{\sqrt{\sigma - p}} \quad ②$$

r_1：内壁半径〔mm〕
r_2：外壁半径〔mm〕
r：任意点の半径〔mm〕
p：内圧〔MPa〕
σ：円周方向の応力〔MPa〕
t：肉厚（$r_2 - r_1$）〔mm〕

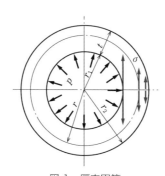

図1　厚肉円筒

公式を使って例題を解いてみよう！

例題1 外径 250 mm，内径 200 mm の厚肉容器がある．内圧に 20 MPa が作用するときの最大フープ応力を求めよ．

解説 ①式より，フープ応力を求める．

$$\sigma = \frac{p(r_2{}^2 + r_1{}^2)}{r_2{}^2 - r_1{}^2} = \frac{20 \times (250^2 + 200^2)}{250^2 - 200^2} = 91.1 \text{ MPa}$$

例題2 厚肉円筒容器において，内径 120 mm で 10 MPa の内圧を受ける場合の肉厚を求めよ．ただし，許容引張り応力を 30 MPa とする．

解説 ②式より，r_2 と r_1 の比を求める．

$$\frac{r_2}{r_1} = \frac{\sqrt{\sigma + p}}{\sqrt{\sigma - p}} = \frac{\sqrt{30 + 10}}{\sqrt{30 - 10}} = 1.41$$

外壁の半径 r_2 を求める．

$$r_2 = 1.41 \times r_1 = 1.41 \times 60 = 84.6 \text{ mm}$$

肉厚を求める．

$$t = r_2 - r_1 = 84.6 - 60 = 24.6 \text{ mm}$$

例題3 内径 100 mm のシリンダがある．15 MPa の作動油を入れるとき，シリンダの外径をいくらにしたらよいか．ただし，許容引張り応力を 60 MPa とする．

解説 ②式より，外径を求める．

$$2r_2 = \frac{2r_1(\sqrt{\sigma + p})}{\sqrt{\sigma - p}} = \frac{100 \times \sqrt{60 + 15}}{\sqrt{60 - 15}} = 129 \text{ mm}$$

薄肉球形容器の応力と肉厚は次式で求めることができる．

$$\sigma = \frac{dp}{4t} \text{ [MPa]}$$

$$t = \frac{dp}{4\sigma\eta} + c \text{ [MPa]}$$

d：球形容器の内壁半径〔mm〕　　t：肉厚〔mm〕
p：内圧〔MPa〕　　　　　　　　σ：板の許容引張応力〔MPa〕
η：リベットまたは溶接継手の効率　c：容器の腐食しろ〔mm〕
一般的に円筒容器よりも球形容器のほうが肉厚を薄くできる．

5-10 軸の径（1）曲げを受ける場合

Point ねじりによる軸径と曲げによる軸径を求め，大きいほうの値を採用する．

軸が曲げモーメントを受けた場合，最大曲げモーメントは外周に生じる．

軸の設計においては，曲げ，ねじり，せん断を考慮する．長軸に対しては，ねじれ，たわみなどの変形，回転による共振なども考慮する．

―― 重 要 な 公 式 ――

1 曲げを受ける中実軸の場合

$$d = \sqrt[3]{\frac{10M}{\sigma}} \ [\text{mm}] \quad ①$$

M：軸に働く最大曲げモーメント〔N·mm〕
σ：軸の許容曲げ応力〔MPa〕
d：中実軸の径〔mm〕

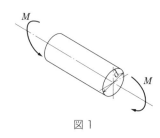

図1

2 曲げを受ける中空軸の場合

$$d_2 = \sqrt[3]{\frac{10M}{(1-k^4)\sigma}} \ [\text{mm}] \quad ②$$

d_1：中空軸の内径〔mm〕
d_2：中空軸の外径〔mm〕
k：内外径比（d_1/d_2）

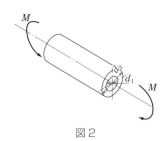

図2

公式を使って例題を解いてみよう！

例題 1　図3のような台車に，重量 250 kN の荷重がかかる場合の車軸径を求めよ．ただし，$l=200$ mm，軸の許容曲げ応力 σ を 50 MPa とする．

解説　1輪当たりの荷重 W は

$$W=\frac{250}{2}=125 \text{ kN}=125\times 10^3 \text{ N}$$

軸の最大曲げモーメント M は，
$l=200$ mm より

$$M=W\times l=125\times 10^3 \times 200 = 25\,000\times 10^3 \text{ N}\cdot\text{mm}$$

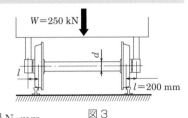

図3

①式より，軸径を求める．

$$d=\sqrt[3]{\frac{10M}{\sigma}}=\sqrt[3]{\frac{10\times 25\,000\times 10^3}{50}}=170.99$$

よって，車軸径は 171 mm とする．

例題 2　内外径比 $k=0.5$，許容応力 50 MPa の中空軸がある．最大曲げモーメント 8 000 N·m とすると，中空軸の外径と内径を求めよ．

解説　②式より，d_2 を求める．

$$d_2=\sqrt[3]{\frac{10M}{(1-k^4)\sigma}}=\sqrt[3]{\frac{10\times 8\,000\times 10^3}{(1-0.5^4)\times 50}}=120 \text{ mm}$$

よって，外径は 120 mm とする．

$k=d_1/d_2$ より，d_1 を求める．

$d_1 = k\cdot d_2 = 0.5\times 120 = 60$ mm

よって，内径は 60 mm．

　　軸径を決定する場合，設置するスペースにより①式，②式から求めた値のどちらかを採用する．

　軸は一般にねじりと曲げを受けるが，軸にはキー溝や段付き加工などがあると，応力集中などが起きるため，これらの作用も考えた上，十分な強さをもたせる必要がある．

　車軸などにおいては主に曲げモーメントを受ける．

　回転軸においては，高速回転による振動が発生し，臨界速度を超えると異常振動と共に破損することがあるので，静的なつり合いと共に動的なつり合いも十分に考慮する必要がある．

5-11 軸の径（2）ねじりを受ける場合

Point》》 動力伝達を目的とした軸においては，ねじり作用，曲げとねじり作用を受ける．

軸に働く最大応力が材料の許容応力よりも小さくなるように決める．

モータ軸などは，伝達トルクによるねじりを受ける．

中空軸は断面積に比べて断面二次モーメントが大きくなるので，中実軸と比較すると，軽く，曲げやねじりに対して強くなる．

---- 重 要 な 公 式 ----

1 ねじりを受ける中実軸の径

$$d = \sqrt[3]{\frac{5T}{\tau}} \ [\text{mm}] \qquad ①$$

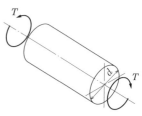

図1　中実軸

2 ねじりを受ける中空軸の径

$$d_2 = \sqrt[3]{\frac{5T}{\tau(1-k^4)}} \ [\text{mm}] \qquad ②$$

d：中実軸の径〔mm〕

d_1：中空軸の内径〔mm〕

d_2：中空軸の外径〔mm〕

k：内外径比 (d_1/d_2)

T：軸に働く最大ねじりモーメント〔N·mm〕

τ：軸の許容ねじり応力〔MPa〕

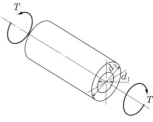

図2　中空軸

5-11 軸の径 (2) ねじりを受ける場合

公式を使って例題を解いてみよう！

例題 1 2×10^5 N·mm のねじりモーメントを受ける中実軸の軸径を求めよ．また，中空軸で外径を 30 mm とした場合の内径を求めよ．ただし，許容ねじり応力 50 MPa とする．

解説 (1) ①式より，中実軸の軸径を求める．

$$d=\sqrt[3]{\frac{5T}{\tau}}=\sqrt[3]{\frac{5\times 2\times 10^5}{50}}=27.1 \text{ mm}$$

よって，中実軸の軸径は 28 mm となる．

(2) ②式より，中空軸の内径を求める．

$$k=\sqrt[4]{1-\frac{5T}{d_2{}^3\tau}}=\sqrt[4]{1-\frac{5\times 2\times 10^5}{30^3\times 50}}=0.713$$

$k=d_1/d_2$ より

$$d_1=k\cdot d_2=0.713\times 30=21.4$$

よって，内径は，中空軸の断面を大きくとって，強度を大きくするために内径を小さくして，20 mm とする．

例題 2 外径が 70 mm，内径が 40 mm の中空軸がある．同じ強さの中実軸の外径を求めよ．ただし，条件を同一とし，2 軸の極断面係数を等しいとする．

解説 中実軸の極断面係数 Z_1 と中空軸の極断面係数 Z_2 は

$$Z_1=\frac{\pi d^3}{16}, \quad Z_2=\frac{\pi}{16}\left(\frac{d_2{}^4-d_1{}^4}{d_2}\right)$$

で求めることができ，$Z_1=Z_2$ とする．

$$\frac{\pi d^3}{16}=\frac{\pi}{16}\left(\frac{d_2{}^4-d_1{}^4}{d_2}\right)$$

上式より，d を求める．

$$d=\sqrt[3]{\frac{d_2{}^4-d_1{}^4}{d_2}}=\sqrt[3]{\frac{70^4-40^4}{70}}=67.4 \text{ mm}$$

よって，68 mm とする．

(a) 中実軸

(b) 中空軸

図 3

軸の径については，JIS により規格化されているので，規格値から選択するのが望ましい．

伝達トルクが作用する軸においては，軸の外周に最大せん断応力が発生する．

5-12 軸の径（3）曲げとねじりを同時に受ける場合

Point 軸は一般的に円形断面であり，ねじりモーメントや曲げモーメントを受けるので，曲げ，ねじり，せん断に対する強度に十分耐える設計をしなければならない．

相当曲げモーメントと相当ねじりモーメントから，それぞれが単独に作用するものとして軸径を求め，大きいほうの値で決める．

重 要 な 公 式

1 相当曲げモーメント

$$M_e = \frac{1}{2}(M + T_e) \ [\text{N·mm}] \quad ①$$

(1) 中実軸の外径

$$d = \sqrt[3]{\frac{10 M_e}{\sigma}} \ [\text{mm}] \quad ②$$

(2) 中空軸の外径

$$d_2 = \sqrt[3]{\frac{10 M_e}{(1-k^4)\sigma}} \ [\text{mm}] \quad ③$$

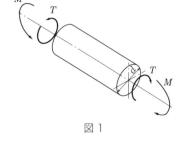

図1

2 相当ねじりモーメント

$$T_e = \sqrt{M^2 + T^2} \ [\text{N·mm}] \quad ④$$

(1) 中実軸の外径

$$d = \sqrt[3]{\frac{5 T_e}{\tau}} \ [\text{mm}] \quad ⑤$$

(2) 中空軸の外径

$$d_2 = \sqrt[3]{\frac{5 T_e}{(1-k^4)\tau}} \ [\text{mm}] \quad ⑥$$

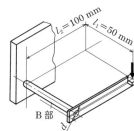

図2

T：軸に働く最大ねじりモーメント〔N·mm〕
σ：許容曲げ応力〔MPa〕
M：軸に働く最大曲げモーメント〔N·mm〕
τ：軸の許容ねじりモーメント〔MPa〕
k：中空軸の内外径比（d_1/d_2）

公式を使って例題を解いてみよう！

例題1 図2のような寸法のクランクがある．A部に100 Nの荷重が加わる場合のB部の軸径を求めよ．ただし，B部の軸の許容ねじり応力を30 MPaとする．

解説 曲げモーメント M を求める．

$$M = Wl_1 = 100 \times 50 = 5\,000 \text{ N·mm}$$

ねじりモーメント T を求める．

$$T = Wl_2 = 100 \times 100 = 10\,000 \text{ N·mm}$$

④式より，相当ねじりモーメント T_e を求める．

$$T_e = \sqrt{M^2 + T^2} = \sqrt{5\,000^2 + 10\,000^2} = 11\,200 \text{ N·mm}$$

⑤式より，B部の軸径を求める．

$$d = \sqrt[3]{\frac{5T_e}{\tau}} = \sqrt[3]{\frac{5 \times 11\,200}{30}} = 12.3 \text{ mm}$$

よって，13 mm とする．

例題2 4×10^5 N·mm の曲げモーメントと 6×10^5 N·mm のねじりモーメントを同時に受ける中空軸の軸外径と内径を求めよ．ただし，軸の許容曲げ応力を50 MPa，許容ねじり応力を 25 MPa，$k = 0.5$ とする．

解説 ④式より，相当ねじりモーメントを求める．

$$T_e = \sqrt{M^2 + T^2} = \sqrt{(4 \times 10^5)^2 + (6 \times 10^5)^2} = 7.21 \times 10^5 \text{ N·mm}$$

①式より，相当曲げモーメントを求める．

$$M_e = \frac{1}{2}(M + T_e) = \frac{1}{2}(4 \times 10^5 + 7.21 \times 10^5) = 5.61 \times 10^5 \text{ N·mm}$$

⑥式より，中空軸の寸法を求める．

$$d_2 = \sqrt[3]{\frac{5T_e}{(1-k^4)\tau}} = \sqrt[3]{\frac{5 \times 7.21 \times 10^5}{(1-0.5^4) \times 25}} = 53.6 \text{ mm}$$

$k = d_1/d_2$ より，$d_1 = 0.5 \times 54 = 27$ mm

よって，中空軸の外径を 54 mm，内径を 26 mm とする．

> 軸の材料が，軟鋼や硬鋼などの延性がある材料では，せん断応力によって破壊する可能性があるので，相当ねじりモーメントだけが働くとして計算する．鋳鉄や焼入れ鋼などのぜい性がある材料では，曲げ応力によって破壊する可能性が高くなるので，相当曲げモーメントだけが働くとして計算する．

5-13 伝動軸の径

Point》》 伝動軸の軸径は，動力のみを考えた軸の径と，ねじれを考えた軸の径を計算し，大きいほうの値をとる．

また，キー溝や軸の段差や溝などの径の変化などで強度の低下や応力集中，振動などが発生することも考慮に入れ，歯車，ベルト車，スプロケット，軸継手などを取り付けるときは，なるべく軸受け付近に取り付ける設計をしなければならない．

重要な公式

1 ねじれこわさを考えた軸の径

$$d = 2\,173 \sqrt[4]{\frac{P}{NG}} \quad \text{①}$$

d：丸軸の直径〔mm〕
P：伝達動力〔kW〕
N：回転数〔rpm〕
G：横弾性係数〔MPa〕

2 伝達動力・回転数・軸径の関係

(1) 中実軸の場合

$$d_1 = 365 \sqrt[3]{\frac{P}{\tau_a N}} \quad \text{〔mm〕} \quad \text{②}$$

(2) 中空軸の場合

$$d_2 = 365 \sqrt[3]{\frac{P}{(1-k^4)\tau_a N}} \quad \text{〔mm〕} \quad \text{③}$$

τ_a：許容ねじり応力〔MPa〕
d_1：中空丸軸の内径〔mm〕
d_2：中空丸軸の外径〔mm〕
k：中空丸軸の内径/外径比 (d_1/d_2)

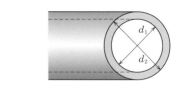

図1　軸径

公式を使って例題を解いてみよう！

例題 1 伝動軸において，回転数 300 rpm で 30 kW の動力を伝えるのに必要な軸径を求めよ．ただし，許容ねじり応力を 30 MPa，横弾性係数を 90 GPa，ねじれ角を 1 m につき 1/4° とする．

解説 ①式より，軸径を求める．

$$d = 2\,173 \sqrt[4]{\frac{30}{300 \times 90 \times 10^3}} = 70.5 \text{ mm}$$

②式より，軸径を求める．

$$d = 365 \sqrt[3]{\frac{30}{30 \times 300}} = 54.5 \text{ mm}$$

2 つの求めた径を比較して，大きな値を採用し，71 mm とする（JIS 規格の表から選択する）．

例題 2 外径 80 mm，内径 70 mm の中空軸がある．600 rpm で回転するときの伝達動力を求めよ．ただし，軸の許容ねじり応力を 50 MPa とする．

解説 内外径比を求める．

$$k = \frac{d_1}{d_2} = \frac{70}{80} = 0.875$$

③式より，伝達動力を求める．
中空軸のため，③式より伝達動力を求める．

$$P = \left(\frac{d_2}{365}\right)^3 \cdot (1-k^4)\tau_a N = \left(\frac{80}{365}\right)^3 \times (1-0.875^4) \times 50 \times 600 = 130.7 \text{ kW}$$

よって，伝達動力は 131 kW となる．

軸受け間距離が長いと（軸受け間距離をスパンと呼ぶ），伝動軸では歯車，ベルト車，スプロケット，軸継手などにより，たわみや振動発生の原因になる．

伝動軸では，主にねじりモーメント（トルクともいう）を受け，せん断応力が許容応力以下でも軸のねじれが大きくなるので，このような場合はねじれ角についても考慮しなければならない．

軸のねじれに対しては十分なこわさが必要である．こわさとは，単位長さ 1 m に対するねじれ角（度）をいい，一般に軸の長さ 1 m につき 1/4° 以内とする．

5-14 ラジアル端ジャーナルの設計

Point 軸の中心に対して直角方向に荷重を受けることをラジアル荷重という.

回転や摺動する軸を潤滑油膜を介して支えている部分を軸受といい，軸が軸受に支持されている部分をジャーナルという．

端ジャーナルでは，全荷重がジャーナル長さに対して等分布荷重がかかる片持ばりと考える．

重要な公式

1 端ジャーナルの軸径

$$d = \sqrt[3]{5\frac{Wl}{\sigma}} \ [\text{mm}] \qquad ①$$

2 最大圧力速度係数（pV 値）

$$pV = \frac{\pi WN}{60\,000\,l} \qquad ②$$

3 軸受平均圧力とジャーナル長さと径の比

$$p = \frac{W}{dl} \ [\text{MPa}] \qquad ③$$

$$\frac{l}{d} = \sqrt{\frac{\sigma}{5p}} \qquad ④$$

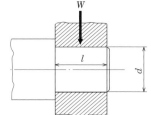

図1

σ：許容曲げ応力〔MPa〕　　W：負荷荷重〔N〕
d：ジャーナルの軸径〔mm〕　l：ジャーナル長さ〔mm〕
p：軸受圧力〔MPa〕　　　　　N：軸の回転数〔rpm〕

公式を使って例題を解いてみよう！

例題1 軸径 100 mm，許容曲げ応力 50 MPa，許容軸受け圧力 4 MPa の端ジャーナルの長さおよび耐えられる荷重を求めよ．ただし，許容曲げ応力を 40 MPa とする．

解 説 ④式より

$$\frac{l}{d} = \sqrt{\frac{\sigma}{5p}} = \sqrt{\frac{50}{5 \times 4}} = 1.58$$

$$l = 1.581 \times d = 1.58 \times 100 = 158$$

③式より

$$W = pdl = 4 \times 100 \times 160 = 64\,000 \text{ N}$$

よって，ジャーナル長さは 158 mm，耐えられる荷重は 64 000 N となる．

例題2 図2の端ジャーナルに10 000 Nの荷重が加わるとき，$l/d=1.5$ として，ジャーナルの軸径と長さを求めよ．ただし，許容曲げ応力を40 MPaとする．

解説 ①式に $l=1.5d$ を代入し，d を求める．

$$d = \sqrt{\frac{5 \times W \times 1.5}{\sigma}}$$

$$= \sqrt{\frac{5 \times 10\,000 \times 1.5}{40}} = 43.3 \text{ mm}$$

$l = 1.5d = 1.5 \times 44 = 66$ mm

よって，ジャーナルの軸径はJISの表より，44 mm，長さは66 mmとする．

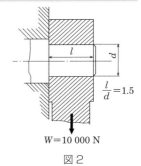

図2

例題3 端ジャーナルが10 000 Nの荷重を受け，140 rpmで回転している．ジャーナルの軸径と長さを求めよ．ただし，許容曲げ応力を50 MPa，許容最大圧力速度係数 pV を1.5 MPa·m/sとする．

解説 ②式より，ジャーナル長さを求める．

$$l = \frac{\pi W N}{60\,000\,pV} = \frac{\pi \times 10\,000 \times 140}{60\,000 \times 1.5} = 48.8 \text{ mm}$$

$l=50$ mmとして，①式より，ジャーナル径を求める．

$$d = \sqrt[3]{5\frac{Wl}{\sigma_a}} = \sqrt[3]{\frac{5 \times 10\,000 \times 50}{50}} = 36.8 \text{ mm}$$

よって，ジャーナル長さは50 mm，JISの表より，ジャーナルの軸径を38 mmとする．

ジャーナル部の軸径 d とジャーナル長さ l による投影面積でジャーナルに加わる荷重 W を割った値を軸受圧力と呼び，最大許容圧力を超えないように d と l を決める．

軸径に対して，油膜を完全に保持するために，l/d の適当な値がある．この l/d を標準幅径比と呼び，標準的な値としては1.0程度である．発熱に関しては，この pV 値を計算し，最大許容圧力速度係数以下になるように検討する（p.32参照）．

5-15 ラジアル中間ジャーナルの設計

Point》 両端支持における中間ジャーナルの最大曲げモーメントは，ジャーナルの中央に生じる．ジャーナル部に作用する荷重は，軸受面に働く圧力である．この軸受面が受ける平均の圧力を軸受圧力という．

重要な公式

1 ジャーナルの軸径と曲げモーメント

$$d = \sqrt[3]{\frac{4WL}{\pi\sigma}} = \sqrt[3]{\frac{1.25\,WL}{\sigma}}$$

$$= \sqrt[3]{\frac{1.25\,eWl}{\sigma}} \quad [\text{mm}] \quad ①$$

$$M = \frac{WL}{8} \quad [\text{N·mm}] \quad ②$$

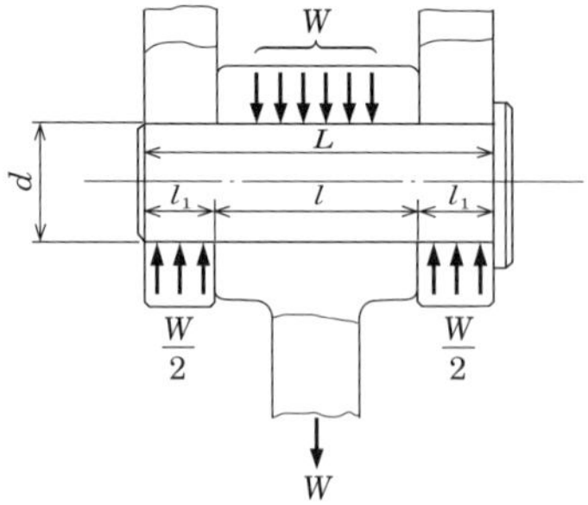

($L = el$, $e = 1.5$ とする)

L：ジャーナル全体の長さ〔mm〕($l + 2l_1$)
l：ジャーナル長さ〔mm〕
l_1：両端支持部の長さ〔mm〕
W：軸受けに加わる荷重〔N〕

図1

2 軸受け平均圧力，$e = 1.5$ とした軸径，長さと軸径の比

$$p = \frac{W}{dl} \quad [\text{MPa}] \quad ③$$

$$\frac{l}{d} = \sqrt{\frac{\sigma}{1.9p}} \quad ④$$

$$d = \sqrt[3]{1.25 \times 1.5\frac{pdl^2}{\sigma}} \quad [\text{mm}] \quad ⑤$$

p：軸受平均圧力〔MPa〕
σ：許容曲げ応力〔MPa〕

5-15 ラジアル中間ジャーナルの設計

公式を使って例題を解いてみよう！

例題1 荷重 20 000 N の荷重が働くときのジャーナルの軸径，長さ，軸受圧力を求めよ．ただし，$e=1.5$，許容曲げ応力 40 MPa，$l/d=1.4$，$L=1.5\,l$ とする．

解説 (1) ①式より，ジャーナルの軸径を求める．

$$d = \sqrt[3]{\frac{1.25WL}{\sigma}} = \sqrt[3]{\frac{1.25W \times 1.5l}{\sigma}} = \sqrt[3]{\frac{1.25W \times 1.5 \times 1.4 \times d}{\sigma}} \text{ より}$$

$$d = \sqrt{\frac{1.25 \times W \times 1.5 \times 1.4}{\sigma}} = \sqrt{\frac{1.25 \times 20\,000 \times 1.5 \times 1.4}{40}} = 36.2 \text{ mm}$$

よって，軸径を JIS の表より，38 mm とする．

(2) ジャーナル長さを求める．

$l/d = 1.4$ より，$l = 1.4d = 1.4 \times 38 = 53.2$ mm

よって，ジャーナル長さは 54 mm とする．

(3) ③式より，軸受圧力を求める．

$$p = \frac{W}{dl} = \frac{20\,000}{38 \times 54} = 9.75 \text{ MPa}$$

例題2 中間ジャーナルに 10 000 N の荷重が働いている．ジャーナル長さを 40 mm，両端支持部の長さを 10 mm とすると，モーメントおよびジャーナルの軸径を求めよ．ただし，$e=1.5$，許容曲げ応力を 30 MPa とする．

解説 (1) ②式より，モーメントを求める．

$$M = \frac{WL}{8} = \frac{10\,000 \times (40 + 2 \times 10)}{8} = 75\,000 \text{ N·mm}$$

(2) ①式より，ジャーナルの軸径を求める．

$$d = \sqrt[3]{\frac{1.25eWl}{\sigma}} = \sqrt[3]{\frac{1.25 \times 1.5 \times 10\,000 \times 40}{30}} = 29.2 \text{ mm}$$

よって，ジャーナルの軸径を JIS の表より，30 mm とする．

軸受は滑り接触をして軸が回転するものなので，油の油膜を介して回転させなければならない．そのため，軸受圧力が大きすぎると，接触面の潤滑油が押し出されて潤滑の役目を果たせなくなる．

ジャーナル全体の長さ L は，$L = l + 2l_1$ である．

e の値は一般に 1.5 である．

5-16 摩擦熱による軸受の大きさ

Point ジャーナルにおいて，接触面で回転や摺動があると，接触面で摩擦熱が発生するので，潤滑が悪いと焼付きが起こる．これを防ぐには，単位時間当たりの摩擦仕事（$a_f = \mu p V$）を，許容限界内に抑える必要がある．そのためには，pV 値を制限すればよく，この pV 値を最大許容圧力速度係数という．

重要な公式

1 単位時間の摩擦仕事

$$A_f = Fv = \mu WV = \mu W \frac{\pi d N}{1\,000 \times 60} \quad [\text{MPa} \cdot \text{m/s}] \quad ①$$

2 単位時間・単位面積当たりの摩擦仕事

$$a_f = \frac{A_f}{dl} = \frac{\mu WV}{dl} = \mu p V \quad [\text{MPa} \cdot \text{m/s}] \quad ②$$

3 圧力速度係数

$$pV = \frac{W}{dl} \cdot \frac{\pi d N}{1\,000 \times 60} = \frac{\pi W N}{1\,000 \times 60\,l} \quad [\text{MPa} \cdot \text{m/s}] \quad ③$$

4 ジャーナル長さ

$$l = \frac{\pi W N}{1\,000 \times 60\,pV} \quad [\text{mm}] \quad ④$$

W：ジャーナルに加わる荷重〔N〕
V：周速度〔m/s〕
F：摩擦力〔N〕
μ：摩擦係数
d：ジャーナルの軸径〔mm〕
l：ジャーナル長さ〔mm〕
σ：許容曲げ応力〔MPa〕

公式を使って例題を解いてみよう！

例題 1 端ジャーナルに荷重 6 000 N が加わり，300 rpm で回転するジャーナル長さと軸径を求めよ．ただし，$pV = 2$ MPa·m/s，許容曲げ応力を 50 MPa とする．

解説 (1) ④式より，ジャーナル長さを求める．

$$l = \frac{\pi W N}{1\,000 \times 60\,pV} = \frac{\pi \times 6\,000 \times 300}{60\,000 \times 2} = 47.1 \text{ mm}$$

よって，ジャーナル長さを 48 mm とする．

(2) 5-14 節 **1** の①式より，ジャーナルの軸径を求める．

$$d = \sqrt[3]{5 \times \frac{Wl}{\sigma}} = \sqrt[3]{5 \times \frac{6\,000 \times 48}{50}} = 30.7 \text{ mm}$$

よって，ジャーナルの軸径を JIS の表より，32 mm とする．

例題 2 ジャーナルの軸径 50 mm，300 rpm で回転し，10 000 N の荷重を受けるときの摩擦仕事とジャーナル長さおよびその軸径を求めよ．ただし，摩擦係数は 0.01，許容最大圧力速度係数（pV 値）を 2 MPa·m/s とする．

解説 (1) 摩擦仕事を求める．

まず，周速度を求める．

$$V = \frac{\pi dN}{1\,000 \times 60} = \frac{\pi \times 50 \times 300}{60\,000} = 0.785 \text{ m/s}$$

①式より，摩擦仕事は

$$A_f = \mu WV = 0.01 \times 10\,000 \times 0.785 = 78.5 \text{ MPa·m/s}$$

(2) ジャーナル長さを求める．

まず，④式より，ジャーナル長さは

$$l = \frac{\pi WN}{1\,000 \times 60 pV} = \frac{\pi \times 10\,000 \times 300}{60\,000 \times 2} = 78.5 \text{ mm}$$

よって，ジャーナル長さを 79 mm とする．

(3) ジャーナルの軸径を求める．

③式より，許容軸受け圧力を求める．

$$pV = \frac{\pi WN}{1\,000 \times 60 l} = \frac{\pi \times 10\,000 \times 300}{60\,000 \times 79} = 1.99$$

$$p = \frac{1.99}{0.785} \fallingdotseq 2.54 \text{ MPa}$$

5-14 節 **3** の③式より，ジャーナルの軸径は

$$d = \frac{W}{pl} = \frac{10\,000}{2.55 \times 79} = 49.8 \text{ mm}$$

よって，ジャーナルの軸径を JIS の表より，50 mm とする．

5-17 スラストジャーナルの設計

Point》》 スラストジャーナルにおいては，曲げ作用を考えなくてもよいので，軸受圧力と最大圧力速度係数 pV 値から計算する．

重 要 な 公 式

1 うすジャーナル（図1 (a)）

軸受圧力 　$p = \dfrac{4W}{\pi d^2}$ 〔MPa〕　　　①

ジャーナルの軸径 　$d = \dfrac{WN}{30\,000\,pV}$ 〔mm〕　　　②

軸受圧力 　$p = \dfrac{4W}{\pi z(d_2{}^2 - d_1{}^2)}$ 〔MPa〕　　　③

2 つばジャーナル（図1 (b), (c), (d)）

$d_2 - d_1 = \dfrac{WN}{30\,000\,zpV}$ 〔mm〕　　　④

p：面圧〔MPa〕= $\dfrac{軸受に負荷される最大荷動}{軸受の投影面積}$

W：荷重〔N〕
d：ジャーナルの軸径〔mm〕
N：回転数〔rpm〕
V：相手と軸受との相対速度〔m/s〕
z：つば数
d_2：ジャーナルの外径〔mm〕
d_1：ジャーナルの内径〔mm〕

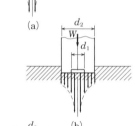
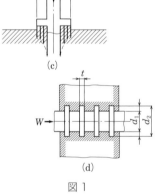

図1

公式を使って例題を解いてみよう！

例題1 軸方向荷重 5 000 N，回転数 200 rpm で回転する，うすジャーナル（図1 (a)）において，ジャーナルの軸径をいくらにしたらよいか．また，軸受圧力はいくらか．ただし，pV 値を 1.5 MPa·m/s とする．

解説 (1) ②式より，ジャーナルの軸径を求める．

$$d = \frac{WN}{30\,000\,pV} = \frac{5\,000 \times 200}{30\,000 \times 1.5} = 22.2 \text{ mm}$$

よって，ジャーナルの軸径を 23 mm とする．

(2) ①式より，軸受圧力を求める．

$$p = \frac{4W}{\pi d^2} = \frac{4 \times 5\,000}{\pi \times 23^2} = 12.0 \text{ MPa}$$

例題 2 図 1 (b) のようなつばジャーナルが，4 900 N の垂直荷重を受け，150 rpm で回転している．軸受端部の内径を 20 mm とした場合の外径と軸受圧力を求めよ．ただし，pV 値を 1.5 MPa·m/s とする．

解説 (1) ④式より，ジャーナルの外径を求める．

$$d_2 = \frac{WN}{30\,000\,zpV} + d_1 = \frac{4\,900 \times 150}{30\,000 \times 1 \times 1.5} + 20 = 36.3 \text{ mm}$$

よって，ジャーナルの外径を 37 mm とする．

(2) ②式より，軸受圧力を求める．

$$p = \frac{4W}{\pi z(d_2^2 - d_1^2)} = \frac{4 \times 4\,900}{\pi \times 1 \times (37^2 - 20^2)} = 6.44 \text{ MPa}$$

例題 3 内径 60 mm，回転数 150 rpm で 4 個のつば付きスラストジャーナルがある．10 000 N のスラスト荷重を受けるには，つばの外径と軸受圧力を求めよ．ただし，pV 値を 1.2 MPa·m/s とする．

解説 (1) ④式より，つば外径を求める．

$$d_2 = \frac{WN}{30\,000\,zpV} + d_1$$

$$= \frac{10\,000 \times 150}{30\,000 \times 4 \times 1.2} + 60 = 70.4 \text{ mm}$$

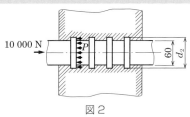

図 2

よって，つばの外径を 72 mm とする．

(2) ③式より，軸受圧力を求める．

$$p = \frac{4W}{\pi z(d_2^2 - d_1^2)} = \frac{4 \times 10\,000}{\pi \times 4 \times (72^2 - 60^2)} = 2.01 \text{ MPa}$$

5-18 ころがり玉軸受の寿命

Point 同一運転条件で使用される同一呼び番号の軸受を個々に回転させたときに，90% の軸受が疲労に耐える総回転数または一定回転速度における総運転時間で表したものを基本定格寿命という．

外輪を固定し，内輪を回転させ，100 万回転（毎分 33.3 回転で 500 時間）の基本定格寿命に耐えるような，方向と大きさが変動しない一定の荷重を基本動定格荷重という．

重要な公式

1 速度係数

$$f_n = \left(\frac{33.3}{n}\right)^{\frac{1}{3}} \quad ①$$

2 寿命係数

$$f_h = f_n \frac{C}{W} \quad ②$$

3 基本定格寿命

$$L_h = 500 f_h^3 \quad ③$$

C：基本動定格荷重〔N〕
W：軸受荷重〔N〕
n：回転数〔rpm〕

公式を使って例題を解いてみよう！

例題1 単列深溝玉軸受（6206）が，回転数 800 rpm で，ラジアル荷重 2 000 N が作用している．寿命時間を求めよ．ただし，基本動定格負荷を 19 500 N とする．

解説　（1）①式より，速度係数を求める．

$$f_n = \left(\frac{33.3}{800}\right)^{\frac{1}{3}} = 0.347$$

（2）②式より，寿命係数を求める．

$$f_h = f_n \frac{C}{W} = 0.347 \times \frac{19\,500}{2\,000} = 3.38$$

（3）③式より，基本定格寿命を求める．

$$L_h = 500 f_h^3 = 500 \times 3.38^3 = 19\,300 \text{ 時間}$$

例題2 軸受内径が 25 mm，内輪が 1 000 回転し，ラジアル荷重 1 000 N を受ける単列深溝玉軸受を選択せよ．ただし，寿命時間を 20 000 時間とする．

解説　（1）③式より，寿命係数を求める．

$$f_h = \left(\frac{L_h}{500}\right)^{\frac{1}{3}} = \left(\frac{20\,000}{500}\right)^{\frac{1}{3}} = 3.42$$

（2）①式より，速度係数を求める．

$$f_n = \left(\frac{33.3}{1\,000}\right)^{\frac{1}{3}} = 0.322$$

（3）②式より，基本動定格荷重を求める．

$$C = \frac{f_h W}{f_n} = \frac{3.42 \times 1\,000}{0.322} = 10\,600 \text{ N}$$

内径 25 mm で，基本定格荷重をメーカのカタログから調べると，6205 の基本定格荷重は 14 000 N となっているので，これを選択する．

軸受が最大応力を受けている接触部の中央において，転動体と軌道の永久変形量の和が転動体の直径の 1/10 000 になるような荷重を基本静定格荷重という．

軸受の寿命は，疲労による最初のはく離に至るまでの総回転数または，一定回転速度における総運転時間数で表す．

荷重係数は，一般の使用時（衝撃のない円滑運転）では，1～1.5 となる．

基本定格寿命，基本動定格荷重，基本静定格荷重，定格寿命などは，メーカのカタログなどを参照する．

5-19 摩擦クラッチ

Point 円板クラッチでは摩擦面は外周部で中心部は離し,摩擦力を効果的に働かせる.

円板クラッチにおいては,接触面を押す圧力が,許容値を超えないようにする.

円すいクラッチは,くさび作用により比較的少ない力で大きな接触面圧を得ることができる.

重要な公式

1 円板クラッチの伝達トルク

$$T = zF\mu \frac{D_a}{2} = z\pi b\mu \frac{D_a^2}{2} f \ \text{[N·mm]} \quad ①$$

D_a：接触面の平均直径〔mm〕$((D_1+D_2)/2)$

z：接触面数

F：軸方向の力〔N〕

μ：摩擦係数

D_1：接触面の内径〔mm〕

D_2：接触面の外径〔mm〕

μ：摩擦係数

f：接触面の平均圧力〔MPa〕

b：接触面の幅〔mm〕$((D_2-D_1)/2)$

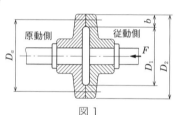

図1

2 円すいクラッチの接触面に直角に作用する力

$$F_1 = \pi D_a b p_a \ \text{[N]} \quad ②$$

3 円すいクラッチの伝達トルク

$$T = \mu F_1 \frac{D_a}{2} \ \text{[N·mm]} \quad ③$$

F_1：接触面に直角に作用する力〔N〕

b：円すい摩擦面の幅〔mm〕

p_a：接触面圧力〔MPa〕

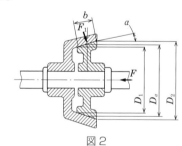

図2

公式を使って例題を解いてみよう！

例題1 図1のような円板クラッチにおいて,回転数 1 000 rpm,伝達動力 20 kW の動力を伝えるクラッチの内径と外径を求めよ.ただし,$D_2/D_1=1.5$,接触面の平均圧力を 0.2 MPa,摩擦係数 0.3 とする.

解 説 以下の伝達動力・回転数・トルクの関係式より

伝達動力 $P = \dfrac{1分間に行う仕事}{1分間} = \dfrac{\pi D F_s N}{60} = \dfrac{2\pi T N}{60} = \dfrac{TN}{9.550}$ 〔W〕

$= \dfrac{TN}{9\,550}$ 〔kW〕

伝達トルク T は

$T = 9\,550 \times \dfrac{P}{N} = \dfrac{9\,550 \times 20}{1\,000} = 191\ \text{N·m} \rightarrow 191\,000\ \text{N·mm}$

P：伝達動力〔kW〕　　N：回転数〔rpm〕
D：回転体直径〔m〕　　F_s：接線力〔N〕

(1) ①式を変形して，クラッチ内径を求める．

$T = z\pi b\mu \dfrac{D_a{}^2}{2} f$ より

$D_1 = \sqrt[3]{\dfrac{16T}{3.125 z\pi\mu f}} = \sqrt[3]{\dfrac{16 \times 191\,000}{3.125 \times \pi \times 1 \times 0.3 \times 0.2}} = 173\ \text{mm}$

よって，クラッチ内径は 173 mm となるが，設計においては重要な寸法以外はなるべく偶数値を採用する方がよいので，174 mm とする．

(2) クラッチの外径を求める．

$D_2/D_1 = 1.5$ より

$D_2 = D_1 \times 1.5 = 174 \times 1.5 = 261\ \text{mm}$

よって，クラッチ外径を 261 mm とする．

> **例題 2** 図 2 のような，接触面の外径 240 mm，内径 230 mm，接触面の幅 30 mm の円すいクラッチで，回転数 600 rpm，3.75 kW の動力を伝えたい．接触面に直角に作用する力と最大伝達トルクを求めよ．
> （ただし，許容接触面圧力を 0.4 MPa，接触面の摩擦係数を 0.3 とする）

解説　(1) ②式より，接触面に直角に作用する力を求める．

$D_a = (D_1 + D_2)/2 = (230 + 240)/2 = 235\ \text{mm}$

$F_1 = \pi D_a b p_a = \pi \times 235 \times 30 \times 0.4 = 8\,850\ \text{N}$

よって，接触面に直角に作用する力を 8 850 N とする．

(2) ③式より，最大伝達トルクを求める．

$T = \mu F_1 \dfrac{D_a}{2} = 0.3 \times 8\,850 \times \dfrac{235}{2} = 312\,000\ \text{N·mm}$

 円板クラッチは，一般に $D_2/D_1 = 1.5$ 程度とする．
円すいクラッチの接触面の傾き角 α は，一般に 10～15° 程度とする．

5-20 つめ車

Point》》 つめ車は，つめとつめ車がかみ合い，間欠運動や逆転を防ぐために使用される．

歯数は一般に 8〜12（最大 20 ぐらいまで）程度が用いられ，つめを確実にかけるために，歯の角度 α は 14〜17° 程度にする．

歯数 z は一般に 6〜25 枚の範囲で設計する．

重要な公式

1 つめ車のピッチ（外接円上のピッチ）

$$t = 3.75 \sqrt[3]{\frac{T}{xz\sigma}} \ \text{[mm]} \quad ①$$

2 外接円の直径 D

$$D = \frac{zt}{\pi} \ \text{[mm]} \quad ②$$

z：つめ車の歯数

$$x = \frac{b}{t}$$

（鋳鉄では 0.5〜1，鋳鋼では 0.3〜0.5 を用いる）

σ：歯の許容曲げ応力〔MPa〕

T：つめ車の回転モーメント（トルク）〔N·mm〕

t：つめ車のピッチ〔mm〕

b：つめ車の幅〔mm〕

h：つめの高さ〔mm〕

w：歯厚〔mm〕

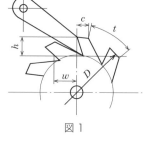

図 1

● 5-20 つめ車

公式を使って例題を解いてみよう！

例題 1 トルク 250 kN·mm を受けるつめ車で，歯数を 20 枚にすると，ピッチおよび外接円の直径はいくらになるか．ただし，$x=0.3$，歯の許容曲げ応力を 40 MPa とする．

解説 (1) ①式より，外接円上のピッチを求める．

$$t = 3.75\sqrt[3]{\frac{T}{xz\sigma}} = 3.75\sqrt[3]{\frac{250 \times 10^3}{0.3 \times 20 \times 40}} = 38.0 \text{ mm}$$

よって，ピッチを 38 mm とする．

(2) ②式より，外接円の直径を求める．

$$D = \frac{zt}{\pi} = \frac{20 \times 38}{\pi} = 241.9 \text{ mm}$$

よって，外接円の直径は 242 mm とする．

例題 2 1 kN·m のトルクを受けるつめ車の各部の寸法を求めよ．ただし，つめ車の歯数を 18 枚，鋳鉄製，曲げ応力を 40 MPa，x は鋳鉄製として，$x=0.5$ とする．

解説 (1) ①式より，つめ車のピッチを求める．

$$t = 3.75\sqrt[3]{\frac{T}{xz\sigma}} = 3.75\sqrt[3]{\frac{1\,000 \times 10^3}{0.5 \times 18 \times 40}} = 52.7 \text{ mm}$$

よって，つめ車のピッチを 53 mm とする．

(2) ②式より，外接円の直径を求める．

$$D = \frac{zt}{\pi} = \frac{18 \times 53}{\pi} = 303.8 \text{ mm}$$

よって，外接円の直径は 304 mm とする．

t を基準とし，歯幅 b，歯にかかる力に対して垂直に測った歯の高さ h と歯の根元で測った歯厚を w，歯先の厚さを c として，$b=xt$，$h=0.35t$，$w=0.5t$，$c=0.25t$ で求めると，次のようになる．

- b （幅） $= xt = 0.5 \times 53 = 26.5$ → 27 mm
- h （高さ） $= 0.35t = 0.35 \times 53 = 18.5$ → 19 mm
- w （歯厚） $= 0.5t = 0.5 \times 53 = 26.5$ → 27 mm
- c （歯先の厚さ） $= 0.25t = 0.25 \times 53 = 13.3$ → 14 mm

つめ車の許容曲げ応力 σ は，鋳鉄で 20～30 MPa，鋳鋼・鍛鋼で 40 MPa とする．つめ車の寸法は一般に，ピッチ t を基準として次のように計算する．

h （高さ） $= 0.35t$　　b （幅） $= t$ （鋳鉄で 0.5～1，鋳鋼で 0.3～0.5）
w （歯厚） $= 0.5t$　　c （歯先の厚さ） $= 0.25t$

5-21 単ブロックブレーキ

Point 摩擦により速度を下げたり，停止させるものであるから，摩擦係数とレバーの支点関係が重要である．単ブロックブレーキは，片側からブレーキを押し付けるので，軸に曲げモーメントが生じる．大きな制動トルクを必要とする場合は複ブロックブレーキを用いる（制動トルクも2倍になる）．

重要な公式

1 ブレーキ力
$$f = \mu W \ \text{[N]} \quad ①$$

2 ブレーキトルク（制動トルク）
$$T = f\frac{D}{2} = \frac{\mu W D}{2} \ \text{[N·mm]} \quad ②$$

3 ブレーキてこを動かすのに必要な力（操作力）
$$F = \frac{2T(l_2 \pm \mu l_3)}{\mu D l_1} = \frac{f(l_2 \pm \mu l_3)}{\mu l_1} \ \text{[N]} \quad ③$$

±の記号は，ブレーキドラムが右回りのとき＋，左回りのとき－である．

D：ブレーキドラムの直径〔mm〕
μ：摩擦係数
l_1：てこの長さ
l_2：支点からドラム中心までの距離〔mm〕
l_3：支点からシューとドラムの接触点までの距離〔mm〕

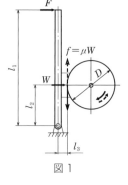

図1

4 図2のような支点関係の単ブロックブレーキにおける，ブレーキてこを動かすのに必要な力（操作力）
$$F = \frac{f(l_2 \pm \mu l_3)}{\mu l_1} \ \text{[N]} \quad ④$$

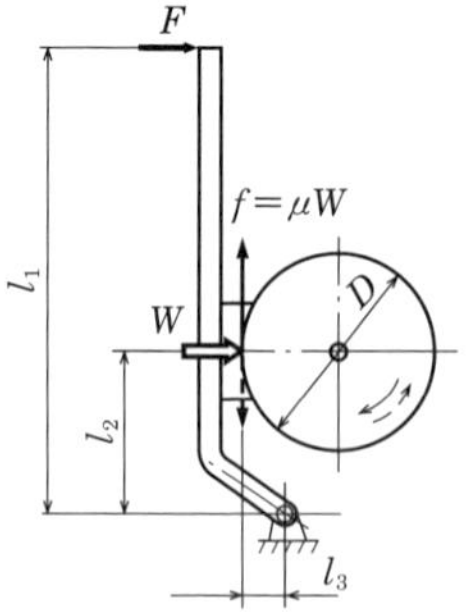

±の記号は，ブレーキドラムが右回りのとき＋，左回りのとき－となり，$l_3 = 0$ の場合は，次のような式となる．
$$F = \frac{f l_2}{\mu l_1} \ \text{[N]}$$

図2

公式を使って例題を解いてみよう！

例題1 図3に示す，ドラム直径300 mm，軸トルク20 000 N·mm が作用する単ブロックブレーキにおいて，回転方向が右回りのときと左回りのときの停止に要するレバーの先端の操作力を求めよ．ただし，$l_1 = 1400$ mm，$l_2 = 300$ mm，$l_3 = 40$ mm，$\mu = 0.2$ とする．

解説 (1) ③式より，右回りのときの操作力を求める．

$$F = \frac{2T(l_2 + \mu l_3)}{\mu D l_1}$$
$$= \frac{2 \times 20\,000 \times (300 + 0.2 \times 40)}{0.2 \times 300 \times 1\,400}$$
$$= 146.7 \text{ N}$$

よって，操作力は 147 N とする．

(2) ③式より，左回りのときの操作力を求める．

$$F = \frac{2T(l_2 - \mu l_3)}{\mu D l_1} = \frac{2 \times 20\,000 \times (300 - 0.2 \times 40)}{0.2 \times 300 \times 1\,400} = 139.0 \text{ N}$$

よって，操作力は 140 N とする．

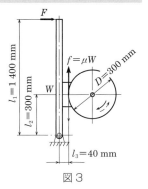

図3

例題2 ドラム直径400 mm，腕の長さ1 800 mm，$l_2 = 600$ mm，$l_3 = 80$ mm の単ブロックブレーキにおいて，ブレーキ輪に 40 000 N·mm のトルクが働いている．ブレーキの腕に加える力を求めよ．ただし，ドラムの回転は右回り，摩擦係数 $\mu = 0.3$ とする．

解説 ②式より，ブレーキ力を求める．

$$f = \frac{2T}{D} = \frac{2 \times 40\,000}{400} = 200 \text{ N}$$

③式より，操作力（ブレーキの腕に加える力）を求める．

$$F = \frac{f(l_2 + \mu l_3)}{\mu l_1} = \frac{200 \times (600 + 0.3 \times 80)}{0.3 \times 1\,800} = 231.1 \text{ N}$$

よって，操作力は 232 N とする．

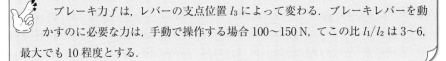

ブレーキ力 f は，レバーの支点位置 l_3 によって変わる．ブレーキレバーを動かすのに必要な力は，手動で操作する場合 100～150 N，てこ比 l_1/l_2 は 3～6，最大でも 10 程度とする．

5-22 バンド（帯）ブレーキ

Point バンドブレーキは一般に鋼製のバンドを使用し，バンドの厚さは 2～4 mm 以下，幅は 150 mm 以下，胴との間隔は 1～5 mm とする。

θ の値は 180～270° が使われ，許容引張応力 σ の値は鋼帯で 60～80 MPa（特に摩擦を考慮する場合は，50～60 MPa）とする。

重 要 な 公 式

1 バンドの張力

(1) 張り側の張力

$$F_1 = f \frac{e^{\mu\theta}}{e^{\mu\theta}-1} \ [\mathrm{N}] \quad ①$$

(2) ゆるみ側の張力

$$F_2 = f \frac{1}{e^{\mu\theta}-1} \ [\mathrm{N}] \quad ②$$

2 ブレーキレバーに加える力

(1) 図1の場合

●右回りの場合

$Fl = F_2 l_1$

$$F = \frac{f}{l} \cdot \frac{l_1}{(e^{\mu\theta}-1)} \ [\mathrm{N}] \quad ③$$

●左回りの場合

$Fl = F_1 l_1$

$$F = \frac{f}{l} \cdot \frac{l_1 e^{\mu\theta}}{(e^{\mu\theta}-1)} \ [\mathrm{N}] \quad ④$$

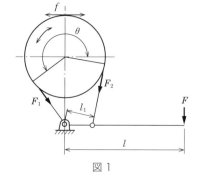

図1

(2) 図2の場合

●右回りの場合

$Fl = F_2 l_2 - F_1 l_1$

$$F = \frac{f}{l} \cdot \frac{l_2 - l_1 e^{\mu\theta}}{(e^{\mu\theta}-1)} \ [\mathrm{N}] \quad ⑤$$

●左回りの場合

$Fl = F_1 l_2 - F_2 l_1$

$$F = \frac{f}{l} \cdot \frac{l_2 e^{\mu\theta} - l_1}{(e^{\mu\theta}-1)} \ [\mathrm{N}] \quad ⑥$$

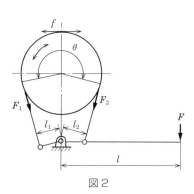

図2

f：ブレーキ力（制動力）[N]

θ：ドラムとバンドの接触角 [rad]

μ：摩擦係数

e：自然対数の底（$e^{\mu\theta}$ の値を表1に示す）

表1　$e^{\mu\theta}$ の値

$\theta°$	θ〔rad〕	$e^{\mu\theta}$		
		$\theta=0.2$	$\theta=0.3$	$\theta=0.4$
210	3.6652	2.081	3.003	4.332
240	4.1888	2.311	3.514	5.342
270	4.7124	2.566	4.111	6.586

公式を使って例題を解いてみよう！

例題 1　図1のバンドブレーキにおいて，ブレーキドラムの直径が 250 mm，右回りで，12 kW，200 rpm の動力を伝達している軸に取り付けられている．ブレーキレバーに加える力を求めよ．ただし，$l=800$ mm，$l_1=80$ mm，接触角 270°，摩擦係数 0.4 とする．

解 説　以下の式より伝達トルクを求める．

$$T = 9\,740\,000 \times \frac{P}{N} = \frac{9\,740\,000 \times 12}{200} = 584\,400 \text{ N·mm}$$

ブレーキドラムの外周に働くブレーキ力 f は

$$f = \frac{2T}{D} = \frac{2 \times 584\,400}{250} = 4\,675 \text{ N}$$

表1より，$e^{\mu\theta}$ を求めると，6.586 が得られる．
③式より，ブレーキレバーに加える力（操作力）を求める．

$$F = \frac{f}{l} \cdot \frac{l_1}{(e^{\mu\theta}-1)} = \frac{4\,675 \times 80}{800 \times (6.586-1)} \fallingdotseq 83.7 \text{ N}$$

5-23 ベルト（1）速比・長さ・巻掛け中心角

Point》 ベルト伝動装置では，ベルトとベルト車との摩擦により，動力の伝達を行うため，正確な速比は得られない．速比は，厳密には滑りやベルトの厚みを考慮したりする必要があるが，目安として求める．滑りを小さくするには，巻掛け中心角 θ を大きくする．

――――――― 重 要 な 公 式 ―――――――

1 速比

$$i = \frac{N_2}{N_1} = \frac{D_1}{D_2} \qquad ①$$

2 ベルト長さ

(1) オープンベルトの場合

$$L = 2L_1 + \frac{\pi}{2}(D_1 + D_2) + \frac{(D_1 - D_2)^2}{4L_1} \ [\mathrm{mm}] \qquad ②$$

(2) クロスベルトの場合

$$L = 2L_1 + \frac{\pi}{2}(D_1 + D_2) + \frac{(D_1 + D_2)^2}{4L_1} \ [\mathrm{mm}] \qquad ③$$

3 巻掛け中心角

(1) オープンベルトの場合

$$\theta_1 = 180° - 2\gamma$$
$$= 180° - 2\sin^{-1}\left(\frac{D_2 - D_1}{2L_1}\right) \ [°] \qquad ④$$

$$\theta_2 = 180° + 2\gamma$$
$$= 180° + 2\sin^{-1}\left(\frac{D_2 - D_1}{2L_1}\right) \ [°] \qquad ⑤$$

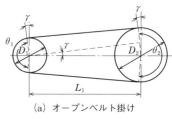

(a) オープンベルト掛け

(2) クロスベルトの場合

$$\theta_1 = \theta_2 = 180° + 2\gamma$$
$$= 180° + 2\sin^{-1}\left(\frac{D_2 + D_1}{2L_1}\right) \ [°] \qquad ⑥$$

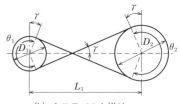

(b) クロスベルト掛け

図1

N_1：原動車の回転数〔rpm〕
N_2：従動車の回転数〔rpm〕
D_1：原動車の直径〔mm〕
D_2：従動車の直径〔mm〕
γ：2軸間の中心線とベルトのなす角
L_1：2軸間の中心距離〔mm〕

公式を使って例題を解いてみよう！

例題 1 オープンベルト掛けにおいて，軸間距離 $L_1 = 3\,200$ mm，原車の径を 200 mm，従動車の径を 500 mm とすると，ベルトの長さはいくらになるか．

解 説 ②式より，ベルトの長さを求める．

$$L = 2 \times 3\,200 + \frac{\pi}{2}(200 + 500) + \frac{(200 - 500)^2}{4 \times 3\,200} = 7\,510 \text{ mm}$$

例題 2 2軸間の中心距離 2 000 mm，原動車の直径 180 mm，従動車の直径 360 mm のクロスベルト伝動装置において，速比，巻掛け中心角，ベルトの長さ L を求めよ．

解 説 (1) ①式より，速比を求める．

$$i = \frac{D_1}{D_2} = \frac{180}{360} = 0.5$$

(2) ⑥式より，巻掛け中心角を求める．

$$\theta_1 = \theta_2 = 180° + 2\sin^{-1}\left(\frac{D_2 + D_1}{2L_1}\right)$$

$$= 180° + 2\sin^{-1}\left(\frac{360 + 180}{2 \times 2\,000}\right)$$

$$= 196°$$

(3) ③式より，ベルトの長さを求める．

$$L = 2L_1 + \frac{\pi}{2}(D_1 + D_2) + \frac{(D_1 + D_2)^2}{4L_1}$$

$$= 2 \times 2\,000 + \frac{\pi}{2}(180 + 360) + \frac{(180 + 360)^2}{4 \times 2\,000}$$

$$= 4\,880 \text{ mm}$$

ベルトの長さは近似計算である．

計算では，ベルトの伸縮，滑り，厚さなどを考慮していないので，従動側の回転数は計算したものより 1〜3％ 程度小さくなる．

速度比はベルト車の径に反比例する．

ベルトに滑りが 3％ 以上あると発熱しやすくなるし，はずれることもある．

5-24 ベルト (2) 張力

Point》 ベルト伝動では，静止しているときにベルトとベルト車の接触面に適度な圧力をかけるが，これを初張力と呼ぶ．

　動力伝達時には，張り側の張力は大きく，ゆるみ側の張力は小さくなる．この張力の差を有効張力と呼び，これが回転力となる．

重要な公式

1 張り側のベルトの張力

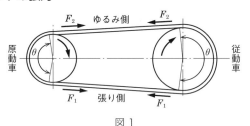

図1

$$F_1 = \left(\frac{e^{\mu\theta}}{e^{\mu\theta}-1}\right)F_e + \frac{wv^2}{g} \ \text{[N]} \qquad ①$$

ベルトが低速度で，遠心力を無視すると

$$F_1 = \frac{e^{\mu\theta}}{e^{\mu\theta}-1}F_e \ \text{[N]} \qquad ②$$

2 ゆるみ側のベルトの張力

$$F_2 = \left(\frac{1}{e^{\mu\theta}-1}\right)F_e + \frac{wv^2}{g} \ \text{[N]} \qquad ③$$

ベルトが低速度で，遠心力を無視すると

$$F_2 = \frac{1}{e^{\mu\theta}-1}F_e \ \text{[N]} \qquad ④$$

3 ベルトの初張力

$$F = \frac{F_1 + F_2}{2} \ \text{[N]} \qquad ⑤$$

4 ベルトの有効張力

$$F_e = F_1 - F_2 \ \text{[N]} \qquad ⑥$$

v：ベルト速度〔m/s〕　　μ：ベルトとベルト車の摩擦係数
θ：巻掛け中心角〔rad〕　　w：単位長さのベルト重量〔kg/m〕
g：重力加速度（9.81 m/s²）　　e：自然対数の底（2.72）

公式を使って例題を解いてみよう！

例題 1 オープンベルトにおいて，張り側の張力 2 000 N，ゆるみ側の張力 800 N の場合の有効張力と初張力を求めよ．（ただし，遠心力の影響はないものとする）

解説 (1) ⑤式より初張力を求める．

$$F = \frac{F_1 + F_2}{2} = \frac{2\,000 + 800}{2} = 1\,400 \text{ N}$$

(2) ⑥式より有効張力を求める．

$$F_e = F_1 - F_2 = 2\,000 - 800 = 1\,200 \text{ N}$$

例題 2 オープンベルトにおいて，ベルト車の直径 500 mm，有効張力 500 N，ベルトの摩擦係数を 0.2，ベルトの巻掛け中心角を 150° とすると，ベルトの張り側の張力，ゆるみ側の張力，および初張力を求めよ．（ただし，ベルト速度は小さいとして計算する）

解説 (1) 張り側の張力を求める．

表 1 より，$\dfrac{(e^{\mu\theta}-1)}{e^{\mu\theta}} = 0.408$ である．

②式より

$$F_1 = \frac{e^{\mu\theta}}{e^{\mu\theta}-1} F_e = \frac{1}{0.408} \times 500 = 1\,230 \text{ N}$$

(2) ⑥式よりゆるみ側の張力を求める．

$$F_2 = F_1 - F_e = 1\,230 - 500 = 730 \text{ N}$$

(3) ⑤式より初張力を求める．

$$F = \frac{F_1 + F_2}{2} = \frac{1\,230 + 730}{2} = 980 \text{ N}$$

表 1 $(e^{\mu\theta}-1)/e^{\mu\theta}$ の値

$\theta°$	μ		
	0.2	0.3	0.4
150	0.408	0.544	0.649
160	0.428	0.567	0.673
170	0.448	0.589	0.695

動力伝達においては，ベルト速度には限界がある．一般には 20 m/s 程度までにする．

5-25 ローラチェーンのリンク数と伝達動力

Point チェーン伝導は2軸間の大動力伝達に適するが,回転中は角速度が一定でないので,高速回転には不向きであり,低速回転用（2〜3 m/s）として広く用いられている.

スプロケットの歯数は17〜70程度が適当（17枚以下では,伝達が円滑にならないが,軽負荷では13程度ぐらいまで使用できる）である.また,なるべく奇数歯を使用する.

重要な公式

1 チェーンの速度 v 〔m/s〕

$$v = \frac{pZ_1N_1}{60\,000} = \frac{pZ_2N_2}{60\,000} \text{〔m/s〕} \quad ①$$

2 回転比

$$i = \frac{N_2}{N_1} = \frac{Z_1}{Z_2} \quad ②$$

3 伝達動力

$$P = \frac{F_1 v m}{1\,000} \text{〔kW〕} \quad ③$$

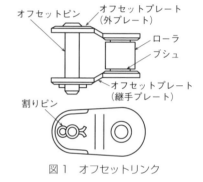

図1 オフセットリンク

4 リンク数（こま数）

$$X = 2\frac{a}{p} + \frac{Z_1+Z_2}{2} + \frac{\left(\frac{Z_2-Z_1}{2\pi}\right)^2}{a} \times p$$

$$= \frac{2a}{p} + \frac{Z_1+Z_2}{2} + \frac{0.0253\,p(Z_2-Z_1)^2}{a} \quad ④$$

求めたリンク数は,オフセットリンクを用いない偶数リンク数に切り上げる.

- p：ピッチ〔mm〕
- a：2軸間の最大軸間距離〔mm〕
- P：伝達動力〔kW〕
- F_c：チェーンの破断荷重〔N〕
- N_1：駆動車の回転数〔rpm〕
- N_2：被動車の回転数〔rpm〕
- Z_1：駆動車の歯数
- Z_2：被動車の歯数
- F_1：許容負荷荷重〔N〕

公式を使って例題を解いてみよう！

例題1 駆動スプロケットの回転数を 250 rpm，軸間距離 400 mm，回転比を $i=1/2$，伝達動力を $P=2$ kW，チェーンの速度を 2 m/s としたときのチェーンとスプロケットを選択せよ．ただし，安全率を 12 とする．

解説 （1）③式より，チェーンの破断荷重を求める．

$$F_1 = \frac{P \times 1\,000}{vm} = \frac{2 \times 1\,000}{2} = 1\,000 \text{ N}$$

$$F_c = F_1 \times s = 1\,000 \times 12 = 12\,000 \text{ N} = 12 \text{ kN}$$

通常，JIS 規格の表などから，40 番のチェーンの破断荷重は 15.2 kN なので，これを選ぶ．

（2）①式より，駆動スプロケットの歯数を求める．ただし，40 番のチェーンはピッチ $p=12.7$ mm なので

$$Z_1 = \frac{60\,000v}{pN_1} = \frac{60\,000 \times 2}{12.7 \times 250} = 37.8$$

よって，駆動スプロケットの歯数を 38 枚とする．

（3）②式より，被動スプロケットの歯数を求める．

$$i = \frac{Z_1}{Z_2} = \frac{1}{2}$$

$$Z_2 = 2Z_1 = 2 \times 38 = 76$$

被動スプロケットの歯数を 76 枚とする．

（4）④式より，リンク数を求める．

$$X = \frac{2a}{p} + \frac{Z_1+Z_2}{2} + \frac{0.0253p(Z_2-Z_1)^2}{a}$$

$$= \frac{2 \times 400}{12.7} + \frac{38+76}{2} + \frac{0.0253 \times 12.7 \times (76-38)^2}{400}$$

$$= 121.2$$

リンク数は 122 とする．

 チェーンに作用する許容荷重は，破断荷重の 1/7 以下とする．チェーンの選定では，破断荷重が張り側の張力の 7 倍以上のものを選定する．
　一般に，回転比は大きくても 8 程度までとし，チェーンの速度は 2～3 m/s 程度までとする．チェーンの総数は偶数がよいが，やむを得ない場合はオフセットリンクを使用する．

5-26 モジュールとピッチ

Point》》 ピッチ t は，ピッチ円周 πD を歯数 Z で割って求め，モジュール m は，ピッチ円直径 D を歯数 Z で割って求める．共に歯の大きさを表す基準である．モジュールの約2倍が歯の高さになる．モジュールが同じでない歯車はかみ合わない．

重 要 な 公 式

1 ピッチ

$$t = \frac{\text{ピッチ円周}}{\text{歯数}}$$

$$= \frac{\pi D}{Z} \,\,[\text{mm}] \quad ①$$

D_1, D_2 : ピッチ円直径

2 モジュール

$$m = \frac{\text{ピッチ円直径}}{\text{歯数}}$$

$$= \frac{D}{Z} \,\,[\text{mm}] \quad ②$$

3 ピッチとモジュールの関係

$$m = \frac{t}{\pi} \,\,[\text{mm}] \quad ③$$

4 中心距離

$$C = \frac{D_1 + D_2}{2} \,\,[\text{mm}] \quad ④$$

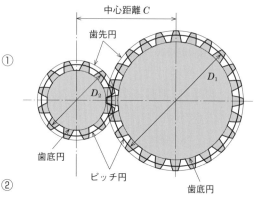

図1

公式を使って例題を解いてみよう！

例題1 ピッチ円直径 240 mm，歯数 80 の歯車のピッチはいくらか．

解説》》 式①に $D=240$，$Z=80$ を代入すると

$$t = \frac{3.14 \times 240}{80} = 9.42 \text{ mm}$$

例題2 ピッチ円直径 600 mm，歯数 100 の歯車のモジュールはいくらか．

解説》》 式②に $D=600$，$Z=100$ を代入すると

$$m = \frac{600}{100} = 6 \text{ mm}$$

例題 3 モジュール 5 mm, 歯数 60 の歯車のピッチ円直径とピッチを求めよ.

解説 (1) ピッチ円直径を求める.
$D = mZ = 5 \times 60 = 300$ mm

(2) ピッチを求める.
$t = \pi m = 3.14 \times 5 = 15.7$ mm

例題 4 ピッチ円直径 60 mm, 歯数 20 の歯車とかみ合う, 歯数 Z_2 が 40 の歯車のピッチ円直径 D_2 を求めよ.

解説 モジュールは
$$m = \frac{D_1}{Z_1} = \frac{60}{20} = 3$$

かみ合う歯車のモジュールも 3 となる.
ピッチ円直径 $D_2 = m \times Z_2 = 3 \times 40 = 120$ mm

例題 5 歯数がそれぞれ 46, 72, モジュール 2.5 mm の一対の歯車がある. この 2 つの歯車の中心距離を求めよ.

解説 ピッチ円直径はそれぞれ
$D_1 = Z_1 m = 46 \times 2.5 = 115$
$D_2 = Z_2 m = 72 \times 2.5 = 180$
中心距離 $C = \dfrac{115 + 180}{2} = 148$ mm

① モジュールは JIS によって, 標準値が決められているので, 設計者はその中から適切なものを選ぶ必要がある. ② 一対の歯車のピッチ円は接しているので, 中心距離はそれぞれのピッチ円半径の和になる. ③ 長さの単位は, 図2のようなものがある. ナノオーダーの技術はナノテクノロジーとよばれ注目されている.

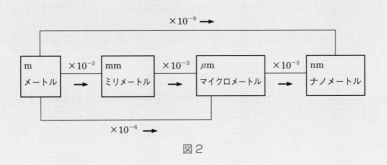

図2

5-27 標準平歯車の寸法

Point》 標準平歯車は，比較的に距離が近い平行 2 軸間で，確実に動力や運動を伝達したいときに使われる．標準平歯車の各部寸法は，すべてモジュール m の関数として表される．

ここでは，歯数 Z_1, Z_2, モジュール m〔mm〕，円ピッチ t〔mm〕の歯車がかみ合う場合について考える．

重要な公式

1 歯先円直径（D_0）

$D_{01}=(Z_1+2)m$　　　　$D_{02}=(Z_2+2)m$　　①

2 ピッチ円直径（D）

$D_1=Z_1m$〔mm〕　　　　$D_2=Z_2m$〔mm〕　　②

3 基礎円直径（D_g）

$D_{g1}=Z_1m\cos\alpha$〔mm〕　　$D_{g2}=Z_2m\cos\alpha$〔mm〕　③

α：圧力角

4 円ピッチと基礎円ピッチ（法線ピッチ）

$t=\dfrac{\pi D_1}{Z}$〔mm〕　　④

$t_n=t\cos\alpha$〔mm〕　　⑤

※法線ピッチは，基礎円ピッチに名称変更された

5 中心距離

$C=\dfrac{1}{2}(Z_1+Z_2)m$〔mm〕　⑥

6 歯幅（b），全歯たけ（h）

$b=(8～15)m$〔mm〕　　⑦

$h\geqq 2.25m$〔mm〕　　⑧

7 速度伝達比

$i=\dfrac{D_2}{D_1}=\dfrac{Z_2}{Z_1}$　⑨

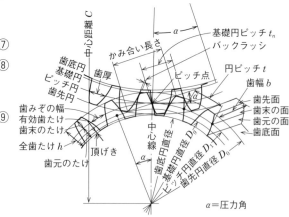

図1　一対の歯車のかみ合い

公式を使って例題を解いてみよう！

例題 1 歯数 $Z=48$，モジュール $m=5$ mm の標準平歯車のピッチ円直径，歯先円直径（外径），歯幅を求めよ．

解説 ②，①，⑦式に数値を代入すれば

$D=48\times 5=240$ mm

$D_0=(48+2)\times 5=250$ mm

$b=(8\sim 15)\times 5=40\sim 75$ mm

例題 2 モジュール $m=6$ mm，歯数 $Z_1=30$，$Z_2=80$，圧力角 $20°$ の 1 組の平歯車がある．各歯車の大きさを求めよ．

解説

ピッチ円直径　$D_1=Z_1m=30\times 6=180$ mm

$D_2=Z_2m=80\times 6=480$ mm

刃先円直径　$D_{01}=(Z_1+2)m=(30+2)\times 6=192$ mm

$D_{02}=(Z_2+2)m=(80+2)\times 6=492$ mm

基礎円直径　$D_{g1}=Z_1m\cos\alpha=30\times 6\cos 20°=169$ mm

$D_{g2}=Z_2m\cos\alpha=80\times 6\cos 20°=451$ mm

全歯たけ　$h\geq 2.25m=13.5$ mm

歯幅　$b=(8\sim 15)\times 6=48\sim 90$ mm

例題 3 中心距離 300 mm，速度伝達比 2，$m=4$ mm の 1 組の標準平歯車のピッチ円直径を求めよ．

解説 歯数 Z_1，Z_2 を求める．

⑥式より，$Z_1+Z_2=2C/m=2\times 300/4=150$

⑨式より，$Z_2=2Z_1$

上 2 式より，歯数は，$Z_1=50$，$Z_2=100$

ピッチ円直径を求める．

$D_1=Z_1m=50\times 4=200$ mm

$D_2=Z_2m=100\times 4=400$ mm

　基礎円ピッチとは，基礎円の共通接線上で歯面に直角に測った隣接する歯間距離のことである．

　標準平歯車とは，ピッチ円と「基準ラックの基準ピッチ線」が接しているものをいう．圧力角は $20°$ のものが多く使われる．

5-28 ルイスの式と伝達動力・回転力

Point 歯車で伝達できる動力や回転力の大きさを求めるには，歯の強さを知る必要がある．ここでは，歯が折れないための「歯の曲げ強さ」から，簡便のためにルイスの式を使って設計する．

重 要 な 公 式

1 伝達動力

$$P = \frac{Fv}{1\,000} \text{ [kW]} \quad \text{①}$$

F：歯車の回転力〔N〕
v：ピッチ円の周速度〔m/s〕

2 ルイスの式による歯車の回転力

$$F = \sigma_b t b y$$
$$F = \pi \sigma_b b m y \text{ [N]} \quad \text{②}$$

σ_b：歯車に働く曲げ応力〔MPa〕
t：円ピッチ〔mm〕（$t = \pi m$）
b：歯幅〔mm〕　y：歯形係数　m：モジュール〔mm〕

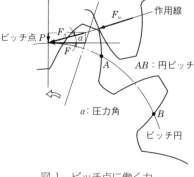

図1　ピッチ点に働く力

3 歯車に働く曲げ応力（σ_b）の修正式

$$\sigma_b = f_v f_w \sigma_0 \text{ [MPa]} \quad \text{③}$$

f_v：速度係数　f_w：荷重係数　σ_0：材料の許容曲げ応力

σ_0 の値は材料の引張強さの 60% 以下にする（付録3）．

表1

f_v	条　件	f_w	条　件
$\dfrac{3.05}{3.05+v}$	荒仕上歯車 $v = 0.5 \sim 10$ m/s の低速用	0.8	静荷重
$\dfrac{6.1}{6.1+v}$	仕上歯車 $v = 5 \sim 20$ m/s の中速用	0.74	動荷重
$\dfrac{5.55}{5.55+\sqrt{v}}$	精密仕上歯車 $v = 20 \sim 50$ m/s 高速用	0.67	衝撃荷重
$\dfrac{0.75}{1+v}+0.25$	非金属歯車		

公式を使って例題を解いてみよう！

例題1 歯車の回転力 $F = 986$ N，ピッチ円の周速度 $v = 2.57$ m/s のときの伝達動力を求めよ．

解説 $F = 986$ N，$v = 2.57$ m/s を式①に代入すると

$P = 986 \times 2.57 / 1\,000 = 2.53$ kW

例題 2 回転力 3 150 N，歯数 30，モジュール $m=4$ mm，回転数 550 rpm の歯車の伝達動力 P を求めよ．

解説 $D=Zm=4\times 30$ より

$$v=\frac{\pi DN}{60\times 1\,000}=\frac{3.14\times 4\times 30\times 550}{60\times 1\,000}=3.45 \text{ m/s}$$

$$P=\frac{Fv}{1\,000}=\frac{3\,150\times 3.45}{1\,000}=10.9 \text{ kW}$$

例題 3 歯車の材質：S35C（$HB=200$），$Z_1=30$，$N_1=600$ rpm，モジュール $m=4$ mm，歯幅 $b=40$ mm，圧力角 20° と歯車の材質：SC450，$Z_2=60$，$N_2=300$ rpm の標準平歯車がかみ合うときの回転力 F を静荷重として計算して，伝達動力 P を求めよ．

解説 小歯車について，表 1 より

$$v=\frac{3.14\times 4\times 30\times 600}{60\times 1\,000}=3.77 \text{ m/s} \qquad f_v=\frac{3.05}{3.05+v}=\frac{3.05}{3.05+3.77}=0.45$$

付録 2 より $y=0.114$，付録 3 より $\sigma_0=510\times 0.6=306$ MPa，$f_v=0.45$，$f_w=0.8$ を②式と③式に代入すると

$F=\pi\sigma_b bmy=\pi f_v f_w \sigma_0 bmy$

$=3.14\times 0.45\times 0.8\times 306\times 40\times 4\times 0.114=6\,310$ N

さらに，①式より

$$P=\frac{6\,310\times 3.77}{1\,000}=23.8 \text{ kW}$$

大歯車について，同様に $y=0.134$，$\sigma_0=450\times 0.6=270$ MPa などを②式に代入すると

$F=3.14\times 0.45\times 0.8\times 270\times 40\times 4\times 0.134=6\,540$ N

$$P=\frac{6\,540\times 3.77}{1\,000}=24.7 \text{ kW}$$

したがって，小さいほうの 23.8 kW を採用する．

① 動力や周速度などの使用条件から必要な回転力を求めて，その回転力に耐え得る歯車を設計する．

② 一般に歯幅とモジュールの比 $K=b/m$ は 6～10 にする．また，小歯車の歯幅は大歯車の歯幅より大きくすることが多い．

5-29 歯面強さと回転力

Point 歯車で伝達できる動力や回転力の大きさを求めるには，歯面の強さを知る必要がある．ここでは，歯面に加わる圧力の限界すなわち「歯面強さ」から計算する．
一般に，歯車の強さは歯面の強さから求められることが多い．

重要な公式

1 許容接触応力から求める回転力（最大の円周力）

$$F=\left(\frac{\sigma_{H\lim}}{Z_H Z_E}\right)^2 \frac{u}{u+1} \cdot \frac{bmZ_1}{K_A K_V} \quad [\text{N}] \qquad ①$$

$\sigma_{H\lim}$：許容接触応力〔MPa〕（付録5）
Z_H：領域係数（$\sigma=20°$ のときは 2.49）
Z_E：材料定数係数〔$(\text{MPa})^{1/2}$〕（付録4）
u：歯数比（Z_2/Z_1，$Z_1 \leq Z_2$）
K_A：使用係数（付録6）
K_V：動荷重係数（1.2）

2 触面応力係数から求める回転力（最大の円周力）

$$F=f_v k D_1 b \frac{2Z_2}{Z_1+Z_2} \quad [\text{N}] \qquad ②$$

f_v：速度係数　　　　　　　　k：触面応力係数〔MPa〕（付録7）
D_1：小歯車のピッチ円直径〔mm〕　b：歯幅〔mm〕
Z_1：小歯車の歯数　　　　　　Z_2：大歯車の歯数

公式を使って例題を解いてみよう！

例題1 歯車の材質：S35C（$HB=200$），$Z_1=30$，$N_1=600$ rpm，$m=4$ mm，$b=40$ mm，圧力角 20° と歯車の材質：SC450，$Z_2=60$，$N_2=300$ rpm の標準平歯車がかみ合うときの回転力，伝達動力を求めよ．

解説 (1) 回転力を求める．

材質と付録5から，許容接触応力 $\sigma_{H\lim}=505$ MPa と 355 MPa が求まり，小さいほうの 355 MPa をとる．

$u=Z_2/Z_1=60/30=2$，$Z_H=2.49$，付録4から $Z_E=189$〔$(\text{MPa})^{1/2}$〕，$K_V=1.2$，付録6から $K_A=1.0$ を①式に代入すると

$$F=\left(\frac{355}{2.49 \times 189}\right)^2 \times \frac{2}{2+1} \times \frac{40 \times 4 \times 30}{1.0 \times 1.2} = 1\,520 \text{ N}$$

(2) 伝達動力を求める．

ピッチ用の周速度は，1秒間のピッチ円上にある点の移動距離（$\pi D_1 N_1 = \pi m Z_1 N_1$）であるから

$$v = \frac{\pi m Z_1 N_1}{1\,000 \times 60} = \frac{3.14 \times 4 \times 30 \times 600}{1\,000 \times 60} = 3.77 \text{ m/s}$$

$$P = \frac{1\,520 \times 3.77}{1\,000} = 5.73 \text{ kW}$$

5-28節の例題3と比較すると，上記の伝達動力のほうが小さいので，この値を設計値として採用する．

例題2 例題1を触面応力係数を使って回転力と伝達動力を求めよ．

解 説 付録7より触面応力係数 $k = 0.383$ MPa

5-28節の表1より

速度係数 $f_v = \dfrac{3.05}{3.05 + v} = \dfrac{3.05}{3.05 + 3.77} = 0.45$

②式に代入すると

$$F = 0.45 \times 0.383 \times 4 \times 30 \times 40 \times \frac{2 \times 60}{30 + 60} = 1\,100 \text{ N}$$

例題1より $v = 3.77$ m/s であるから

$$P = \frac{1\,100 \times 3.77}{1\,000} = 4.15 \text{ kW}$$

触面応力係数を使うと，伝達動力が小さくなる．

①歯車の設計は「歯の曲げ強さ」と「歯面の強さ」それぞれから求めた回転力のうち，小さいほうを採用する．
②かみ合った歯面と歯面が円滑に滑りながら，動力伝達するためには，潤滑油がいきわたることが必要で，そのためのすきま（バックラッシ）を設ける．
③触面応力係数を決めるためには，歯面のブリネル硬さ（HB）を求める必要がある．

5-30 はすば歯車の相当歯数と強さ

Point はすば歯車は，ヘリカルギヤ（helical gear）とも呼ばれ，歯すじが斜めになっているので，滑らかで，騒音の少ないかみ合いが期待できる．ただし，スラスト力が発生するので，その対策をとる必要がある．はすば歯車を平歯車に換算して求めた相当平歯車の歯数を，相当歯数という．相当歯数はホブ盤などによる歯切りのときに必要になる．

重要な公式

1 はすば歯車の寸法

表1

項　目	歯直角方式	軸直角方式	
モジュール	m	$m_0 = \dfrac{m}{\cos\beta}$	④
圧力角	$\alpha : 14.5°，20°，$一般に $20°$	$\alpha_0 : \tan\alpha_0 = \dfrac{\tan\alpha}{\cos\beta}$	⑤
ねじれ角	β	β	
ピッチ円直径	$D = \dfrac{Zm}{\cos\beta}$ ①	$D = Zm_0$	⑥
外　径	$D_0 = \left(\dfrac{Z}{\cos\beta} + 2\right)m$ ②	$D_0 = D + 2m = Zm_0 + 2m$	⑦
中心距離	$C = \dfrac{(Z_1+Z_2)m}{2\cos\beta}$ ③	$C = \dfrac{D_1+D_2}{2} = \dfrac{(Z_1+Z_2)m}{2}$	⑧

＊歯直角方式とは，歯すじに直角な断面の歯形を基準ラックで表したものである．
　軸直角方式とは，歯車の軸に直角な断面の歯形を基準ラックで表したものである．

2 相当歯数

$$Z_e = \dfrac{Z}{\cos^3\beta} \quad ⑨$$

Z：実際の歯数
β：ねじれ角

3 回転力

ピッチ円周上の接線方向の力として F を求める．

$$F = f_v f_w \pi \sigma_0 bmy \quad [\text{N}] \quad ⑩$$

σ_0：歯車材料の許容曲げ応力〔MPa〕
b：歯幅〔mm〕
m：歯直角モジュール〔mm〕
y：相当平歯車の歯数による歯形係数
f_v：速度係数　　f_w：荷重係数

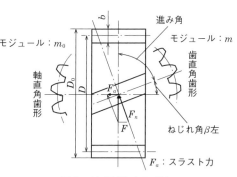

図1　はすば歯車の寸法

● 5-30 はすば歯車の相当歯数と強さ ●

公式を使って例題を解いてみよう！

例題1 回転数 500 rpm，歯数 $Z=30$，ねじれ角 30°，工具圧力角 20° のはすば歯車で 75 kW の動力を伝える．材質は S45C（$HB=200$）で，$f_w=0.8$，$m=5$ mm，$b=110$ mm として，曲げ強さから回転力 F を求めよ．

解 説 ④式より

$$m_0 = \frac{m}{\cos \beta} = \frac{5}{\cos 30°} = 5.77$$

$$D = 5.77 \times 30 = 173 \text{ mm}$$

$$v = \frac{3.14 \times 173 \times 500}{1\,000 \times 60} = 4.53 \text{ m/s}$$

速度係数 $f_v = \dfrac{3.05}{3.05+4.5} = 0.4$，

また，⑨式より $Z_e = \dfrac{30}{\cos^3 30°} = 46$ となるから

付録 2 により $y=0.127$，付録 3 から $\sigma_0 = 569 \times 0.6 = 341$ MPa
式⑩に代入すると

$$F_v = f_v f_w \pi \sigma_0 bmy$$
$$= 0.4 \times 0.8 \times 3.14 \times 341 \times 110 \times 5 \times 0.127$$
$$= 23\,900 \text{ N} = 23.9 \text{ kN}$$

① はすば歯車は，平歯車に比べて加工が複雑になるが，大きな動力を伝達できる．
② 同じねじれ角をもつ 2 つのはすば歯車を背中合わせに組み合わせて，1 つの歯車にしたものを，やまば歯車という．スラスト力は打ち消され，大動力の伝達が可能になる．

5-31 かさ歯車の相当歯数と寸法

Point 互いに交わる2軸の間で動力の伝達をするときには，かさ歯車が使われる．かさ歯車はベベルギヤ（bevel gear）とも呼ばれ，円すい面に歯をつけたものである．

重要な公式

1 円すい角，相当歯数

表1 円すい角，相当歯数

名称	記号	原車（駆動側）		従車（被動側）	
ピッチ円すい角	γ_0	$\tan \gamma_{01} = \dfrac{\sin \theta}{(Z_2/Z_1)+\cos \theta}$	①	$\tan \gamma_{02} = \dfrac{\sin \theta}{(Z_1/Z_2)+\cos \theta}$	②
軸角	θ	$\theta = \gamma_{01} + \gamma_{02}$	③		
背円すい角	α	$\alpha_1 = 90° - \gamma_{01}$	④	$\alpha_2 = 90° - \gamma_{02}$	⑤
相当歯数	Z_e	$Z_{e1} = \dfrac{Z_1}{\cos \gamma_{01}}$	⑥	$Z_{e2} = \dfrac{Z_2}{\cos \gamma_{02}}$	⑦

2 すぐばかさ歯の寸法

表2 すぐばかさ歯車の寸法

名称	記号	原車（駆動側）	従車（被動側）
ピッチ円直径	D	$D_1 = \dfrac{N_1}{N_1}$　$D_1 = mZ_1$	$D_2 = \dfrac{N_1}{N_2}$　$D_2 = mZ_2$
外径	D_0	$D_{01} = D_1 + 2h_1 \cos \gamma_{01}$	$D_{02} = D_2 + 2h_1 \cos \gamma_{02}$
外端円すい距離	A	$A = \dfrac{D_1}{2 \sin \gamma_{01}}$	$A = \dfrac{D_2}{2 \sin \gamma_{02}}$
歯先円すい角	γ_b	$\gamma_{b1} = \gamma_{01} + \beta$	$\gamma_{b2} = \gamma_{02} + \beta$
歯底円すい角	γ_d	$\gamma_{d1} = \gamma_{01} - \delta$	$\gamma_{d2} = \gamma_{02} - \delta$
歯末角	β	$\beta = \tan^{-1} \dfrac{h_1}{A}$	
歯元角	δ	$\delta = \tan^{-1} \dfrac{h_2}{A}$	

ピッチ円すいの端で，ピッチ円すいの母線と，直角に交わる母線をもつ円すいを背円すいという．背円すいの母線をピッチ円半径とする平歯車を歯車の相当平歯車という．特に，γ_0 が 90° のものを冠歯車（crown gear），歯数の等しい一組のかさ歯車をマイタ歯車（miter gear）という．

公式を使って例題を解いてみよう！

例題1 ピッチ円すい角がそれぞれ $\gamma_{01} = 34°46'$，$\gamma_{02} = 55°14'$，歯数 $Z_1 = 25$，$Z_2 = 36$ のかさ歯車の相当歯数を求めよ．

解説 表1の⑥式より相当歯数 Z_e を求める．

$$Z_{e1} = \frac{25}{\cos 34°46'} ≒ 30$$

$$Z_{e2} = \frac{36}{\cos 55°14'} \fallingdotseq 63$$

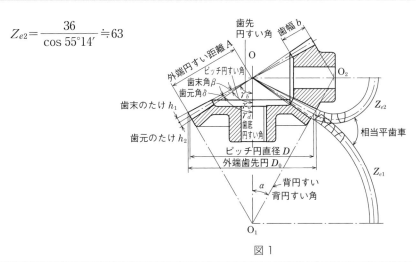

図 1

例題 2　軸角 $\theta = 90°$，歯数がそれぞれ $Z_1 = 25$，$Z_2 = 36$ のかさ歯車のピッチ円すい角はいくらか．

解説　①式に代入すると

$$\tan \gamma_{01} = \frac{\sin 90°}{(36/25) + \cos 90°} = \frac{25}{36} = 0.694$$

したがって，$\gamma_{01} = 34°46'$　　$\gamma_{02} = 90° - \gamma_{01} = 55°14'$

例題 3　直交するかさ歯車で速度伝達比 $i = 2$ のときのピッチ円すい角を求めよ．

解説　$\theta = 90°$，$i = \dfrac{Z_2}{Z_1}$ であるから，①式②式より

$$\tan \gamma_{01} = \frac{\sin 90°}{(Z_2/Z_1) + \cos 90°} = \frac{1}{Z_2/Z_1} = \frac{Z_1}{Z_2} = \frac{1}{i}$$

$$\tan \gamma_{02} = \frac{\sin 90°}{(Z_1/Z_2) + \cos 90°} = \frac{1}{Z_1/Z_2} = \frac{Z_2}{Z_1} = i$$

したがって，$\gamma_{01} = 26°34'$　　$\gamma_{02} = 63°26'$

①かさ歯車には，歯のつけ方によって，すぐばかさ歯車，はすばかさ歯車，まがりばかさ歯車がある．
②かさ歯車の軸受は，片持ちになるので，丈夫なものにしたり，歯車に近づけないと，軸がたわんで片当たりしやすい．また，スラスト力対策も必要である．

5-32 歯車列の速度比

Point》》》 目的に合う回転数や回転方向を得るために，複数の歯車を組み合わせたものを歯車列という．小さなスペースで大きな速度伝達比を実現するためには歯車列を組まなければならない．

重要な公式

図1のような歯車列の速度伝達比

$$i_{AD} = \frac{N_A}{N_D} = \frac{Z_{B1} \times Z_{C1} \times Z_D}{Z_A \times Z_{B2} \times Z_{C2}} = \frac{N_A}{N_B} \cdot \frac{N_B}{N_C} \cdot \frac{N_C}{N_D} \quad ①$$

$$歯車列の速度伝達比 = \frac{駆動側（原車）の回転数}{被動側（原車）の回転数} = \frac{駆動側の歯数の積}{被動側の歯数の積} \quad ②$$

速度伝達比は速度比とも呼ばれる．

減速歯車列の速度伝達比をとくに減速比という．

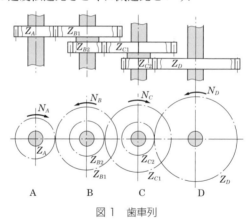

図1　歯車列

公式を使って例題を解いてみよう！

例題1 図1のような歯車列において，歯数をそれぞれ $Z_A = 40$，$Z_{B1} = 60$，$Z_{B2} = 30$，$Z_{C1} = 70$，$Z_{C2} = 20$，$Z_D = 80$ とするとき，速度伝達比 i_{AD} を求めよ．また，A の回転数を 1 400 rpm とすれば，歯車 D の回転数はいくらか．

解説 ①式から A，D の速度伝達比は

$$i_{AD} = \frac{Z_{B1} \times Z_{C1} \times Z_D}{Z_A \times Z_{B2} \times Z_{C2}} = \frac{60 \times 70 \times 80}{40 \times 30 \times 20} = 14$$

歯車 D の回転数は

$$N_D = \frac{N_A}{i_{AD}} = \frac{1\,400}{14} = 100 \text{ rpm}$$

例題 2 図 1 のような歯車列において $i_{AD}=30$ にしたい. $Z_A=100$, $Z_{B1}=110$, $Z_{B2}=22$, $Z_{C1}=100$, $Z_{C2}=15$ とするとき, Z_D はいくらにしたらよいか.

解 説 ①式より

$$30 = \frac{110 \times 100 \times Z_D}{100 \times 22 \times 15}$$

$$Z_D = \frac{100 \times 22 \times 15 \times 30}{110 \times 100} = 90$$

例題 3 図 2 のような歯車列で, 速度比が 15 になるような一例を示せ. ただし, 最小歯数を 16 とする.

解 説 ①式より

$$i = \frac{Z_{B1} \cdot Z_C}{Z_A \cdot Z_{B2}} = 15 = 5 \times 3$$

$Z_A = Z_{B2} = 16$ とすれば, $\dfrac{Z_{B1}}{Z_A} = 5$, $\dfrac{Z_C}{Z_{B2}} = 3$ より

$Z_{B1} = 80$, $Z_C = 48$

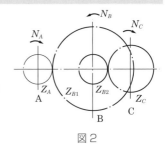

図 2

例題 4 図 2 で $Z_A = Z_{B2} = 16$, $Z_{B1}/Z_A = 6$, $Z_C/Z_{B2} = 2.5$, モジュール 5 としたときの歯車 A と歯車 C の中心間距離を求めよ.

解 説 5-27 節の⑥式に, $Z_A = Z_{B2} = 16$, $Z_{B1} = 96$, $Z_C = 40$ を代入すると

$$C = \frac{(Z_A + Z_{B1} + Z_{B2} + Z_C) \times m}{2} = \frac{(16 + 96 + 16 + 40) \times 5}{2} = 420 \text{ mm}$$

これは, 例題 3 でモジュール $m=5$ として求める C よりも大きい.

歯車列の各接点における速度比の変化が大きいと, 歯車列の寸法が大きくなる.

①例えば, 単純に外接する 3 つの歯車の中間歯車のように, 速度比に関係のないものを遊び歯車 (idle gear) という.
②速度比を求めるには, それぞれの歯車のピッチ円が接するピッチ点において, 駆動歯車と被動歯車を区別する必要がある.

5-33 遊星歯車装置

Point》 遊星歯車装置はプラネタリギヤ（planetary gear）とも呼ばれ，減速比を大きくとることができて，小形・軽量である．ギヤードモータ（歯車付き電動機）などに使われる．

重要な公式

1 構　造

歯車 A と歯車 B は内接して，腕 H で連結されている．また，歯車 B は歯車 C と外接している．

すなわち，歯車 B は自転しながら公転する．回転方向は反時計回りを（＋）とする．

図1　遊星歯車装置

2 正味回転数

①（全体をのりづけして相対運動をしないようにして，全体を回転させる）
＋②（腕 H を固定していずれかの歯車を回転させる）＝③正味回転数

下表の③正味回転数の欄に，題意と解答が反映されるように，上式中の①と②の回転数を決める．

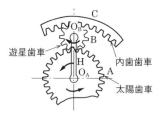

図2　遊星歯車と太陽歯車

174

公式を使って例題を解いてみよう！

例題1 A歯車を固定して、腕Hを1回転させたときのB歯車、C歯車の正味回転数を求めよ。

解説 下表の正味回転数の欄に題意を入れ、解答を得る。

	H	A	B	C
①全体のりづけ	$+1$	$+1$	$+1$	$+1$
②腕を固定	0	-1	$+\dfrac{Z_A}{Z_B}$	$+\dfrac{Z_A}{Z_C}$
③正味回転数	$+1$	0	$1+\dfrac{Z_A}{Z_B}$	$1+\dfrac{Z_A}{Z_C}$

例題2 遊星歯車装置で、歯数をそれぞれ $Z_A=40$, $Z_B=20$, $Z_C=80$ とする。A歯車を固定して、腕Hを$+1$回転させたときのB、C歯車の回転方向と正味回転数を求めよ。

解説

	H	A	B	C
①全体のりづけ	$+1$	$+1$	$+1$	$+1$
②腕を固定	0	-1	$+\dfrac{Z_A}{Z_B}=\dfrac{40}{20}=2$	$+\dfrac{Z_A}{Z_C}=\dfrac{40}{80}=\dfrac{1}{2}$
③正味回転数	$+1$	0	$1+2=3$	$1+\dfrac{1}{2}=\dfrac{3}{2}$

例題3 遊星歯車装置で、歯数をそれぞれ $Z_A=40$, $Z_B=20$, $Z_C=80$ とする。C歯車を固定して、腕Hを$+1$回転させたときのA、B歯車の回転方向と正味回転数を求めよ。

解説

	H	A	B	C
①全体のりづけ	$+1$	$+1$	$+1$	$+1$
②腕を固定	0	$(-1)\times(-1)\times\dfrac{80}{40}=2$	$(-1)\times\dfrac{80}{20}=-4$	-1
③正味回転数	$+1$	$1+2=3$	$1-4=-3$	0

①全体のりづけとは、歯車や腕が相対運動しないようにすることであるが、全体をのりづけしても、全体を一体のものとして、動かすことはできる。
②回転数を計算する前に、題意から決まる数値をすべて表中に入れてから、残った空欄を埋める。

5-34 差動歯車装置

Point 差動歯車装置は，遊星歯車装置の一種である．例えば，自動車が旋回するとき，駆動タイヤに動力を与えながら，左右の駆動タイヤの回転数を変えてスリップや空転を防ぎたいときなどに使われる．原理は遊星歯車装置と同じである．図1のように，歯車Aと歯車Bの歯数を同じにして，歯車Cと腕Hを一体にして，かさ歯車を使うことで，軸心の方向と回転方向を変えることができる．

重要な公式

歯車Cと腕Hを N_C 回転させたときの歯車Aと歯車Bの回転数 N_A，N_B の和

$$N_A + N_B = 2N_C \qquad ①$$

例えば，エンジンからの駆動力が歯車Cを N_C で回転すると，左右のタイヤは N_A，N_B で回転する．すなわち，エンジンから差動歯車に伝えられる回転数の2倍が，常に歯車Aと歯車Bの回転数の和になる．

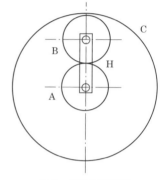

図1　差動歯車装置

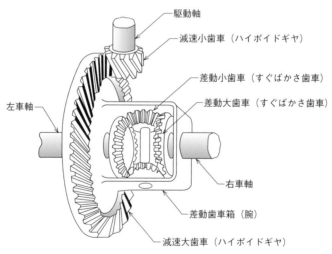

図2　自動車の差動歯車装置[4]

● 5-34 差動歯車装置 ●

公式を使って例題を解いてみよう！

例題 1　図1の差動歯車装置において，歯車Cと腕Hを N_C で回転させ，同時に歯車Aを N_A 回転させたとき，Bの回転数を求めよ．

解説

	H	A	B	C
①全体のりづけ	$+N_C$	$+N_C$	$+N_C$	$+N_C$
②腕を固定	0	$-N_C+N_A$	$-(-N_C+N_A)$	0
③正味回転数	N_C	N_A	$2N_C-N_A$	N_C

すなわち，$N_B=2N_C-N_A$ になる．

例題 2　差動歯車装置を搭載した自動車の左のタイヤが回転数 480 rpm，右のタイヤが 520 rpm で回転するとき，エンジンから伝えられている回転数を求めよ．
　また，自動車が左旋回を始めてから，2秒間に左右のタイヤの移動する距離を求めよ．ただし，タイヤの外径は 0.7 m とする．

解説　式①より

　　$2N_C=480+520$

　　$N_C=500$ rpm

　　左のタイヤの周速度　　$v_L=\dfrac{\pi D \times 480}{60}=\dfrac{3.14\times 0.7\times 480}{60}=17.6$ m/s

　　移動距離　　　　　　　$L_L=17.6\times 2=35.2$ m

　　同様に右のタイヤの周速度　$v_R=19.0$ m/s

　　移動距離　　　　　　　$L_R=38.0$ m

☞ 雪道で片方のタイヤが雪に埋まって高速で空転すると，他方のタイヤは回転しなくなって脱出できなくなる．このようなとき，デフロック機能があれば，左右のタイヤの回転数を同じにして，脱出することができる．

6-1 アンダカットの限界歯数

Point ラック工具またはホブで歯切りをする場合，歯数が少ないとアンダカット（切下げ）を起こすので，小歯車を設計する場合は，歯数に注意する．ただし，歯末のたけを小さくして転位歯車にすれば，歯数の少ない歯車をつくることができる．

重要な公式

1 アンダカット限界歯数

$$Z = \frac{2h_1}{m \cdot \sin^2 \alpha_n} \quad ①$$

h_1：歯末のたけ　　m：モジュール〔mm〕
α_n：工具圧力角（歯車の圧力角に等しい）
Z：理論的アンダカット限界歯数

一般に圧力角は 20°であるが，より少ない歯数の歯車を必要とするときには 14.5°が有利である．

2 転位係数

$$x \geq x_0 = 1 - \frac{1}{2} Z \cdot \sin^2 \alpha \quad ②$$

表1　アンダカットの限界歯数（$h_1 = m$ のとき）

圧力角	20°	14.5°
理　論	17	32
実　用	14	26

3 基準ピッチ線からの転位量

$$L_t = xm \quad ③$$

x：転位係数　　x_0：アンダカット限界の転位係数
Z：歯数　　α：圧力角　　m：モジュール〔mm〕

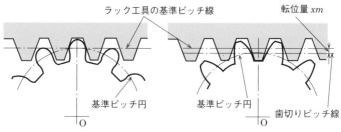

（a）転位させない歯切り　　（b）離れる方向に転位させた歯切り
（歯元がやせるアンダカットが起こっている）

図1

公式を使って例題を解いてみよう！

例題 1 モジュール 4，工具圧力角 20° のホブで歯切りをする．歯末のたけ 4 の歯車として，アンダカットを起こさない限界の歯数の理論値を求めよ．

解説 ①式に $m=4$ mm，$\alpha_n=20°$，$h_1=4$ を代入する．

$$Z=\frac{2\times 4}{4\times \sin^2 20°}=\frac{2}{0.342^2}=17.1 \fallingdotseq 17$$

例題 2 モジュール 6，工具圧力角 20°，歯末のたけ 4.8 の歯車をつくるとき，アンダカットを起こさない限界の歯数の理論値を求めよ．

解説 モジュールと比べて，歯末のたけを小さくしてある転位歯車のアンダカットの限界歯数を求める．

$$Z=\frac{2\times 4.8}{6\times \sin^2 20°}=\frac{9.6}{6\times 0.342^2}=13.7 \fallingdotseq 14$$

例題 3 モジュール m，歯末のたけ $0.7m$，圧力角 20° の歯車をつくりたい．理論的なアンダカットの限界歯数を求めよ．

解説 歯末のたけを，小さくしてある転位歯車の，アンダカットの限界歯数を求める．

$$Z=\frac{2\times 0.7m}{m \sin^2 20°}=\frac{1.4}{0.342^2}=12$$

例題 4 基準ラック工具でモジュール 15 mm，工具圧力角 20°，歯数 12 の歯車を切りたい．いくら転位すればよいか．

解説 $\alpha=20°$，$Z=12$ を式②に代入して x_0 を求めると

$$x_0=1-\frac{1}{2}\times 12\times \sin^2 20°=1-6\times 0.342^2=0.298$$

$x=0.30$，$m=15$ mm として転位量 L_t を求めれば

$$L_t=xm=0.30\times 15=4.5 \text{ mm}$$

① 歯車がかみ合うとき，歯数が少ないときはもちろん，歯数比（大歯車の歯数／小歯車の歯数）が大きいときも小歯車の歯元でアンダカットが起こる．
② 実用的な限界歯数よりも少ない歯数にするときには，歯末のたけ h_1 を小さくするように転位させる．
③ 歯切りの際に転位量が大きすぎると，歯先がとがるので注意する．

6-2 切削速度と回転数

Point 金属（工作物）を金属（工具）によって削ることは，簡単なことではなく，工具または工作物を高速で動かしながら，両者を点接触または線接触させる必要がある．工作機械の切削速度や回転数は，工具や工作物の材質，切込み，送り量などによって決められる（付録8, 9, 10）．

重 要 な 公 式

1 回転運動するときの切削速度

$$v = \frac{\pi DN}{1\,000} \ \mathrm{[m/min]} \quad ①$$

$$N = \frac{1\,000\,v}{\pi D} \ \mathrm{[rpm]} \quad ②$$

D：直径〔mm〕

　※旋盤などのように工作物が回転するときは工作物の直径であり，フライス盤やボール盤のように工具が回転するときは工具の直径である．

N：工作物や工具の回転数〔rpm〕

2 直線運動するときの切削速度

$$v = \frac{nL}{1\,000\,a} \ \mathrm{[m/min]} \quad ③$$

n：1分間当たりの切削工具の往復回数〔回/min〕

L：行程の長さ〔mm〕

a：切削工具1往復に対する切削行程の時間比（通常 3/5～2/3）

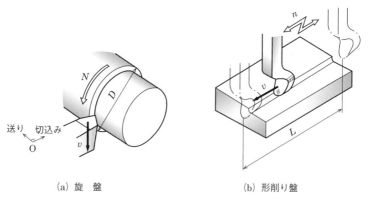

(a) 旋　盤　　　　　　　　(b) 形削り盤

図1　切削加工[5]

公式を使って例題を解いてみよう！

例題1 旋盤に超硬合金のバイトを取り付けて，直径 50 mm の鋼材を 180 m/min で荒削りしたい．回転数はいくらにすればよいか．

解説 ②式に代入する．

$$N = \frac{1\,000 \times 180}{\pi \times 50} = 1\,150 \text{ rpm}$$

例えば，丸棒の端面を中心に向かって削り進むと，回転数は同じであるが，切削速度は小さくなることに注意を要する．

例題2 軟鋼を高速度工具鋼のバイトで形削りするとき，1分間当たりのバイトの往復回数を求めよ．ただし，切削速度 20 m/min，行程の長さ 500 mm，切削工具1往復に対する切削工程の時間比を 3/5 とする．

解説 ③式を変形して代入する．

$$n = \frac{1\,000\,av}{L} = \frac{1\,000 \times \frac{3}{5} \times 20}{500} = 24 \text{ 回/min}$$

例題3 φ25 mm のドリルで，鋳鉄に穴をあけたい．切削速度を 18 m/min にするためのドリルの回転数を求めよ．

解説 ②式に代入して求める．切削速度はドリルの外周のものである．

$$N = \frac{1\,000 \times 18}{\pi \times 25} = 299 \text{ rpm}$$

通常のボール盤は，無段変速ではないので，いくつかの段の中から計算値に近い回転数を選択する．

①円運動では，同じ回転数であっても，半径位置が大きいほど周速度は大きくなり，切削状態も厳しくなるので注意する．
②潤滑油は，工具と工作物および工具と切粉との摩擦を減らすと同時に，摩擦熱を外部に運び出す重要な役割を果たす．

6-3 鋳物砂の通気度

Point》》 鋳造するときに,高温の溶融金属が冷え固まる過程で発生する水蒸気やガスをうまく外部に逃がさないと,鋳物内部に入り込んで,良質な鋳物ができない.通常,生型では気ぬき針でガス抜き穴を設けて,水蒸気やガスを外に逃がすようにしている.健全な鋳物を経済的につくる方策を立案することを鋳造方案という.

重 要 な 公 式

1 鋳物砂の通気度 P

$$P = \frac{Vh}{pAt} \ [\text{cm/min}] \qquad ①$$

V：試験片を通過する空気量（通過空気量）〔ml〕
h：試験片の高さ〔cm〕
p：空気圧〔cmH_2O〕
A：試験片の断面積〔cm^2〕
t：V〔ml〕の空気が通過し排気する時間〔min〕

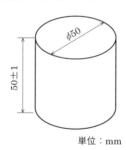

単位：mm

図1　試験片

表1　各種試験法

名　称	目　的	試験方法
通気度試験	ガス抜きの程度を調べる.	試験片に一定の圧力,一定量の空気を送って,通過に要した時間と圧力差から通気度を計算する.
成分試験	粘土の含有量を調べる.	乾燥した試料と水酸化ナトリウムをかくはん機で1時間混ぜて,液を出し,水で洗った後,砂を完全に乾燥させて重さをはかる.
粒度試験	粒度分布を調べる.	15分間,標準ふるい器でふるいの数だけふるい分けて,重量分布を求める.
強度試験	成形性,耐圧性を調べる.	試験片を圧縮していき,破壊したときの抗圧力を求める.

公式を使って例題を解いてみよう！

例題 1 通過空気量 2 000 ml で排気時間 15 分の鋳物砂の通気度はいくらか．ただし，圧力差は水柱で 10 mm，試験片の径は 50 mm，高さ 50 mm とする．

解 説 ①式より

$$A = \frac{3.14 \times 5^2}{4} = 19.6 \text{ cm}^2$$

$$P = \frac{Vh}{pAt} = \frac{2\,000 \times 5}{1 \times 19.6 \times 15} = 34.0 \text{ cm/min}$$

例題 2 鋳物砂の通気度試験において，通過空気量 2 000 cc に対して排気時間が 14 分であった．通気度はいくらになるか．ただし，圧力差は水柱で 10 mm，試験片の直径は 50 mm，高さ 49 mm とする．

解 説 ①式より

$$A = \frac{3.14 \times 5^2}{4} = 19.6 \text{ cm}^2$$

$$P = \frac{Vh}{pAt} = \frac{2\,000 \times 4.9}{1 \times 19.6 \times 14} = 35.7 \text{ cm/min}$$

① 鋳造とは，原型を使って鋳型をつくり，鋳物という製品をつくる加工方法である．

② 鋳物砂の成分は，産地や原料となる岩石により異なるが，けい酸分が多いほど良質である．

③ 鋳物砂は溶融金属に直接触れるので耐熱性が求められることはもちろん，成形性や強度なども同時に求められる．

④ 生型から発生する水蒸気やガスが鋳物の気泡（巣という）の原因になる場合には，シェルモールド鋳造法やインベストメント鋳造法が採用される．

6-4 鋳型に及ぼす湯の圧力

Point 原型によってつくられた鋳型は，空洞のある砂型である．良質の鋳物を作るためには，圧力を持った溶融金属（湯という）が鋳込まれて冷え固まるまで，鋳型はその強度を保たなければならない．

重要な公式

1 上型に及ぼす力

$$F_1 = \frac{\rho g H A_1}{1\,000} \;[\mathrm{N}] \quad ①$$

ρ：湯の密度 $[\mathrm{g/cm^3}]$

g：重力の加速度（$9.81\,\mathrm{m/s^2}$）

H：上下わく接合部から湯口までの高さ $[\mathrm{cm}]$

A_1：湯の上型への投影面積 $[\mathrm{cm^2}]$

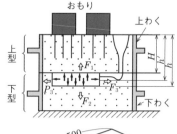

2 下型に及ぼす力

$$F_2 = \frac{\rho g h A_2}{1\,000} \;[\mathrm{N}] \quad ②$$

h：鋳型の底部から上わく上面までの高さ $[\mathrm{cm}]$

A_2：湯の下型への投影面積 $[\mathrm{cm^2}]$

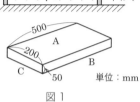

図1

3 側面に及ぼす力

$$F_3 = \frac{\rho g h' A_3}{1\,000} \;[\mathrm{N}] \quad ③$$

h'：側面の重心から上わく表面までの高さ $[\mathrm{cm}]$

A_3：側面積 $[\mathrm{cm^2}]$

4 中子に働く浮力

$$F_4 = \frac{(\rho - \rho')gV}{1\,000} \;[\mathrm{N}] \quad ④$$

ρ'：中子の密度 $[\mathrm{g/cm^3}]$

V：中子の体積 $[\mathrm{cm^3}]$

6-4 鋳型に及ぼす湯の圧力

公式を使って例題を解いてみよう！

例題1 図1のような板をA面が上になるようにして，鋳造によってつくりたい．湯口の高さ 100 mm，湯の密度 7.3 g/cm³ として，注湯のときに上型をもち上げる力はいくらか．

解説 $H = 100$ mm $= 10$ cm，$A_1 = 50 \times 20 = 1\,000$ cm² を，式①に代入する．

$$F_1 = \frac{7.3 \times 9.81 \times 10 \times 1\,000}{1\,000} = 716 \text{ N}$$

おもりを置くとすると，$(F_1 -$（上型の重さ））のものでよいが，通常は F_1 の3〜5割増しにする．

例題2 上の例でB面を上にして鋳込んだときの上型をもち上げる力を求めよ．

解説 $A_1 = 50 \times 5 = 250$ cm² になるので①式に代入する．

$$F_1 = \frac{7.3 \times 9.81 \times 10 \times 250}{1\,000} = 179 \text{ N}$$

例題3 密度 1.75 g/cm³ の材料で体積 800 cm³ の中子をつくって，鋳型の中に収めた．密度 8.9 g/cm³ の青銅を鋳込んだとき生じる中子の浮力を求めよ．

解説 ④式に代入する．

$$F_4 = \frac{(\rho - \rho')gV}{1\,000}$$

$$= \frac{(8.9 - 1.75) \times 9.81 \times 800}{1\,000} = 56.1 \text{ N}$$

①鋳造によれば，複雑な立体を比較的容易につくることができて，材料のむだも少ない．
②溶解したときの密度〔g/cm³〕は次のようである．低合金鋳鉄：6.8〜7.0，普通鋳鉄：6.5〜6.9，マグネシウム：1.58，銅：7.9，アルミニウム：2.35．
③常温における密度は付録10を参照．
④鋳鉄の鋳込み温度は 1 350〜1 450℃ とされている．

6-5 ブランクの大きさ

Point 金属の塑性を利用して，板材を曲げや絞り加工によって，所要の形状にするときには，前もって素形材から打ち出しておいたブランク（blank：外形抜きした板材）を加工する．塑性を利用した加工は，切削加工と比べて加工時間が短い利点がある．

重要な公式

1 板材のブランク

図1のようなものを板金加工でつくるとき，ブランクの長さ L は

$$L = A + B + 1.57(R + kt)\frac{\theta°}{90°} \quad ①$$

t：厚さ〔mm〕

k の値は図3の通り，$k = 0.2 \sim 0.5$ で R/t が大きいほど k も大きくなる．また，硬いものほど大きくなる．

簡便法では，端曲げ：$kt = \dfrac{t}{4}$，V 曲げ：$kt = \dfrac{t}{3}$ とする．

2 円筒形容器のブランク

図2のような円筒形容器のブランクは，直径 D の円板である．

（1）容器の底のかどが鋭いとき

$$D = \sqrt{d^2 + 4dh} \quad ②$$

（2）容器の底のかどが鋭くないとき

$$D = \sqrt{d^2 + 4dh - 1.72rd} \quad ③$$

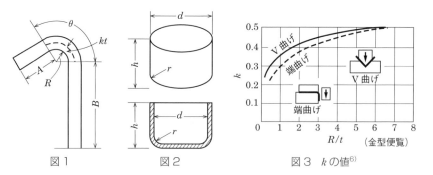

図1　　図2　　図3　k の値[6]

D：ブランク直径〔mm〕　　d：円筒容器直径〔mm〕
h：容器の高さ〔mm〕　　r：曲げ部の曲率半径〔mm〕

公式を使って例題を解いてみよう！

例題 1 図 4 のようなものをつくるときの，ブランクの長さを求めよ．ただし，$k=0.46$ とする．

解　説 ①式に，$A=26-(8+2)=16$，$B=40-(8+2)=30$，$R=8$，$t=2$，$\theta=90°$ を代入する．

$$L = 16 + 30 + 1.57 \times (8 + 0.46 \times 2) \times \frac{90°}{90°}$$

$$\fallingdotseq 60 \text{ mm}$$

すなわち，厚さ 2 mm，長さ 60 mm の板材を用意する．

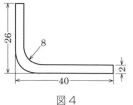

図 4

例題 2 例題 1 で $R=5$ mm としたときの，ブランクの長さを求めよ．

解　説 R/t は 2.5 になり，図 3 から $k=0.4$ になる．

①式より

$$L = 16 + 30 + 1.57 \times (5 + 0.40 \times 2) \times \frac{90°}{90°} \fallingdotseq 55 \text{ mm}$$

すなわち，厚さ 2 mm，長さ 55 mm の板材を用意する．例題 1 と比較すると，曲げ部の曲率半径が小さいほど，ブランクの長さは短くなることがわかる．

例題 3 直径 60 mm，高さ 130 mm の円筒容器をつくりたい．ブランクの直径を求めよ．

解　説 容器の底が鋭いものとして，②式に代入する．

$$D = \sqrt{60^2 + 4 \times 60 \times 130} = 187 \text{ mm}$$

すなわち，直径 187 mm の円板を用意する．

①スプリングバック：板などを曲げ加工した後，力を取り去ると変形が少しもどること．引張りながら曲げたり，曲げ部分を板厚方向に圧縮すると，もどる量を減らすことができる．

②カーリング：例えば，紙類をホッチキスでとじるとき，針の先を金型に押しつけて曲げるように，縁を丸めることである．

6-6 絞り加工

Point 平らな円板上のブランクから，ポンチとダイス（パンチとダイともいう）によって，底のついた容器状のものを成形することを絞り加工という．絞り加工によれば，切削加工ではできないような薄板の容器をつくることができるので，飲料缶などの製造法として広く用いられている．金型は高価なので，大量生産に適した加工法である．

重要な公式

1 絞り率

$$m = \frac{d}{D} \qquad ①$$

金属の限界絞り率は，およそ 0.5～0.6 くらいである．

D：ブランクの直径〔mm〕
d：製品の直径〔mm〕

表1　C_1 の値

絞り率 $m\left(=\dfrac{d}{D}\right)$	C_1
0.8	0.4
0.7	0.6
0.6	0.9
0.55	1.1

（初絞りに用いる）

2 絞り加工でポンチに加える力

$$F = \pi C_1 d t \sigma_a \text{〔N〕} \qquad ②$$

C_1：絞り率に関する係数
σ_a：素形材の引張り強さ〔MPa〕
t：板厚〔mm〕

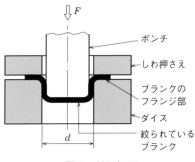

図1　絞り加工

図2　深絞り加工でできる耳

公式を使って例題を解いてみよう！

例題1 絞り加工で，直径 100 mm，板厚 1.2 mm のブランクから直径 70 mm の円筒容器をつくりたい．素形材の引張り強さを 400 MPa として，ポンチに加える力を求めよ．

解説 ②式に代入する．

$$F = \pi C_1 d t \sigma_a$$

ここで，$m = \dfrac{70}{100} = 0.7$ と表1より $C_1 = 0.6$ となる．

$F = 3.14 \times 0.6 \times 70 \times 1.2 \times 400 = 63.3 \text{ kN}$

しわ押さえがないと板の端には通常「耳」が4つできる．一方，しわ押さえを用いて，フランジ付きのものをつくろうとすると「しわ」ができる．

例題2 例題1で直径 55 mm の円筒容器をつくるとき，ポンチに加える力を求めよ．

解説 ②式に代入する．

$F = \pi C_1 d t \sigma_a$

ここで，$m = \dfrac{55}{100} = 0.55$ と表1より $C_1 = 1.1$ となる．

$F = 3.14 \times 1.1 \times 55 \times 1.2 \times 400 = 91.2 \text{ kN}$

絞り率が小さくなると，大きな力をポンチに加えなければならない．

- ブランクの直径 D に対して，板厚 t が小さいほどパンチ荷重は小さいが，加工は難しくなる．
- 絞り加工の際にブランクのフランジ部に働く円周方向の圧縮応力によって「しわ」ができる．「しわ」は，①しわ押さえ力の不足，②ダイスの肩部（刃先）の形状が鈍である，③加工油の粘度不足などにより発生しやすくなる．

図3 深絞り加工後のしわ

- 再絞り：1回で絞りきれない場合には，絞りを繰り返す．
  (a) 第1工程で $D \to d_1$ なら，絞り率は d_1/D で，通常 55〜60% である．
  (b) 第2工程で $d_1 \to d_2$ なら，絞り率は d_2/d_1 であり，しわ押さえがあるときには 75〜85%，しわ押さえがないときには 85〜90% である．
  (c) 第3工程以降も第2工程に準ずる．

表2 実用限界の絞り率

材料	深絞りの限界絞り率	再絞りの限界絞り率
深絞り鋼板	0.55〜0.60	0.75〜0.80
ステンレス	0.50〜0.55	0.80〜0.85
Cu	0.55〜0.60	0.88
黄銅	0.50〜0.55	0.85
亜鉛	0.65〜0.70	0.85〜0.90
Al	0.53〜0.60	0.80
ジュラルミン	0.55〜0.60	0.90

6-7 打抜き

Point 板材からポンチとダイス（パンチとダイともいう）を使って，製品を打ち抜いたり，穴をあけたりする加工方法であり，大量生産に適している．

重要な公式

1 打抜きに要する力

$$F = A\tau_f \ [\text{N}] \quad ①$$

A：せん断面積 [mm²]

※せん断切り口の外周長さと板厚の積である．

τ_f：せん断抵抗 [MPa]

※せん断抵抗は，材料の種類により異なり，通常は引張強さの80〜90%である．

2 ポンチに作用する圧縮応力

$$\sigma_C = \frac{F}{A_P} \ [\text{MPa}] \quad ②$$

A_P：ブランクに接するポンチの面積 [mm²]

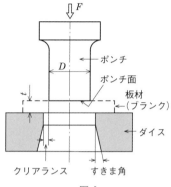

図1

3 クリアランス C

パンチとダイスには必ず適正なクリアランス（すき間）を設ける．軟鋼板の場合は板厚の6〜9%程度にする．

クリアランスを小さくすると，せん断面は良好であるが，せん断力が大きくなり，工具と材料の摩擦も増えて，工具の寿命が短くなる．

表1　各種のせん断抵抗とクリアランス

材料	せん断抵抗 [MPa]	クリアランス c/t [%]
軟鋼	320〜400	6〜9
硬鋼	550〜900	8〜12
ステンレス鋼	520〜560	7〜11
銅（軟質）	250〜300	6〜10
銅（硬質）	180〜220	6〜10
アルミニウム（硬質）	130〜180	6〜10
アルミニウム（軟質）	70〜110	5〜8

公式を使って例題を解いてみよう！

例題1 板厚2 mmの薄鋼板から直径100 mmの円形板を打ち抜くときのポンチ荷重とポンチに作用する圧縮応力を求めよ．ただし，鋼板のせん断抵抗を500 MPaとする．

解説 ①式に代入する．

$$F = \pi D t \times \tau_f = 3.14 \times 100 \times 2 \times 500$$
$$= 314\ 000 \text{ N} = 314 \text{ kN}$$

$$A_P = \frac{\pi D^2}{4} = \frac{3.14 \times (100)^2}{4} = 7\,850 \text{ mm}^2$$

②式より

$$\sigma_C = \frac{F}{A_P} = \frac{314\,000}{7\,850} = 40 \text{ MPa}$$

例題 2 板厚 3 mm のアルミニウム板に直径 10 mm の打抜き加工をしたい。アルミニウムのせん断抵抗を 130 MPa として、ポンチに加える荷重を求めよ。

解 説 ①式に代入する。

$$F = A\tau_f$$
$$= \pi D t \times \tau_f$$
$$= 3.14 \times 10 \times 3 \times 130 = 1\,224.6 \text{ N} = 12.2 \text{ kN}$$

例題 3 直径 120 mm のポンチを使って、クリアランスを 8% とって、板厚 5 mm の鋼板を打抜き加工をしたい。ダイスの直径を求めよ。

解 説 クリアランス $C = 5 \times 0.08 = 0.4$ mm が左右に必要である。

したがって、ダイスの径は $120 + 0.4 \times 2 = 120.8$ mm

このように、クリアランスは両側に必要なすきまである。

- 打ち抜いた製品のせん断面には、「だれ」や「バリ」がある。
- 打ち抜いた後に出る「くず（余り部分）」を最小限にするために、打ち抜く前に十分考慮して製品の配列とその間隔を決める必要があり、この作業のことを板取りという。
- 「バリ」の原因は、①ポンチ・ダイスの刃先や側面の磨耗、②クリアランスの過大・過小、③加工油の不適合や劣化などであるが、その対策を施してもバリを完全になくすことはできない。
- 「だれ」の原因は、①ポンチ・ダイスの刃先や側面の摩耗、②クリアランスの過大、③ブランクの押さえの不完全などである。

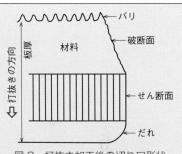

図 2 打抜き加工後の切り口形状

Note

Ⅲ編

流体工学・熱工学

7章 流体力学……194
8章 流体機械……206
9章 熱力学……218
10章 熱機関……230

7-1 水圧機の原理

Point 密閉容器中の流体の一部に圧力を加えると，流体のすべての部分に同じ大きさの圧力が伝わる．これを利用したものに水圧機や油圧機がある．

重要な公式

1 パスカルの原理

$$p = \frac{F_1}{A_1} = \frac{F_2}{A_2} \ [\mathrm{Pa}] \qquad ①$$

$$F_1 = pA_1 = F_2 \frac{A_1}{A_2} \ [\mathrm{N}] \qquad ②$$

$$A_1 h_1 = A_2 h_2 \qquad h_1 = \frac{A_2}{A_1} h_2 \ [\mathrm{m}] \qquad ③$$

p：流体内の圧力〔Pa〕
F_1, F_2：ピストン1，2を押す力〔N〕
A_1, A_2：断面積〔m²〕
h_1, h_2：ピストンの移動距離〔m〕

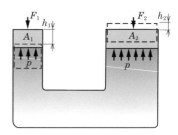

図1 水圧機の原理

公式を使って例題を解いてみよう！

例題1 水圧機の大きいほうのピストンの直径が 250 mm，小さいほうのピストンの直径が 25 mm であるとき，大きいほうのピストンで 15 kN の荷重をもち上げるには，小さいほうのピストンにどれだけの力を加えたらよいか．そのときの流体内の圧力も求めよ．また大きいほうのピストンを 10 mm 上げるのに，小さいほうのピストンをどれだけ押し下げたらよいか．

解説 小さいほうのピストンの直径を d_1，大きいほうのピストンの直径を d_2 とし，それぞれの断面積を A_1, A_2 とすると次のようになる．

$$A_1 = \frac{\pi}{4} d_1^2 \qquad A_2 = \frac{\pi}{4} d_2^2$$

これらの断面積の比は

$$\frac{A_1}{A_2} = \frac{\pi d_1^2 / 4}{\pi d_2^2 / 4} = \frac{d_1^2}{d_2^2} = \left(\frac{d_1}{d_2}\right)^2$$

この式に $d_1 = 25$ mm，$d_2 = 250$ mm を代入すると

$$\frac{A_1}{A_2} = \left(\frac{25}{250}\right)^2 = \frac{1}{100}$$

②式から小さいほうのピストンに加えられる力 F_1 は，大きいほうのピストン

に加わる力 $F_2=15$ kN より

$$F_1 = F_2 \frac{A_1}{A_2} = 15\,000 \times \frac{1}{100} = 150 \text{ N} = 0.15 \text{ kN}$$

流体内の圧力は，①式より

$$A_1 = \frac{\pi}{4} d_1^2 = \frac{3.14}{4} \times (0.025)^2 = 4.91 \times 10^{-4} \text{ m}^2$$

$$p = \frac{F_1}{A_1} = \frac{150}{4.91 \times 10^{-4}} = 305\,499.0 \text{ Pa} = 0.305 \text{ MPa}$$

小さいほうのピストンを押し下げる距離は，③式に $h_2=10$ mm を代入すると

$$h_1 = h_2 \frac{A_2}{A_1} = 10 \times 100 = 1\,000 \text{ mm} = 1 \text{ m}$$

例題2 水圧機において直径 40 mm の小径のラムに 0.8 kN の力を加えて，大径のラムに 20 kN の力を生じさせるには，その径をいくらにすればよいか．

解説 $F_1=0.8$ kN, $F_2=20$ kN, $d_1=40$ mm を②式に代入すると

$$F_1 = F_2 \frac{A_1}{A_2} = F_2 \left(\frac{d_1}{d_2}\right)^2$$

$$d_2 = \sqrt{\frac{F_2 \times d_1^2}{F_1}} = \sqrt{\frac{20 \times 10^3 \times 40^2}{0.8 \times 10^3}} = 200 \text{ mm}$$

国際単位系（SI）における圧力の単位は

　　　　パスカル　$1 \text{ Pa} = 1 \text{ N/m}^2$

である．

　従来用いられてきた単位として

　　　重量キログラム毎平方メートル　$1 \text{ kgf/m}^2 = 9.80665 \text{ kPa}$

　　　水銀柱メートル　$1 \text{ mmHg} = 133.322 \text{ kPa}$

などがある．

7-2 壁面に働く圧力

Point 任意の形をした平面板に加わる全圧力は，面の重心に作用する圧力が全面に均一に作用するとみなしたときの大きさに等しく，方向は板面に垂直である．水門などに働く力を求めることができる．

重 要 な 公 式

1 水面に対して垂直にある平板に作用する全圧力

$$F = \frac{1}{2}\rho gH \times BH = \frac{1}{2}\rho gBH^2 \ [\text{N}] \quad ①$$

F：全圧力〔N〕
B：幅〔m〕
H：液面から壁面の底までの距離〔m〕
ρ：液体の密度〔kg/m³〕
$\bar{z}$：液面から物体の重心(G)までの距離〔m〕
η：液面から圧力の中心(C)までの距離〔m〕

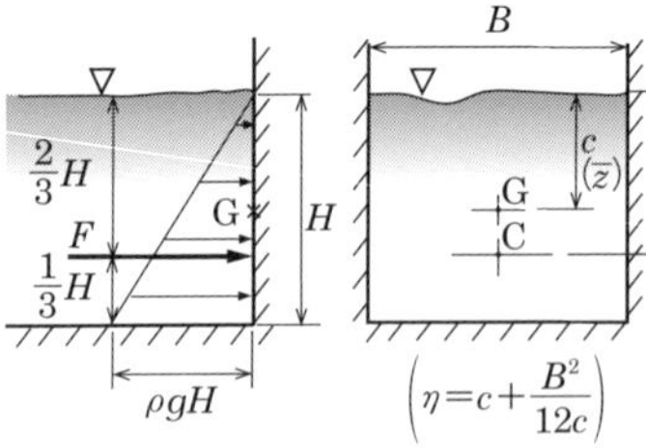

図1 壁面に及ぼす圧力

2 液体中に垂直に置かれた平板に作用する全圧力

$$F = \rho g\bar{z}A \ [\text{N}] \quad ②$$

A：物体の面積〔m²〕

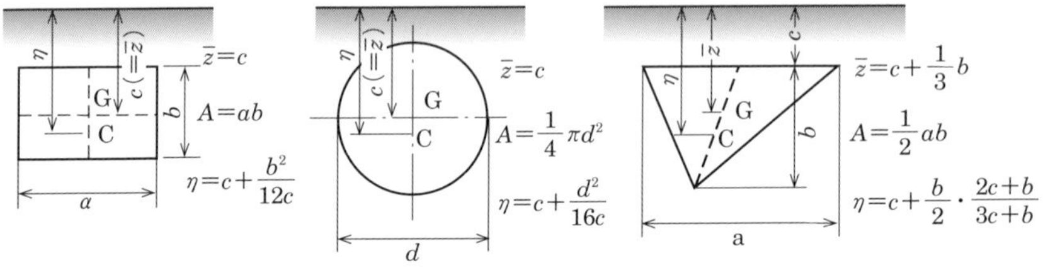

(a) 長方形板　　$\bar{z}=c$，$A=ab$，$\eta=c+\dfrac{b^2}{12c}$

(b) 円形板　　$\bar{z}=c$，$A=\dfrac{1}{4}\pi d^2$，$\eta=c+\dfrac{d^2}{16c}$

(c) 三角形板　　$\bar{z}=c+\dfrac{1}{3}b$，$A=\dfrac{1}{2}ab$，$\eta=c+\dfrac{b}{2}\cdot\dfrac{2c+b}{3c+b}$

図2 圧力の中心

公式を使って例題を解いてみよう！

例題 1 図1において，幅 4 m の平板を 3 m の深さまで密度 780 kg/m³ の油の中へ入れたとき，垂直な板に加わる全圧力と圧力の中心位置を求めよ．

解 説 全圧力は，①式から

$$F = \frac{1}{2}\rho gBH^2 = \frac{1}{2} \times 780 \times 9.81 \times 4 \times 3^2 = 137\,732.4 \ \text{N} \fallingdotseq 138 \ \text{kN}$$

圧力の中心は，図2（a）から $c=\dfrac{H}{2}$, $b=H$ とすると

$$\eta=\dfrac{H}{2}+\dfrac{H^2}{12\times\dfrac{H}{2}}=\dfrac{2}{3}H=\dfrac{2}{3}\times 3=2 \text{ m}$$

例題2 図3のように水面から深さ4mの水門に直径3mの円板でふたをした．円板に加わる全圧力と圧力の中心位置を求めよ．

解　説 ②式より全圧力は

$$F=\rho gcA=1\,000\times 9.81\times 4\times\dfrac{\pi}{4}\times 3^2$$

$$=277\,231 \text{ N} ≒ 277 \text{ kN}$$

圧力の中心位置は，図2（b）から

$$\eta=c+\dfrac{d^2}{16c}=4+\dfrac{3^2}{16\times 4}=4.14 \text{ m}$$

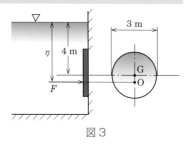

図3

例題3 図4のように幅3mの水路を垂直に扉で締め切った場合，上流側の水深4m，下流側の水深2mであった．このとき扉に作用する全圧力と圧力の中心を求めよ．

解　説 式①より F_1 と F_2 を求めると

$$F_1=\dfrac{1}{2}\times 1\,000\times 9.81\times 3\times 4^2=235\,440 \text{ N}$$

$$F_2=\dfrac{1}{2}\times 1\,000\times 9.81\times 3\times 2^2=58\,860 \text{ N}$$

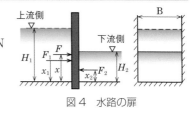

図4　水路の扉

F_1 と F_2 の合成全圧力 $F=F_1-F_2=176\,580 \text{ N}≒177 \text{ kN}$

モーメント $Fx=F_1x_1-F_2x_2$ と $x_1=\dfrac{1}{3}H_1$, $x_2=\dfrac{1}{3}H_2$ より

$$x=\dfrac{F_1\times\dfrac{H_1}{3}-F_2\times\dfrac{H_2}{3}}{F}=\dfrac{235\,440\times\dfrac{4}{3}-58\,860\times\dfrac{2}{3}}{176\,580}=1.56 \text{ m}$$

7-3 連続の法則とレイノルズ数

Point》 管路のどの断面でも流量は一定で，断面積の大きい所は流速が遅く，小さい所では流速が速くなる．レイノルズ数は流れの状態を表す数量である．

重要な公式

1 連続の法則

$Q = Av$ 〔m³/s〕　　　①

$q_m = \rho Q = \rho Av$ 〔kg/s〕　　　②

$q_m = \rho_1 A_1 v_1 = \rho_2 A_2 v_2 =$ 一定 〔kg/s〕　　　③

$Q = \dfrac{q_m}{\rho} = A_1 v_1 = A_2 v_2 =$ 一定 〔m³/s〕　　　④

Q：流量〔m³/s〕
A：断面積〔m²〕
v：平均流速〔m/s〕
q_m：質量流量〔kg/s〕
ρ：流体の密度〔kg/m³〕

2 レイノルズ数

$\mathrm{Re} = \dfrac{vd}{\nu}$　　　⑤

Re：レイノルズ数
v：平均流速〔m/s〕
d：管の内径〔m〕
ν：流体の動粘度（動粘性係数）〔m²/s〕$\left(\dfrac{\mu}{\rho}\right)$
μ：粘度（粘性係数）〔Pa·s〕

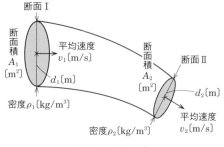

図1　連続の式

表1　水の粘性係数と動粘性係数（1 atm において）

温度〔℃〕	0	5	10	15	20	30	50
粘性係数〔Pa·s〕（×10⁻³）	1.792	1.519	1.307	1.138	1.002	0.797	0.547
動粘性係数〔m²/s〕（×10⁻⁶）	1.792	1.519	1.307	1.139	1.004	0.801	0.554

* 数値には（　）の中の値が掛けられる

表2　空気の粘性係数と動粘性係数（760 mmHg において）

温度〔℃〕	0	10	20	30	40
粘性係数〔Pa·s〕（×10⁻⁵）	1.724	1.774	1.824	1.872	1.92
動粘性係数〔m²/s〕（×10⁻⁵）	1.334	1.423	1.515	1.608	1.704

* 数値には（　）の中の値が掛けられる

7-3 連続の法則とレイノルズ数

公式を使って例題を解いてみよう！

例題 1 図1において，断面Ⅰ，Ⅱの直径をそれぞれ $d_1=400$ mm，$d_2=200$ mm とし，断面Ⅰを水が流速 1 m/s で通過するとき，断面Ⅱにおける流速を求めよ。また，流量と質量流量はいくらか。水の密度は $\rho=1\,000$ kg/m^3 とする。

解 説 断面Ⅱにおける流速は，④式に $d_1=0.4$ m，$d_2=0.2$ m，$v_1=1$ m/s を代入すると，$A=\dfrac{\pi}{4}d^2$ を使って

$$v_2=\frac{A_1}{A_2}v_1=\frac{\frac{\pi}{4}d_1^2}{\frac{\pi}{4}d_2^2}v_1=\left(\frac{d_1}{d_2}\right)^2 v_1=\left(\frac{0.4}{0.2}\right)^2\times 1=4.0 \text{ m/s}$$

流量 Q は，$Q=A_1 v_1=\dfrac{\pi}{4}d_1^2 v_1=\dfrac{\pi\times 0.4^2}{4}\times 1=0.126$ m^3/s となる。

また，質量流量 q_m は，$q_m=\rho Q=1\,000\times 0.126=126$ kg/s

例題 2 流速 4 m/s で毎秒 50 l の水を流すのに必要な管の内径を求めよ。

解 説 ①式を用いる。

$A=\dfrac{\pi}{4}d^2$ とおくと次のような式になる。

$$d=\sqrt{\frac{4Q}{\pi v}}$$

1 l の体積は 1/1 000 m^3 であるから，$Q=0.050$ m^3/s，$v=4$ m/s を代入すると

$$d=\sqrt{\frac{4\times 0.050}{\pi\times 4}}=0.126 \text{ m}=126 \text{ mm}$$

例題 3 10℃の水が内径 100 mm の管を 2 m/s で流れるときのレイノルズ数を求めよ。

解 説 表1より $\nu=1.307\times 10^{-6}$ m^2/s であるから，式⑤に $d=0.1$ m，$v=2$ m/s を代入すると

$$\text{Re}=\frac{vd}{\nu}=\frac{2\times 0.1}{1.307\times 10^{-6}}=1.53\times 10^5 \text{（乱流）}$$

レイノルズ数が 2 320 より小さいと流れは規則正しい層流の流れになり，2 320 より大きくなると流れが不規則になり乱流へと発展していくことが知られている。

7-4 ベルヌーイの定理とトリチェリの定理

Point》 ベルヌーイの定理は，圧力，運動，位置エネルギーの和が常に一定であることを示し，流体機械の流れを考えるときに使われる．トリチェリの定理は，流出口から液面までの高さで流出速度が決まること示している．

重要な公式

1 ベルヌーイの定理

$$\frac{p_1}{\rho g} + \frac{v_1^2}{2g} + z_1 = \frac{p_2}{\rho g} + \frac{v_2^2}{2g} + z_2 = H \ [\text{m}] \quad ①$$

$$\frac{p_1}{\rho} + \frac{v_1^2}{2} + gz_1 = \frac{p_2}{\rho} + \frac{v_2^2}{2} + gz_2 \ [\text{J/kg}] \quad ②$$

$z_1,\ z_2$：位置ヘッド（水頭）〔m〕

$\dfrac{p_1}{\rho g},\ \dfrac{p_2}{\rho g}$：圧力ヘッド（水頭）〔m〕

$\dfrac{v_1^2}{2g},\ \dfrac{v_2^2}{2g}$：速度ヘッド（水頭）〔m〕

H：全ヘッド（水頭）〔m〕
ρ：流体の密度〔kg/m³〕
g：重力加速度（=9.81）〔m/s²〕

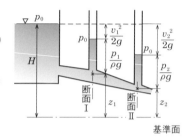

図1 ベルヌーイの定理

2 トリチェリの定理

$$v_2 = \sqrt{2gH} \ [\text{m/s}] \quad ③$$

v_2：流出速度〔m/s〕
H：液面までの距離〔m〕

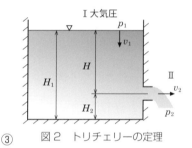

図2 トリチェリーの定理

公式を使って例題を解いてみよう！

例題1 図1において，基準面から2mの高さの断面Ⅰでは内径25 cmの管があり圧力200 kPaである．6 mの高さの断面Ⅱでは内径15 cmの管があり，圧力 p_2 であった．水の流量を300 l/sとして p_2 を求めよ．

解説》 1 000 l =1 m³ であるので，Q =300 l/s=0.3 m³/s となる．

断面ⅠとⅡの流速 v_1 と v_2 は

$$v_1 = \frac{Q}{A_1} = \frac{0.3}{\frac{\pi}{4} \times 0.25^2} = 6.11 \text{ m/s}$$

$$v_2 = \frac{Q}{A_2} = \frac{0.3}{\frac{\pi}{4} \times 0.15^2} = 17 \text{ m/s}$$

①式に $p_1 = 200 \times 10^3$ Pa, $z_1 = 2$ m, $z_2 = 6$ m, $v_1 = 6.11$ m/s, $v_2 = 17$ m/s, $\rho = 1\,000$ kg/m³, $g = 9.81$ m/s² を代入すると

$$2 + \frac{200 \times 10^3}{1\,000 \times 9.81} + \frac{6.11^2}{2 \times 9.81} = 6 + \frac{p_2}{1\,000 \times 9.81} + \frac{17^2}{2 \times 9.81}$$

これを計算すると $p_2 = 34\,926$ Pa ≒ 34.9 kPa となる.

例題 2 図3の水の流れる管路で断面Ⅰの内径を 40 mm, 平均流速を 4 m/s, 圧力を 300 kPa とし, 断面Ⅱの内径を 20 mm とするとき, 断面Ⅱの流速, 圧力水頭, 圧力を求めよ.

解説 連続の法則 $Q = A_1 v_1 = A_2 v_2$ より

$$v_2 = \frac{A_1}{A_2} v_1 = \frac{\frac{\pi}{4} d_1^2}{\frac{\pi}{4} d_2^2} v_1 = \left(\frac{d_1}{d_2}\right)^2 v_1$$

$$= \left(\frac{0.04}{0.02}\right)^2 \times 4 = 16 \text{ m/s}$$

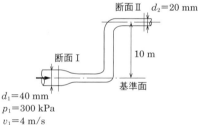

図3 管路

$d_1 = 40$ mm
$p_1 = 300$ kPa
$v_1 = 4$ m/s

次に, 基準面を図のように定めると, ①式より, $p_1 = 300 \times 10^3$ Pa, $v_1 = 4$ m/s, $z_1 = 0$ m, $v_2 = 16$ m/s, $z_2 = 10$ m, $\rho = 1\,000$ kg/m³, $g = 9.81$ m/s² を代入すると

$$\frac{300 \times 10^3}{1\,000 \times 9.81} + \frac{4^2}{2 \times 9.81} + 0 = \frac{p_2}{1\,000 \times 9.81} + \frac{16^2}{2 \times 9.81} + 10$$

圧力水頭 $\dfrac{p_2}{\rho g} = \dfrac{p_2}{1\,000 \times 9.81} ≒ 8.35$ m

圧力 $p_2 = 81\,914$ Pa ≒ 81.9 kPa

例題 3 図2に示す水槽に水を入れ, 水の深さ 4 m の所から流出する速度はいくらか.

解説 ③式に $H = 4$ m, $g = 9.81$ m/s² を代入すると水の流出速度は

$$v_2 = \sqrt{2gH} = \sqrt{2 \times 9.81 \times 4} = \sqrt{78.48} = 8.86 \text{ m/s}$$

7-5 管内流れの損失

Point》》 流れにおける損失には，流体と管壁の間に生じる管（くだ）摩擦からひきおこされるエネルギー損失と管路形状による流れの衝突や渦が発生することでひきおこされるエネルギー損失がある．管路系の流れの損失などを求めるときに使われる．

―― 重 要 な 公 式 ――

1 直管の損失

$$h = \lambda \frac{l}{d} \cdot \frac{v^2}{2g} \; [\mathrm{m}] \qquad ①$$

d：管径〔m〕
l：管の長さ〔m〕
v：管内の平均流速〔m/s〕
h：損失ヘッド（水頭）〔m〕
λ：摩擦係数

※円管内の流れが層流の場合，$\lambda = \dfrac{64}{\mathrm{Re}} = \dfrac{64\nu}{vd}$

乱流の場合，付録12のムーディ線図より求まる．
Re：レイノルズ数
　ν：動粘性係数

2 管の形状変化による損失

$$h = \zeta \frac{v^2}{2g} \; [\mathrm{m}] \qquad ②$$

h：損失ヘッド〔m〕
ζ：損失係数（付録13参照）

3 管路系の総損失

$$h_t = \left\{ \lambda \frac{l}{d} + \Sigma \zeta_n \right\} \frac{v^2}{2g} \; [\mathrm{m}] \qquad ③$$

h_t：全損失ヘッド〔m〕
Σ：複数の式をひとまとめにしている

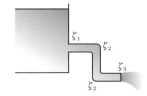

図1　管路系の損失

――― 公式を使って例題を解いてみよう！ ―――

例題1 内径20 cmの管路で水を流量 0.04 m³/s で流すとき，長さ100 mあたりの摩擦損失ヘッドを求めよ．また圧力に直すといくらか．ただし，$\lambda = 0.02$ とする．

解　説》 管内の流速は

$$v = \frac{4Q}{\pi d^2} = \frac{4 \times 0.04}{\pi \times 0.2^2} = 1.27 \text{ m/s}$$

摩擦損失ヘッド h は，①式より

$$h = \lambda \frac{l}{d} \cdot \frac{v^2}{2g} = 0.02 \times \frac{100}{0.2} \cdot \frac{1.27^2}{2 \times 9.81} = 0.822 \text{ m}$$

圧力単位に直すと $\Delta p = \rho g h = 1\,000 \times 9.81 \times 0.822 = 8\,064$ Pa $\fallingdotseq 8.06$ kPa

例題 2 ある管路において，内径が 30 cm から 50 cm に急に変化している．この管路を毎秒 300 l の水が流れる場合の損失ヘッドを求めよ．

解　説》 細い管路の流速 v と損失係数 ζ（付録 13）は

$$v = \frac{Q}{A_1} = \frac{4Q}{\pi d_1^2} = \frac{4 \times 0.3}{3.14 \times 0.3^2} = 4.25 \text{ m/s}$$

$$\zeta = \left\{1 - \left(\frac{A_1}{A_2}\right)^2\right\}^2 = \left\{1 - \left(\frac{d_1}{d_2}\right)^2\right\}^2 = \left\{1 - \left(\frac{0.3}{0.5}\right)^2\right\}^2 = 0.410$$

②式より，損失ヘッドは

$$h = \zeta \frac{v^2}{2g} = 0.410 \times \frac{4.25^2}{2 \times 9.81} = 0.377 \text{ m}$$

例題 3 10℃ の水が，平均流速 2 m/s で内径 15 cm の鋳鉄管を流れるとき，長さ 600 m 間の損失ヘッドを求めよ．管内壁の粗さは，0.26 mm である．

解　説》 10℃ の水の動粘性係数は，7-3 節の表 1 より $\nu = 1.307 \times 10^{-6}$ m^2/s である．

$$\text{Re} = \frac{vd}{\nu} = \frac{2 \times 15 \times 10^{-2}}{1.307 \times 10^{-6}} = 2.30 \times 10^5 \text{（乱流）}$$

さらに，管壁の粗度 $\frac{e}{d} = \frac{0.26}{150} = 0.00173$ であるから，付録 12 のムーディ線図より $\lambda = 0.024$ となる．損失ヘッドは

$$h = \lambda \frac{l}{d} \cdot \frac{v^2}{2g} = 0.024 \times \frac{600}{15 \times 10^{-2}} \times \frac{2^2}{2 \times 9.81} = 19.6 \text{ m}$$

> ムーディ線図（付録 12）にあるように λ の値は，管壁の粗さ，材料の種類，レイノルズ数によって異なり，いろいろな実験式が発表されている．条件に応じた式を使う必要がある．配管に使われる鉄管では，実用上 $\lambda = 0.03$ を用いている．

7-6 噴流が物体に及ぼす力

Point》》 流体が連続して板に衝突すると，板は連続的に力を受ける．この力を利用して水車や風車，タービンなどの羽根車が動く．

重　要　な　公　式

1 静止平板に働く力

$F = \rho Q v \sin\theta$ 〔N〕　　　①

F：板に働く力〔N〕
Q：流量〔m³/s〕
ρ：流体の密度〔kg/m³〕
v：噴流の速度〔m/s〕
θ：平板に対して噴流がなす角度

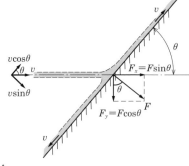

図1　平板に当たる噴流

2 曲面板に働く力

（1）噴流が静止している曲面板に当たる場合

$F_x = \rho Q v (1 - \cos\theta)$ 〔N〕　　　②

$F_y = -\rho Q v \sin\theta$ 〔N〕　　　③

F_x：曲面板に働く力の x 方向成分〔N〕
F_y：曲面板に働く力の y 方向成分〔N〕

（2）噴流が動く曲面板に当たる場合

●複数曲面板

$F_x = \rho Q (v - u)(1 - \cos\theta)$ 〔N〕

$F_y = -\rho Q (v - u) \sin\theta$ 〔N〕　　　④

●単独曲面板

$F_x = \rho \dfrac{Q}{v}(v - u)^2 (1 - \cos\theta)$ 〔N〕

$F_y = -\rho \dfrac{Q}{v}(v - u)^2 \sin\theta$ 〔N〕　　　⑤

u：曲面板の移動速度〔m/s〕

（1），（2）における合力は，次の式で求まる．

$F = \sqrt{F_x^2 + F_y^2}$ 〔N〕　　　⑥

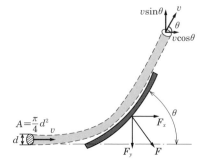

図2　曲面板に当たる噴流

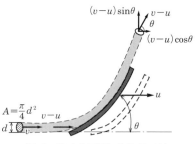

図3　動く曲面板に当たる噴流

公式を使って例題を解いてみよう！

例題 1 噴流の直径が 4 cm で，毎秒 40 l の水を平面板に直角に当てたとき板に及ぼす力を求めよ．ただし，密度は 1 000 kg/m³ とする．

解説 $d=0.04$ m, $Q=40\ l/s=0.04$ m³/s より

$$A = \frac{\pi}{4}d^2 = \frac{\pi}{4} \times 0.04^2 = 0.00126 \text{ m}^2$$

$$v = \frac{Q}{A} = \frac{0.04}{0.00126} = 31.7 \text{ m/s}$$

①式に，これらと $\rho=1\,000$ kg/m³, $\theta=90°$ を代入すると

$F=1\,000\times 0.04\times 31.7\times 1=1\,268$ N ≒ 1.27 kN

例題 2 噴流の直径 50 mm，速度 30 m/s の水を静止した曲面板に当てたとき，板が受ける力 F を求めよ．ただし，噴流が曲面板を流し去る角 $\theta=120°$ とする．

解説 ②式と③式に $Q=\pi/4\times 0.05^2\times 30=0.0589$ m³/s, $v=30$ m/s, $\cos 120°=-0.5$, $\sin 120°=0.866$ を代入すると

$F_x=1\,000\times 0.0589\times 30\times(1+0.5)=2\,651$ N

$F_y=-1\,000\times 0.0589\times 30\times 0.866=-1\,530$ N

板が受ける合力 F は，⑥式より

$F=\sqrt{2\,651^2+(-1\,530)^2}=3\,061$ N ≒ 3.06 kN

例題 3 図 4 のように径 40 mm，速度 24 m/s の噴流がそれと同方向に速度 18 m/s で進む水受けに衝突し，逆方向に流出する．噴流の水受けに及ぼす力はいくらか．

解説 ⑤式に

$$Q = \frac{\pi}{4}\times 0.04^2 \times 24 = 0.0301 \text{ m}^3/\text{s},$$

$v=24$ m/s, $u=18$ m/s,

$\cos 180°=-1$, $\sin 180°=0$,

を代入すると

$F=F_x$

$=1\,000\times \dfrac{0.0301}{24}\times(24-18)^2\times 2$

$=90.3$ N

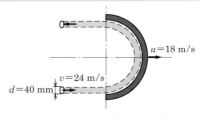

図 4　水受けに衝突する噴流

8-1 水車の特性

Point 水は高いところにあるだけで，エネルギーをもっている．水車は，水がもっているエネルギーを有効な機械的エネルギーに変えるものである．水車は，衝動水車と，反動水車に大別される．水車の効率は，水のもっているエネルギーをどれだけ有効な機械的エネルギーに変えるかということである．比速度は落差1mのとき1kWの動力を発生するための回転数であり，水車の特性比較の尺度である．

重要な公式

1 動力（P）と効率（η）

$$P = \frac{\rho g Q H}{1\,000} \text{〔kW〕} \qquad ①$$

$$P_e = P\eta = \frac{\rho g Q H}{1\,000}\eta \text{〔kW〕} \qquad ②$$

$$P_e' = P\eta\eta' = \frac{\rho g Q H}{1\,000}\eta\eta' \text{〔kW〕} \qquad ③$$

P：理論動力〔kW〕
P_e：有効動力（発生する動力）〔kW〕
P_e'：発電機の有効動力（実際に利用できる動力）〔kW〕
η：水車の効率（<1）
η'：発電機の効率（<1）
ρ：水の密度〔kg/m³〕
g：9.81〔m/s²〕
Q：流量〔m³/s〕
H：有効落差〔m〕

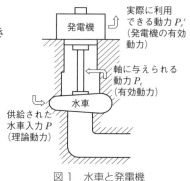

図1 水車と発電機

2 比速度

$$n_s = n\frac{P^{1/2}}{H^{5/4}} = \frac{n\sqrt{P}}{H^{5/4}} \text{〔m〕, 〔kW〕, 〔rpm〕} \qquad ④$$

n：水車の回転数〔rpm〕

公式を使って例題を解いてみよう！

例題1 水車への入力が3 000 kW，水車の効率が86%，発電機の効率が92%であるとき，水車の出力P_e〔kW〕，発電機の出力P_e'〔kW〕を求めよ．

解説 ②，③式より

$$P_e = P \times \eta = 3\,000 \times 0.86 = 2\,580 \text{ kW}$$
$$P_e' = P \times \eta \times \eta' = 3\,000 \times 0.86 \times 0.92 = 2\,370 \text{ kW}$$

例題 2 有効落差が 280 m, 流量が 10 m³/s の水車が発生する有効動力はいくらか. ただし, 水車の効率を 90%, 水の密度を 1 000 kg/m³ とする.

解説 ②式に代入する.

$$P_e = \frac{1\,000 \times 9.81 \times 10 \times 280}{1\,000} \times 0.9 = 24\,700 \text{ kW} = 24.7 \text{ MW}$$

例題 3 有効落差が 60 m, 流量が 20 m³/s で, 水車の有効動力が 10 200 kW の水車の効率を求めよ.

解説 ②式より

$$\eta = \frac{P_e}{P} = P_e \times \frac{1\,000}{\rho g Q H} = 10\,200 \times \frac{1\,000}{1\,000 \times 9.81 \times 20 \times 60} = 0.866$$

水車の効率は 86.6% になる.

例題 4 有効落差 12 m の水車の回転数が 200 rpm で出力 110 kW であるとき, この水車の比速度を求めよ.

解説 $n = 200$ rpm, $P = 110$ kW, $H = 12$ m を④式に代入する.

$$n_s = \frac{200\sqrt{110}}{12^{5/4}} = \frac{200 \times 10.5}{22.33} = 94.0 \text{ m}（もしくは kW, rpm）$$

8-3 節の表 1 によれば, この水車はフランシス水車であることがわかる.

①衝動力を利用する衝動水車には, ペルトン水車があり, 反動力を利用する反動水車にはフランシス水車やプロペラ水車がある.
②n_s が大きいほど, ランナの半径方向の寸法は小さくなる. 水車設備を小形化したければ, n_s の大きいものを選択する. ただし, 羽根車内の流速は大きくなるので, キャビテーションが発生しやすい (8-4 節図 2 を参照).
③ポンプ水車は, 夜間に余る原子力発電所や火力発電所の電力を使って水車を逆回転させて, ポンプとして揚水する.

8-2 ペルトン水車

Point ペルトン水車は，噴流のもつ衝動力によって動力を得ようとするもので，高落差，低流量のときに採用される．水車の出力や回転数の調節は，ノズル部分における流路断面積を変えることによって行われる．

重要な公式

1 噴流の速度（v_0）とノズルの効率（η_n）

$$v_0 = C_v\sqrt{2gH} \quad [\text{m/s}] \qquad ①$$

$$\eta_n = \frac{v_0{}^2}{2gH}$$

$$= C_v^2 \quad (=0.90 \sim 0.96) \qquad ②$$

C_v：速度係数（0.95～0.98）

H：有効落差〔m〕

2 羽根車が発生する動力

$$P = \rho Q u(v_0-u)(1+\cos\beta) \quad [\text{Nm/s}],\ [\text{J/s}],\ [\text{W}] \qquad ③$$

周速度 $u=\dfrac{v_0}{2}$ のとき

$$P = \rho Q \frac{v_0{}^2}{4}(1+\cos\beta) \quad [\text{Nm/s}],\ [\text{J/s}],\ [\text{W}] \qquad ④$$

ρ：水の密度〔kg/m³〕（1 000 kg/m³）

Q：流量〔m³/s〕

u：バケットの周速度〔m/s〕

β：バケットから出る水の流出角度（図2）

3 最大効率を与える実際の周速度（u）と羽根車のピッチ円直径（D）

$$u = (0.44 \sim 0.48)v_0 = k\sqrt{2gH} \quad [\text{m/s}] \qquad ⑤$$

$$D = 84.6k\frac{\sqrt{H}}{N} \quad [\text{m}] \qquad ⑥$$

k：係数（0.42～0.47）

N：回転数〔rpm〕

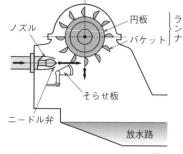

図1 ペルトン水車の構造[7]

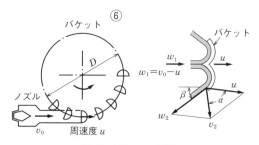

図2 バケットと噴流

公式を使って例題を解いてみよう！

例題 1 ノズルからの噴出速度 40 m/s，流量 0.2 m³/s のペルトン水車でバケット出口角 $\beta=10°$ のとき，最大動力とそのときの有効落差を求めよ．ただし，損失はないものとする．

解説 ④式に $\cos\beta=\cos 10°$，$Q=0.2\ \text{m}^3/\text{s}$，$v_0=40\ \text{m/s}$ を代入する．

$$P=1\,000\times 0.2\times\frac{40^2}{4}(1+\cos 10°)=159\,000\ \text{Nm/s}=159\ \text{kW}$$

有効落差は，損失がないので $C_v=1$ として，①式より

$$H=\frac{v_0^2}{2g}=\frac{40^2}{2\times 9.81}=81.5\ \text{m}$$

例題 2 回転数 $N=240$ rpm，流量 $Q=2.2\ \text{m}^3/\text{s}$，有効落差 $H=250$ m のとき 4 500 kW の出力を発生するペルトン水車のピッチ円直径 D，噴流の直径 d，水車の効率 η を求めよ．ただし，$C_v=0.97$，$k=0.46$ とする．

解説 ⑥式より

$$D=84.6k\frac{\sqrt{H}}{N}=84.6\times 0.46\times\frac{\sqrt{250}}{240}=2.56\ \text{m}$$

①式から噴流の速度，噴流の直径を求める．

$$v_0=C_v\sqrt{2gH}=0.97\times\sqrt{2\times 9.81\times 250}=67.9\ \text{m/s}$$

$$d=\sqrt{\frac{4Q}{\pi v_0}}=\sqrt{\frac{4\times 2.2}{\pi\times 67.9}}=0.203\ \text{m}$$

8-1 節②式より

$$\eta=\frac{P_e}{\rho gQH/1\,000}=\frac{P_e}{gQH}=\frac{4\,500}{9.81\times 2.2\times 250}=0.834\quad\rightarrow\quad 83.4\ \%$$

① ペルトン水車は，高落差，低流量のときに効率が良くなる水車である．
② 羽根車，ニードルおよびバケットなどの交換が容易である．
③ 1 つのランナについて，ノズルを 6 つまで増やすことができる．

8-3 フランシス水車

Point》 フランシス水車は，主に水の圧力を利用する代表的な反動水車である．水は，かたつむり形の渦形室を中心に向かって流れながら，発電機に直結した羽根車を回転させて発電する．落差と流量の適用範囲が広く効率も良いので，最も多く採用されている．

重要な公式

1 羽根車に及ぼす動力

$$P = \rho Q(u_1 v_1 \cos \alpha_1 - u_2 v_2 \cos \alpha_2) \ [\mathrm{N \cdot m/s}],\ [\mathrm{W}] \quad ①$$

$$P_{\max} = \rho Q u_1 v_1 \cos \alpha_1 \ [\mathrm{N \cdot m/s}],\ [\mathrm{W}] \quad ②$$

P：動力

$P_{\max}$：最大動力 ($\alpha_2 = 90°$)

2 水力効率

$$\eta = \frac{u_1 v_1 \cos \alpha_1}{gH} \ (\alpha_2 = 90°) \quad ③$$

H：有効落差〔m〕

$v_1,\ v_2$：入口，出口の水の速度〔m/s〕

$u_1,\ u_2$：入口，出口の羽根車の周速度〔m/s〕

$\alpha_1,\ \alpha_2$：流入角，流出角

ρ：水の密度〔kg/m³〕

Q：流量〔m³/s〕

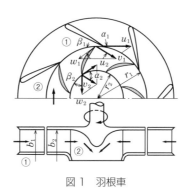

図1　羽根車

公式を使って例題を解いてみよう！

例題 1 フランシス水車の羽根車に，流量 10 m³/s の水が，羽根車の入口から流入角 30° で，速度 30 m/s で流入するときの最大動力を求めよ．ただし，羽根車の周速度は 33 m/s であるとする．

解 説 ②式に $\cos \alpha_1 = \cos 30° = 0.866$, $Q = 10$ m³/s, $u_1 = 33$ m/s, $v_1 = 30$ m/s を代入する．

$$P_{max} = 1\,000 \times 10 \times 33 \times 30 \times 0.866 = 8\,570 \text{ kN·m/s} = 8\,570 \text{ kW}$$

例題 2 フランシス水車において羽根車のピッチ円直径 $D_1 = 1\,250$ mm，有効落差 $H = 150$ m，流量 $Q = 5.5$ m³/s，回転数 $n = 400$ rpm，流入角 $\alpha_1 = 20°$，流出角 $\alpha_2 = 90°$，羽根車の入口面積 $A_1 = 0.11$ m² のとき，水が羽根車に及ぼす動力と水力効率を求めよ．

解 説 水の絶対流入速度は

$$v_1 = \frac{Q}{A_1} = \frac{5.5}{0.11} = 50 \text{ m/s}, \quad u_1 = \frac{\pi D_1 n}{60} = \frac{\pi \times 1.25 \times 400}{60} = 26.2 \text{ m/s}$$

$\alpha_2 = 90°$ であるから，②，③式より

最大動力　$P_{max} = 1\,000 \times 5.5 \times 26.2 \times 50 \times \cos 20° = 6\,770$ kN·m/s $= 6\,770$ kW

水力効率　$\eta = \dfrac{26.2 \times 50 \times \cos 20°}{9.81 \times 150} = 0.837 \rightarrow 83.7 \%$

① フランシス水車は，構造が簡単で効率が良いので，広く使われている．国内の水車の約 80% がフランシス水車である．
② 案内羽根によって流量を調節する．
③ 中流量以上では立軸形を採用する．
④ 羽根車から放水面までは 7 m 程度にする．これ以上だとキャビテーションが発生しやすくなる．
⑤ 羽根車に沿って流れる水の方向は渦巻ポンプと逆になる．

表 1　水車の比較

水車の種類	有効落差〔m〕	比速度	羽根またはバケットの枚数	効率〔%〕
ペルトン水車	50～2 000	8～30	16～30	86～91
フランシス水車	30～700	50～350	13～17	84～94
プロペラ水車 カプラン水車	10～80	200～900	4～10	85～93

8-4 ポンプの出力と効率

Point》 ポンプは，モータやエンジンなどから，液体に機械的エネルギーを与えて，液体の圧力エネルギーを高めて送り出すものである．羽根車や翼を回転させるターボポンプ，高圧用の歯車ポンプやピストンポンプなどがある．必要な揚程，流量からポンプの形式を選択して，運転に必要な出力を発生する原動機を取り付ける．

重要な公式

1 揚程

$$H = H_a + \frac{p'' - p'}{\rho g} + h = \frac{p_d - p_s}{\rho g} + \frac{v_d^2 - v_s^2}{2g} + y \ [\mathrm{m}] \quad ①$$

- H_a：実揚程〔m〕（$H_d + H_s$）
- H_d：吐出し実揚程〔m〕
- H_s：吸込み実揚程〔m〕
- p'：吸込み液面に作用する圧力〔Pa〕
- p''：吐出し液面に作用する圧力〔Pa〕
- h：管路の総損失〔m〕
- p_d：ポンプ出口の圧力〔Pa〕
- p_s：ポンプ入口の圧力〔Pa〕
- v_d：ポンプ出口の平均流速〔m/s〕
- v_s：ポンプ入口の平均流速〔m/s〕
- y：圧力計間の距離〔m〕

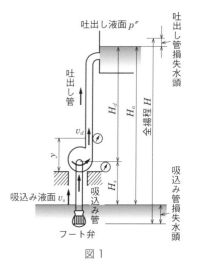

図1

2 水動力

$$P_0 = \frac{\rho g Q H}{1\,000} \ [\mathrm{kW}] \quad ②$$

- ρ：液の密度〔kg/m³〕
- g：9.81〔m/s²〕
- Q：流量〔m³/s〕
- H：全揚程〔m〕

3 軸動力

$$P = \frac{P_0}{\eta} \ [\mathrm{kW}] \quad (\eta = 65 \sim 85\,\%) \quad ③$$

4 ポンプ効率 η

$$\eta = \eta_v \eta_h \eta_m \quad ④$$

- η_v：体積効率（93〜96%）
- η_h：水力効率（70〜92%）
- η_m：機械効率（85〜95%）

図2 羽根車の形状と比速度

公式を使って例題を解いてみよう！

例題1 全揚程が 27 m，吐出し水量 6 m³/min のポンプで揚水する．軸動力を 33 kW として，このポンプの効率を求めよ．

解説 $\rho = 1\,000$ kg/m³，$g = 9.81$ m/s²，$H = 27$ m，$Q = 6/60 = 0.1$ m³/s と②式，③式より

$$P_0 = \frac{\rho g Q H}{1\,000} = \frac{1\,000 \times 9.81 \times 0.1 \times 27}{1\,000} = 26.5 \text{ kW}$$

$$\eta = \left(\frac{P_0}{P}\right) \times 100 = \left(\frac{26.5}{33}\right) \times 100 = 80.3 \text{ \%}$$

例題2 全揚程 24 m，吐出し水量 0.56 m³/min，効率 65 % の渦巻ポンプを運転するために必要な軸動力は何 kW か．ただし，水の温度は 20℃ であるとする．

解説 ②，③式に数値を代入する．

ただし，20℃ の水の密度は 998 kg/m³ であるとする．

$$P = \frac{\rho g Q H}{1\,000 \eta} = \frac{998 \times 9.81 \times 0.56 \times 24}{1\,000 \times 60 \times 0.65} = 3.37 \text{ kW}$$

① 横軸のポンプでは，比速度 n_s が大きいほど，ポンプ本体寸法の高さは小さくなり，液の流れは軸方向に近づいて，横方向に流れる．例えば，$n_s > 1\,200$ では，軸流ポンプになる．

② n_s が小さいものは，ポンプ本体寸法は高く，高揚程形・低流量のポンプである．

③ 管路の損失は，管の長さ，曲管や弁の数の増加，腐食などによる流路断面積の減少などによって増大する．

8-5 渦巻ポンプ

Point 遠心ポンプ（ターボポンプ）のうち，案内羽根をもたないものを渦巻ポンプ（ボリュートポンプ）という．渦巻形のケーシング内を液体が流れることで，運動エネルギーが圧力エネルギーに変換される．渦巻ポンプの揚程範囲は広く，水以外の液体の輸送にも使われる．案内羽根をもつディフューザポンプ（タービンポンプ）は，高揚程用として使われる．

重 要 な 公 式

1 理論揚程

$$H_{th} = \frac{1}{g}(u_2 v_2 \cos\alpha_2 - u_1 v_1 \cos\alpha_1) \text{ [m]} \quad ①$$

$$H_{max} = \frac{1}{g} u_2 v_2 \cos\alpha_2$$

$$= \frac{1}{g} u_2(u_2 - w_2 \cos\beta_2) \quad ②$$

（$\alpha_1 = 90°$ のとき H_{th} は最大）

α_1, α_2：v_1, u_1 と v_2, u_2 のなす角
β_2：流出角
u_1, u_2：羽根車の入口および出口の周速度〔m/s〕
v_1, v_2：水の流入，流出速度（絶対速度）〔m/s〕
w_1, w_2：入口，出口における水と羽根車との相対速度〔m/s〕

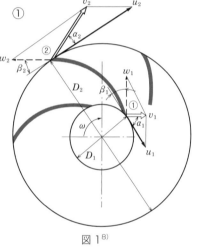

図 1[8]

2 比速度（比較回転数）

$$n_s = n\frac{Q^{1/2}}{H^{3/4}} = \frac{n\sqrt{Q}}{H^{3/4}} \text{ [m], [m}^3\text{/min], [rpm]} \quad ③$$

n：回転数〔rpm〕
Q：揚水量〔m³/min〕
H：揚程〔m〕

8-5 渦巻ポンプ

公式を使って例題を解いてみよう！

例題 1 ポンプの羽根車出口の直径を 380 mm，回転数を 1 700 rpm，$\alpha_1=90°$，$\beta_2=25°$，$w_2=12$ m/s とすると，理論揚程はいくらか．

解説 1 分間当たりの羽根車出口における移動距離が出口の周速度 u_2 になるので

$$u_2 = \frac{\pi D_2 n}{60} = \frac{\pi \times 0.38 \times 1\,700}{60} = 33.8 \text{ m/s}$$

$\cos \beta_2 = \cos 25° = 0.906$，$w_2 = 12$ m/s を②式に代入する．

$$H_{\max} = \frac{1}{9.81} \times 33.8 \times (33.8 - 12 \times 0.906) = 79.0 \text{ m}$$

例題 2 例題 1 で水の流出速度 v_2 を求めよ．

解説 図 1 から

$$v_2^2 = (w_2 \sin \beta_2)^2 + (u_2 - w_2 \cos \beta_2)^2$$
$$v_2 = \sqrt{(w_2 \sin \beta_2)^2 + (u_2 - w_2 \cos \beta_2)^2}$$

数値を代入して計算する．

$$v_2 = \sqrt{(12 \times \sin 25°)^2 + (33.8 - 12 \times \cos 25°)^2} = 23.5 \text{ m/s}$$

例題 3 揚程 10 m，揚水量 14 m³/min，回転数 600 rpm の渦巻ポンプの比速度 n_s を求めよ．

解説 ③式に $n=600$ rpm，$Q=14$ m³/min，$H=10$ m を代入する．

$$n_s = \frac{600\sqrt{14}}{\sqrt[4]{10^3}} = \frac{600 \times 3.74}{5.62} \fallingdotseq 400 \text{ (m)，(m}^3\text{/min)，(rpm)}$$

8-4 節の図 2 より渦巻ポンプのうちで，小形のものであることがわかる．

---

①渦巻ポンプを運転するとスラスト力が発生するので，両吸込み形にするなどして，スラスト力を相殺するなどの対策が必要である．
②ポンプ内の流路面積を大きくしていくことで，ディフューザ効果によって圧力が増す．
③水車の案内羽根が整流・流量調節の役割をもつことに対して，ポンプの案内羽根は，流速を減じて，圧力上昇させる役割をもつ．
④n_s が同じであれば同じ特性をもつので，実物と相似関係にある模型を使って性能実験をすることができる．

8-6 油圧ピストン

Point 油圧を使えばホース1本で，遠方まで動力を伝達することができる．油圧ピストンは，代表的なアクチュエータであり，作動油のもつ圧力エネルギーを機械的仕事に変換する部分である．油圧ピストンは建設機械などの大動力を必要とするときはもちろん，さまざまな機械制御に使われる．作動油はポンプ内では高速で動き，大きな推力を発生する油圧ピストン部分では低速で動く．

重要な公式

1 理論推力（F）

$$F_1 = A_1 p_1 - A_2 p_2 = \frac{\pi}{4}\{D^2 p_1 - (D^2 - d^2) p_2\} \ [\mathrm{N}] \quad ①$$

$$F_2 = A_2 p_2 - A_1 p_1 = \frac{\pi}{4}\{(D^2 - d^2) p_2 - D^2 p_1\} \ [\mathrm{N}] \quad ②$$

F_1：前進方向（往き行程，ロッドを押し出す方向）のシリンダの推力〔N〕
F_2：後進方向（戻り行程）のシリンダの推力〔N〕
A_1：ピストンヘッド側の受圧面積〔m²〕
A_2：ピストンロッド側の受圧面積〔m²〕
p_1：ヘッド側の圧力〔Pa〕
p_2：ロッド側の圧力〔Pa〕
D：ピストンの径（シリンダ内径）〔m〕
d：ロッドの径〔m〕

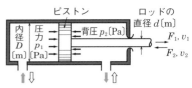

図1　複動アクチュエータ

2 実際の推力（F'）

$$F_1' = \lambda(A_1 p_1 - A_2 p_2) = \lambda \frac{\pi}{4}\{D^2 p_1 - (D^2 - d^2) p_2\} \ [\mathrm{N}] \quad ③$$

$$F_2' = \lambda(A_2 p_2 - A_1 p_1) = \lambda \frac{\pi}{4}\{(D^2 - d^2) p_2 - D^2 p_1\} \ [\mathrm{N}] \quad ④$$

λ：荷重圧力係数（摩擦抵抗などによって決まり，通常は0.97程度とする）

3 移動速度（v）

$$v_1 = \lambda \frac{Q_1}{A_1} \ [\mathrm{m/s}] \quad ⑤$$

$$v_2 = \lambda \frac{Q_2}{A_2} \ [\mathrm{m/s}] \quad ⑥$$

v_1：前進の移動速度〔m/s〕
v_2：後進の移動速度〔m/s〕

Q_1：ピストンヘッド側の作動油の流量〔m³/s〕

Q_2：ピストンロッド側の作動油の流量〔m³/s〕

4 ピストンの出力

$$P = F'v \text{ 〔W〕} \qquad ⑦$$

F'：推力〔N〕　　v：移動速度〔m/s〕

公式を使って例題を解いてみよう！

例題1 図1において，シリンダ内径を 45 mm，ピストンロッドの直径を 16 mm とし，ピストンヘッド側に圧力 3.8 MPa の作動油を毎分 10 l 供給するとき，ピストンの推力，速度および出力を求めよ．ただし，ピストンロッド側の背圧（シリンダーが移動したとき，油が流出する側の圧力をいう）を 0.1 MPa とする．

解 説 (1) ③式に代入して，推力を求める．

$$F_1' = \lambda(A_1 p_1 - A_2 p_2) = \lambda \frac{\pi}{4}\{D^2 p_1 - (D^2 - d^2)p_2\}$$

$$= 0.97 \times \frac{3.14}{4} \times \left\{\left(\frac{45}{1\,000}\right)^2 \times 3.8 \times 10^6 - \left\{\left(\frac{45}{1\,000}\right)^2 - \left(\frac{16}{1\,000}\right)^2\right\} \times 0.1 \times 10^6\right\}$$

$$= 5\,720 \text{ N} = 5.72 \text{ kN}$$

(2) ⑤式に代入して，速度を求める．

$$v_1 = \lambda \frac{Q_1}{A_1} = 0.97 \times \frac{10}{1\,000 \times 60} \times \frac{4}{3.14 \times \left(\frac{45}{1\,000}\right)^2} = 0.102 \text{ m/s}$$

(3) ⑦式に代入して，出力を求める．

$$P = F_1' \times v_1 = 5\,720 \times 0.102 = 583 \text{ W}$$

① 油圧回路は，管路，モータのほかに圧縮された油を蓄積するアキュムレータ，圧力，流量，方向を調整する制御弁，実際に仕事をするアクチュエータなどで構成される．

② 作動油は高温になると粘度が低くなったり，気泡を発生するので，冷却する必要がある．

③ 油圧ポンプは，高圧を発生する容積式が多く採用される．

9-1 熱量・仕事・内部エネルギー

Point 熱エネルギーの量を熱量という．熱と仕事はエネルギーの一形態であり，熱は仕事に，仕事は熱にかえられる．分子がもつエネルギーを内部エネルギーという．これらを利用したものに熱機関がある．

重 要 な 公 式

1 熱量

$Q = mc(T_2 - T_1)$ 〔J〕　①

$T = t + 273.15$ 〔K〕　②

　　Q：熱量〔J〕
　　c：比熱〔J/(kg・K)〕
　　m：質量〔kg〕
T_2, T_1, T：物質の熱力学的温度〔K〕
　　t：セルシウス温度〔℃〕

(a) 熱力学的温度　(b) セルシウス温度

図1　温度の比較

2 熱力学の第1法則

$Q = W$ 〔J〕 $= \dfrac{1}{4.19} W$ 〔cal〕　③

W：仕事〔J〕

1 cal = 4.19 J

3 内部エネルギー

$Q = (U_2 - U_1) + W$ 〔J〕　④

U_2：変化した後の内部エネルギー〔J〕
U_1：変化前の内部エネルギー〔J〕

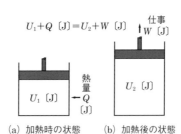

(a) 加熱時の状態　(b) 加熱後の状態

図2　仕事と内部エネルギー

9-1 熱量・仕事・内部エネルギー

公式を使って例題を解いてみよう！

例題 1 質量 20 kg の水を 30℃から 60℃にしたい．必要な熱量を求めよ．ただし，水の比熱は，4.186 kJ/(kg·K) とする．

解説 $t_2=60℃$，$t_1=30℃$ を②式に代入すると $T_2=333.15$ K，$T_1=303.15$ K となる．$m=20$ kg，$c=4.186$ kJ/(kg·K) であるから①式に，これらを代入すると次のようになる．

$$Q=mc(T_2-T_1)=20\times 4.186\times (333.15-303.15)=2\,511.6 \text{ kJ}$$
$$\fallingdotseq 2.51 \text{ MJ}$$

例題 2 質量 60 kg の物体を 20 m 引き上げるのに必要な仕事を熱量に換算しなさい．

解説 ③式における仕事 W について，質量を m，重力加速度 g を 9.81 m/s²，距離を l とすると熱量 Q は

$$Q=W=mgl=60\times 9.81\times 20=11\,772 \text{ J}$$

1 cal＝4.19 J であるから，熱量 Q を cal で表すと

$$Q=\frac{W}{4.19}=\frac{11\,772}{4.19}=2\,809.5 \text{ cal} \fallingdotseq 2.81 \text{ kcal}$$

例題 3 シリンダ内にある 0.4 kg の気体が，4 000 J の熱量を受けるとともに，外部に対して 2 000 J の仕事をした．このとき比内部エネルギーの増加はいくらか．

解説 ④式に $Q=4\,000$ J，$W=2\,000$ J を代入すると

$$U_2-U_1=Q-W=4\,000-2\,000=2\,000 \text{ J}=2 \text{ kJ}$$

比内部エネルギーは，$m=0.4$ kg で割ると

$$u_2-u_1=\frac{U_2-U_1}{m}=\frac{2}{0.4}=5 \text{ kJ/kg}$$

SI 単位では，熱量 Q と仕事 W はともに〔J〕で表されるが重力単位では，熱量は〔kcal〕，仕事は〔kgf·m〕である．そのために換算式が必要となる．

$$W=JQ \text{ 〔kgf·m〕} \qquad Q=\frac{W}{J} \text{ 〔kcal〕}$$

ただし，熱の仕事当量 $J=426.8\fallingdotseq 427$ kgf·m/kcal

仕事の熱当量 $\frac{1}{J}=\frac{1}{426.8}\fallingdotseq \frac{1}{427}$ kcal/(kgf·m)

9-2 p-V線図とエンタルピー

Point p-V線図は，気体の状態の変化を表した図であり，その曲線の下にできる面積は，全仕事を表す．気体は，内部エネルギー，圧力と体積の積をあわせもっているのでエンタルピーとして表すほうが扱いやすい．

重 要 な 公 式

1 気体の膨張による仕事

(1) 圧力が一定の場合

$W = pAl = pV$ 〔J〕 ①

W：気体がピストンになす仕事〔J〕
p：気体の圧力〔Pa〕
A：ピストンの断面積〔m²〕
l：ピストンの移動距離〔m〕
V：移動した部分の体積〔m³〕（Al）

(2) 圧力が変化する場合

$W = \sum p \varDelta V = \int_1^2 p\, dV$ ②

$\sum$：わずかずつ変化した量を全部加える記号（シグマ）
$\varDelta V$：体積の増加分
$\varDelta$：ごくわずかの記号（デルタ）
$\int_1^2 dV$：体積に対して 1→2 まで積分する

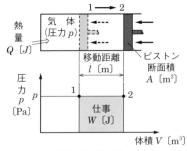

(a) 圧力が一定

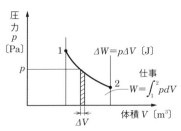

(b) 圧力が変化

図1 気体の膨張による仕事

2 エンタルピー

$H = U + pV$ 〔J〕 ③

$h = \dfrac{H}{m} = \dfrac{U}{m} + p\dfrac{V}{m} = u + pv$ 〔J/kg〕 ④

H：エンタルピー〔J〕
U：内部エネルギー〔J〕
h：比エンタルピー〔J/kg〕
u：比内部エネルギー〔J/kg〕
v：比体積〔m³/kg〕

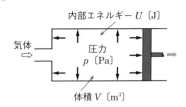

図2 エンタルピー（エネルギーの総和）

公式を使って例題を解いてみよう！

例題 1 圧力を 0.4 MPa に保ったまま気体が膨張してピストンが 400 mm 移動した場合の仕事を求めよ．ただし，ピストンの断面積は，0.0707 m² とする．

解説 圧力が一定なので①式に $p=0.4\times10^6$ Pa, $V=A\times l=0.0707\times0.4=0.0283$ m³ を代入すると

$$W=pV=0.4\times10^6\times0.0283=11\,320\text{ J}=11.3\text{ kJ}$$

例題 2 ある理想気体が圧力 300 kPa, 体積 0.3 m³ の状態から，等温膨張して体積が 5 倍で圧力が 60 kPa になった．外部に対してなした仕事を求めよ．

解説 等温変化であるから，9-5 の①式より，$p_1=300\times10^3$ Pa, $V_1=0.3$ m³ の状態を点 1 とすると $p_1V_1=pV$ の関係が成り立つので

$$p=\frac{p_1V_1}{V}$$

となる．

また，仕事は，②式より，$\dfrac{V_2}{V_1}=5$ であるから

$$W=\int_1^2 pdV=\int_1^2\left(p_1V_1\frac{1}{V}\right)dV=p_1V_1\int_1^2\frac{1}{V}dV$$
$$=p_1V_1\ln\frac{V_2}{V_1}$$
$$=300\times10^3\times0.3\times\ln5=144\,849\text{ J}=144.8\text{ kJ}$$

例題 3 ある気体が圧力 400 kPa, 体積 0.2 m³ の状態から，圧力 100 kPa, 体積 0.4 m³ になった．エンタルピーの変化を求めよ．ただし，内部エネルギーは変化しない．

解説 ③式よりエンタルピーの変化は $H_2-H_1=U_2-U_1+p_2V_2-p_1V_1$ である．
　内部エネルギーの変化はないので，$U_2-U_1=0$，これに $p_1=400$ kPa, $V_1=0.2$ m³, $p_2=100$ kPa, $V_2=0.4$ m³ を代入すると

$$H_2-H_1=100\times0.4-400\times0.2=-40\text{ kJ}$$

すなわち，エンタルピーは，40 kJ 減少した．

9-3 理想気体の状態式

Point》》 理想気体は，$pV=RT$ の関係が成立する理想的な気体で状態式は簡単な形になる．実在の気体は，近似的に理想気体とみなして取り扱えるので工業上よく使われる．

重 要 な 公 式

1 理想気体の状態式

$$pV = mRT \qquad ①$$

$$pv = RT \qquad ②$$

$$pV = nMRT = nR_0T = \frac{m}{M}R_0T \qquad ③$$

$$R = \frac{8\,314.33}{M} \; [\mathrm{J/(kg \cdot K)}] \qquad ④$$

- p：圧力〔Pa〕
- V：体積〔m^3〕
- T：温度〔K〕
- m：質量〔kg〕
- R：気体定数（ガス定数）〔$\mathrm{J/(kg \cdot K)}$〕
- v：比体積〔m^3/kg〕
- M：気体の分子量（モル質量）
- n：モル数〔mol〕（m/M）
- R_0：一般ガス定数（$MR = 8\,314.33\,\mathrm{J/(kmol \cdot K)}$）

表1 主要な理想気体のガス定数，標準密度と比熱

気体	ガス定数 R J/(kg·K)	標準密度 ρ_0 (101.325 kPa, 273.15 K) kg/m^3	比熱および比熱比 (0 Pa, 273.15 K) 定圧比熱 c_p kJ/(kg·K)	定容比熱 c_v kJ/(kg·K)	比熱比 γ
水素	4 124.49	0.0899385	14.25	10.12	1.408
酸素	259.837	1.42763	0.914	0.654	1.398
空気	287.03	1.29236	1.005	0.718	1.400
二酸化炭素	188.924	1.963483	0.819	0.630	1.30
水蒸気	461.523	—	—	—	—
アセチレン	319.330	1.16165	1.513	1.216	1.244
メタン	518.279	0.7157	2.16	1.63	1.32

公式を使って例題を解いてみよう！

例題 1 温度 273.15 K，圧力 101.325 kPa，体積 1 m³ における空気の比体積と 1 kmol の体積を求めよ．ただし，空気のガス定数は，287.03 J/(kg·K) とする．

解 説 ②式と③式に $T=273.15$ K，$p=101.325\times10^3$ Pa，$V=1$ m³，$n=1$ mol，$R=287.03$ J/(kg·K)，$R_0=8\,314.33$ J/(kmol·K) を代入する．

(1) 比体積

$$v=\frac{RT}{p}=\frac{287.03\times273.15}{101.325\times10^3}=0.774\text{ m}^3/\text{kg}$$

(2) 1 kmol の体積

$$V=\frac{nR_0T}{p}=\frac{1\times8\,314.33\times273.15}{101.325\times10^3}=22.4\text{ m}^3$$

例題 2 温度 293 K，圧力 102 kPa，体積 2 m³ の酸素の質量を求めよ．また，この酸素を温度 384 K，1.01 MPa の状態に変化させると，体積はいくらになるか．

解 説 ①式に，$T_1=293$ K，$p_1=102\times10^3$ Pa，$V_1=2$ m³，$T_2=384$ K，$p_2=1.01\times10^6$ Pa，表1より $R=259.837$ J/(kg·K) を代入すると

(1) 質量

①式より

$$m=\frac{p_1V_1}{RT_1}=\frac{102\times10^3\times2}{259.837\times293}=2.68\text{ kg}$$

(2) 変化後の体積

$$V_2=\frac{mRT_2}{p_2}=\frac{2.68\times259.837\times384}{1.01\times10^6}=0.265\text{ m}^3$$

理想気体は，ボイル–シャルルの法則（$pv=RT$）に従うが，熱機関で使われる作動流体には，この法則に完全に従う気体は存在しない．酸素・水素・空気などの気体は，理想気体として扱ってもよい．

9-4 理想気体の状態変化（1）定容・定圧

Point》 温度，体積，圧力の3つの状態量のうちどれか1つを一定に保てば，理想気体の状態式からほかの未知の状態量を知ることができる．
- 定容変化は，体積一定のもとで圧力や温度などの状態量が変化する状態をいう．
- 定圧変化は，圧力一定のもとで温度や体積などの状態量が変化する状態をいう．

重要な公式

1 定容変化

$$\frac{p_1}{T_1} = \frac{p_2}{T_2} = \frac{p}{T} = 一定 \quad ①$$

$$Q = U_2 - U_1 = mc_v(T_2 - T_1) \ [\mathrm{J}] \quad ②$$

$p_1,\ p_2$：状態1と2の圧力〔Pa〕
$T_1,\ T_2$：状態1と2の温度〔K〕
$U_1,\ U_2$：状態1と2の内部エネルギー〔J〕
Q：熱量〔J〕
m：気体の質量〔kg〕
c_v：定容比熱〔J/(kg·K)〕 $\left(\dfrac{1}{\kappa-1}R\right)$
κ：断熱指数
R：気体定数〔J/(kg·K)〕

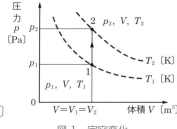

図1　定容変化

2 定圧変化

$$\frac{V_1}{T_1} = \frac{V_2}{T_2} = \frac{V}{T} = 一定 \quad ③$$

$$W = p(V_2 - V_1) \ [\mathrm{J}] \quad ④$$

$$Q = H_2 - H_1 = mc_p(T_2 - T_1) \ [\mathrm{J}] \quad ⑤$$

$V_1,\ V_2$：状態1と2の体積〔m³〕
W：仕事〔J〕
$H_1,\ H_2$：状態1と2のエンタルピー〔J〕
c_p：定圧比熱〔J/(kg·K)〕 $\left(\dfrac{\kappa}{\kappa-1}R\right)$

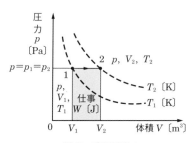

図2　定圧変化

9-4 理想気体の状態変化（1）定容・定圧

公式を使って例題を解いてみよう！

例題1 体積 0.5 m³ のタンクに酸素 3 kg が圧力 300 kPa，温度 220 K の状態で入っている．この酸素を 360 K まで加熱したとき，加熱後の圧力と加熱に要する熱量を求めよ．

解説 ①式に，$V_1 = 0.5 \text{ m}^3$，$T_1 = 220 \text{ K}$，$T_2 = 360 \text{ K}$，$p_1 = 300 \text{ kPa} = 300 \times 10^3 \text{ Pa}$ を代入すると

$$p_2 = \frac{p_1 T_2}{T_1} = 300 \times 10^3 \times \frac{360}{220} = 490\,909.09 \text{ Pa}$$
$$\fallingdotseq 491 \text{ kPa}$$

加熱に要する熱量 Q は，②式に，$m = 3 \text{ kg}$，$c_v = 0.654 \text{ kJ/(kg·K)}$，$T_1 = 220 \text{ K}$，$T_2 = 360 \text{ K}$ を代入すると

$$Q = mc_v(T_2 - T_1) = 3 \times 0.654 \times (360 - 220)$$
$$\fallingdotseq 275 \text{ kJ}$$

例題2 空気 4 kg を圧力 200 kPa，温度 300 K の状態から，圧力一定の下に体積が 2 倍になるまで加熱するのに必要な熱量を求めよ．また，この変化の間に外部に対してなした仕事を求めよ．

解説 ③式に，$T_1 = 300 \text{ K}$，$V_2 = 2V_1$ を代入すると

$$T_2 = T_1 \frac{V_2}{V_1} = 300 \times 2 = 600 \text{ K}$$

加熱量 Q は⑤に，$m = 4 \text{ kg}$，$c_p = 1.005 \text{ kJ/(kg·K)}$，$T_1 = 300 \text{ K}$，$T_2 = 600 \text{ K}$ を代入すると

$$Q = mc_p(T_2 - T_1) = 4 \times 1.005 \times (600 - 300)$$
$$= 1\,206 \text{ kJ} \fallingdotseq 1\,210 \text{ kJ}$$

外部に対する仕事は④式を次のように変形すると

$$W = p_1(V_2 - V_1) = mR(T_2 - T_1)$$

$m = 4 \text{ kg}$，$R = 287.03 \text{ J/(kg·K)}$，$T_1 = 300 \text{ K}$，$T_2 = 600 \text{ K}$ を代入すると

$$W = 4 \times 287.03 \times (600 - 300) = 344\,436 \text{ J}$$
$$\fallingdotseq 344 \text{ kJ}$$

9-5 理想気体の状態変化（2）等温・断熱

Point 温度，体積，圧力の3つの状態量のうちどれか1つを一定に保てば，理想気体の状態式からほかの未知の状態量を知ることができる．
- 等温変化は，温度一定のもとで圧力や体積など状態量が変化する状態をいう．
- 断熱変化は，熱量の出入りをともなわない状態をいう．

重要な公式

1 等温変化

$p_1 V_1 = p_2 V_2 = pV = $ 一定 　①

$W = Q = mRT \times \ln \dfrac{V_2}{V_1}$

$= mRT \times \ln \dfrac{p_1}{p_2}$ 〔J〕　②

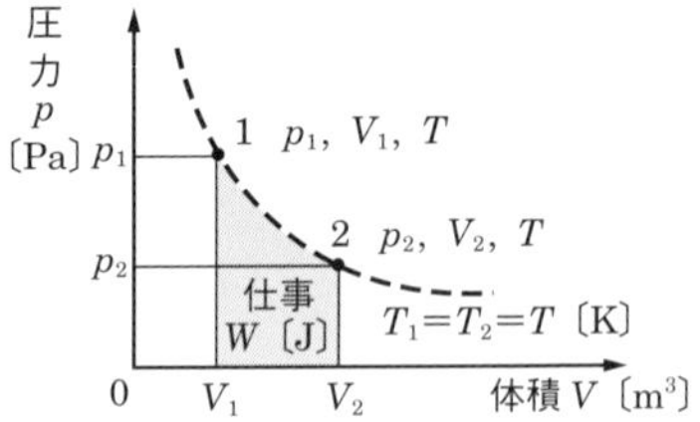

図1　等温変化

2 断熱変化

$p_1 V_1^{\kappa} = p_2 V_2^{\kappa} = pV = $ 一定　③

$T_1 V_1^{\kappa-1} = T_2 V_2^{\kappa-1} = TV^{\kappa-1} = $ 一定　④

$\dfrac{p_1^{\frac{\kappa-1}{\kappa}}}{T_1} = \dfrac{p_2^{\frac{\kappa-1}{\kappa}}}{T_2} = \dfrac{p^{\frac{\kappa-1}{\kappa}}}{T} = $ 一定　⑤

$W = \dfrac{p_1 V_1}{\kappa - 1} \left\{ 1 - \left(\dfrac{V_1}{V_2} \right)^{\kappa-1} \right\}$

$= \dfrac{p_1 V_1}{\kappa - 1} \left\{ 1 - \left(\dfrac{p_2}{p_1} \right)^{\frac{\kappa-1}{\kappa}} \right\}$

$= \dfrac{1}{\kappa - 1} (p_1 V_1 - p_2 V_2)$

$= \dfrac{mR}{\kappa - 1} (T_1 - T_2) = mc_v (T_1 - T_2)$　⑥

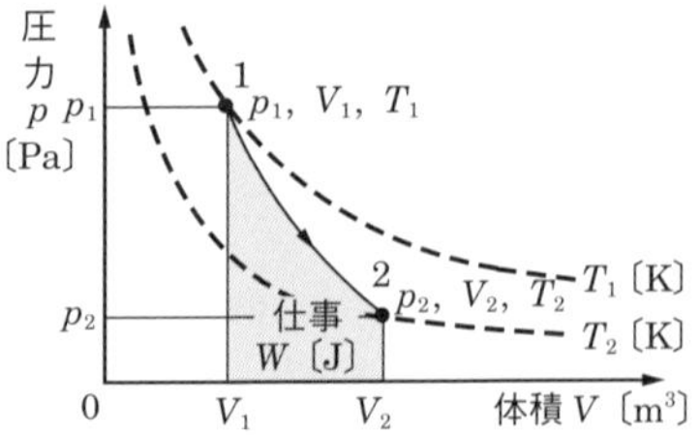

図2　断熱変化

$H_1 - H_2 = mc_p (T_1 - T_2)$

$\quad\quad\quad = \gamma W = \kappa W$ 〔J〕　⑦

κ：断熱指数（理想気体では $\kappa = \gamma$）

γ：比熱比 $\left(\dfrac{c_p}{c_v} \right)$

$H_1 - H_2$：断熱熱落差〔J〕

9-5 理想気体の状態変化 (2) 等温・断熱

> **公式を使って例題を解いてみよう！**

例題 1 空気 4 kg を圧力 1 MPa，温度 250℃の状態から圧力 0.1 MPa まで等温変化させた．熱量を求めよ．

解説 ②式に $m=4$ kg，$R=287.03$ J/(kg·K)，$T=250+273.15=523.15$ K，$p_1=1$ MPa，$p_2=0.1$ MPa を代入すると

$$Q = 4 \times 287.03 \times 523.15 \times \ln\frac{1}{0.1} = 1\,383\,022 \text{ J} \fallingdotseq 1.3 \text{ MJ}$$

例題 2 断熱変化で，温度 20℃の空気の体積が 1/10 になるまで圧縮した．圧縮後の温度〔℃〕を求めよ．

解説 断熱圧縮なので，④式に $\kappa = \gamma = 1.400$，$T_1 = 20+273.15 = 293.15$ K，$V_1 = 10$ m^3，$V_2 = 1$ m^3 を代入すると，$\dfrac{T_2}{T_1} = \left(\dfrac{V_1}{V_2}\right)^{\kappa-1}$ より

$$T_2 = \left(\frac{10}{1}\right)^{1.400-1} \times 293.15 = 736.4 \text{ K}$$

$$t = 736.4 - 273.15 \fallingdotseq 463 \text{ ℃}$$

例題 3 質量 5 kg の空気が圧力 400 kPa，温度 550 K の状態から断熱膨張して体積が 4 倍になった．この変化における変化前の体積，変化後の体積と圧力および外部に対してなした仕事を求めよ．

解説 $m=5$ kg，$p_1=400$ kPa，$T_1=550$ K，$V_2=4V_1$，$R=287.03$ J/(kg·K)，$\kappa=1.4$ を $p_1V_1=mRT_1$ に代入すると

$$V_1 = \frac{mRT_1}{p_1} = \frac{5 \times 287.03 \times 550}{400 \times 10^3} = 2 \text{ m}^3$$

より，変化後の体積は

$$V_2 = 4V_1 = 4 \times 2 = 8 \text{ m}^3$$

変化後の圧力は，③式から

$$p_2 = p_1\left(\frac{V_1}{V_2}\right)^{\kappa} = 400 \times \left(\frac{2}{8}\right)^{1.4} = 57.4 \text{ kPa}$$

外部に対してなした仕事は，⑥式から

$$W = \frac{1}{\kappa-1}(p_1V_1 - p_2V_2) = \frac{1}{1.4-1} \times (400 \times 2 - 57.4 \times 8) = 852 \text{ kJ}$$

9-6 ポリトロープ変化

Point 実際に行われる気体の状態変化（ポリトロープ変化）は，$pV^n=$ 一定 となる関係式で表される．このポリトロープ変化は，気体の状態変化を一般的に表現している．

重要な公式

1 ポリトロープ変化

$$pV^n = \text{一定}$$
$$TV^{n-1} = \text{一定}$$
$$\frac{p^{\frac{n-1}{n}}}{T} = \text{一定}$$

　①

p：圧力〔Pa〕　　V：体積〔m³〕
T：温度〔K〕　　n：ポリトロープ指数

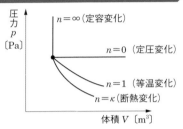

図1　ポリトロープ変化

2 ポリトロープ変化の仕事

$$W = \frac{p_1 V_1}{n-1}\left\{1-\left(\frac{V_1}{V_2}\right)^{n-1}\right\} = \frac{p_1 V_1}{n-1}\left\{1-\left(\frac{p_2}{p_1}\right)^{\frac{n-1}{n}}\right\} = \frac{1}{n-1}(p_1 V_1 - p_2 V_2)$$

$$= \frac{mR}{n-1}(T_1-T_2) = mc_v\frac{\kappa-1}{n-1}(T_1-T_2) = m\frac{\kappa-1}{n-1}(u_1-u_2)\ \text{〔J〕}$$

　②

m：質量〔kg〕　　　R：気体定数（ガス定数）〔J/(kg·K)〕
c_v：定容比熱〔J/(kg·K)〕
u：単位質量当たりの内部エネルギー〔J/kg〕　　κ：断熱指数

3 ポリトロープ変化の熱量

$$Q = mc_n(T_2-T_1) = mc_v\frac{n-\kappa}{n-1}(T_2-T_1)\ \text{〔J〕}$$

　③

$$c_n = c_v\frac{n-\kappa}{n-1}$$

c_n：ポリトロープ変化の比熱〔J/(kg·K)〕

4 ポリトロープ変化の内部エネルギー

$$U_2 - U_1 = mc_v(T_2-T_1) = \frac{1}{\kappa-1}mRT_1\left\{\left(\frac{p_2}{p_1}\right)^{\frac{n-1}{n}}-1\right\}\ \text{〔J〕}$$

　④

U_1, U_2：状態1，2における内部エネルギー〔J〕

5 ポリトロープ変化のエンタルピー

$$H_2 - H_1 = mc_p(T_2-T_1) = \frac{\kappa}{\kappa-1}mRT_1\left\{\left(\frac{p_2}{p_1}\right)^{\frac{n-1}{n}}-1\right\}\ \text{〔J〕}$$

　⑤

公式を使って例題を解いてみよう！

例題1 質量 3 kg の空気が圧力 100 kPa，温度 280 K の状態から，$pV^{1.25}=$ 定数 にしたがって変化し，内部エネルギーが 200 kJ 増加した．増加後の圧力，体積，温度を求めよ．

解説 $m=3$ kg，$p_1=100$ kPa，$T_1=280$ K，$n=1.25$，$U_2-U_1=200$ kJ，9-3 節表1 から $c_v=0.718$ kJ/(kg·K)，$R=287.03$ J/(kg·K) を使う．

増加後の温度 T_2 は，④式より

$$T_2 = \frac{U_2-U_1}{mc_v} + T_1 = \frac{200}{3\times 0.718} + 280 = 373 \text{ K}$$

増加後の圧力 p_2 は，①式より

$$p_2 = p_1\left(\frac{T_2}{T_1}\right)^{\frac{n}{n-1}} = 100\times\left(\frac{373}{280}\right)^{\frac{1.25}{1.25-1}} = 420 \text{ kPa}$$

増加後の体積 V_2 は，理想気体の状態式より

$$V_2 = \frac{mRT_2}{p_2} = \frac{3\times 287.03\times 373}{420\times 10^3} = 0.765 \text{ m}^3$$

例題2 体積 0.03 m³ のシリンダに圧力 110 kPa，温度 20℃の空気を入れ，$pV^{1.3}=$ 定数 にしたがって体積が 1/20 になるまで圧縮したら，温度と圧力は 720 K と 5 401 kPa になった．圧縮に要した絶対仕事を求めよ．

解説 圧縮に要した仕事は②式へ $V_1=0.03$ m³，$V_2=V_1/20=0.0015$ m³，$p_1=110$ kPa，$p_2=5\,401$ kPa を代入すると

$$W = \frac{1}{n-1}(p_1V_1 - p_2V_2)$$

$$= \frac{1}{1.3-1}\times(110\times 0.03 - 5\,401\times 0.0015) = -16.0 \text{ kJ}$$

※ －（マイナス）は仕事が外部から供給されたことを示す

10-1 熱力学の第二法則（1）

Point》》 この法則は，熱を高温部から低温部へ移動させる中で一部を仕事に変えられることを示している．これを利用したものに熱機関がある．

重要な公式

1 熱機関の熱効率

$W = Q_1 - Q_2$ 〔J〕　　①

$\eta = \dfrac{W}{Q_1} = \dfrac{Q_1 - Q_2}{Q_1} = 1 - \dfrac{Q_2}{Q_1}$　　②

W：有効仕事〔J〕
Q_1：高熱源から得た熱量〔J〕
Q_2：低熱源に捨てる熱量〔J〕
η：熱機関の熱効率

2 カルノーサイクル

$\dfrac{Q_2}{Q_1} = \dfrac{T_2}{T_1}$　　③

$\eta_c = 1 - \dfrac{Q_2}{Q_1} = 1 - \dfrac{T_2}{T_1}$　　④

$\dfrac{Q_2}{Q_1}$：放熱量と受熱量の比
η_c：カルノーサイクルの熱効率
T_1：高熱源の温度〔K〕
T_2：低熱源の温度〔K〕

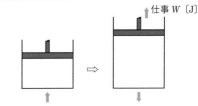

$Q_1 = Q_2 + W$ 〔J〕

図1　熱力学の第二法則

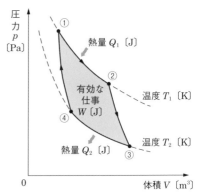

①→② 等温膨張　　②→③ 断熱膨張
③→④ 等温圧縮　　④→① 断熱圧縮

図2　カルノーサイクル

公式を使って例題を解いてみよう！

例題1 1サイクルごとに，高熱源から 31 kJ の熱量を得て，低熱源に 15 kJ を放熱する熱機関がある．この機関の1サイクルあたりの仕事と熱効率を求めよ．

解説 ①式と②式に $Q_1=31$ kJ，$Q_2=15$ kJ を代入すると

$$W = Q_1 - Q_2 = 31 - 15 = 16 \text{ kJ}$$

$$\eta = \left(1 - \frac{Q_2}{Q_1}\right) = \left(1 - \frac{15}{31}\right) = 0.516 \quad \rightarrow \quad 52\%$$

例題2 高熱源温度 800 K，低熱源温度 450 K の間におけるカルノーサイクル機関の放熱量と受熱量の比および熱効率を求めよ．

解説 ③式と④式に $T_1=800$ K，$T_2=450$ K を代入すると

$$\frac{Q_2}{Q_1} = \frac{T_2}{T_1} = \frac{450}{800} = 0.563$$

$$\eta_c = 1 - \frac{T_2}{T_1} = 1 - 0.563 = 0.437 \quad \rightarrow \quad 44\%$$

例題3 カルノーサイクルにおいて，1サイクルあたり 300 J の仕事を得るために，低熱源の温度〔℃〕を何度したらよいか求めなさい．ただし，1サイクルあたりの供給熱量を 800 J，高熱源の温度を 280℃ とする．

解説 ②式に $W=300$ J，$Q_1=800$ J を代入すると

$$\eta_c = \frac{W}{Q_1} = \frac{300}{800} = 0.375$$

この値と，$T_1=280+273.15=553.15$ K を④式に代入すると低熱源の温度 T_2 は

$$T_2 = (1-\eta_c)T_1 = (1-0.375) \times 553.15 = 345.719 \text{ K}$$

よって

$$345.719 - 273.15 = 72.6℃$$

10-2 熱力学の第二法則（2）

Point》》 熱力学上重要な状態量であるエントロピーから「閉じた系のエントロピーの和は，その系内に可逆変化が起こったときは不変であり，不可逆変化が起こったときは増加し，減少しない」という熱力学の第二法則を表している．

重要な公式

1 エントロピー

$$S = \frac{Q}{T} \ [\text{J/K}] \quad \left(\Delta s = \frac{\Delta q}{T} \ [\text{J/(kg·K)}]\right) \quad ①$$

S：エントロピー〔J/K〕
s：比エントロピー〔J/(kg·K)〕
q：単位質量あたりの熱量〔J/kg〕（Δ は微小変化を表す）

(1) 等温変化

$$s_2 - s_1 = \frac{q}{T} = R \ln \frac{V_2}{V_1} = R \ln \frac{p_1}{p_2} \ [\text{J/(kg·K)}] \quad ②$$

R：気体定数〔J/(kg·K)〕

(2) 定圧変化

$$s_2 - s_1 = c_p \ln \frac{T_2}{T_1} = c_p \ln \frac{V_2}{V_1} \ [\text{J/(kg·K)}] \quad ③$$

c_p：定圧比熱〔J/(kg·K)〕

(3) 定容変化

$$s_2 - s_1 = c_v \ln \frac{T_2}{T_1} = c_v \ln \frac{p_2}{p_1} \ [\text{J/(kg·K)}] \quad ④$$

c_v：定容比熱〔J/(kg·K)〕

(4) ポリトロープ変化

$$s_2 - s_1 = c_v \frac{n-\gamma}{n-1} \ln \frac{T_2}{T_1} = c_v \frac{n-\gamma}{n} \ln \frac{p_2}{p_1} \ [\text{J/(kg·K)}] \quad ⑤$$

n：ポリトロープ指数
γ：比熱比

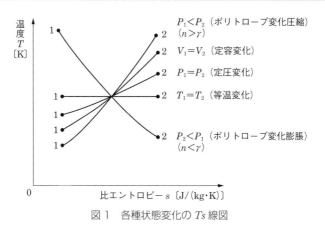

図1 各種状態変化の Ts 線図

公式を使って例題を解いてみよう！

例題1 圧力 0.101325 MPa のもとで温度 100℃の水 1 kg を同圧同温の蒸気にするのに 2 256.9 kJ の熱量が必要である．蒸発によるエントロピーの増加を求めよ．

解説 蒸発中は温度一定なので①式に $T=100+273.15=373.15$ K，$\Delta q=2\,256.9$ kJ/kg を代入すると

$$\Delta s = s_2 - s_1 = \frac{\Delta q}{T} = \frac{2\,256.9}{373.15} = 6.05 \text{ kJ/(kg·K)}$$

例題2 空気 2 kg を温度 300 K から 610 K まで圧力を一定にして加熱したときのエントロピー変化を求めよ．空気の定圧比熱は 1.005 kJ/(kg·K) とする．

解説 $T_1=300$ K，$T_2=610$ K，$c_p=1.005$ kJ/(kg·K)，$m=2$ kg を③式に代入すると

$$S_2 - S_1 = m(s_2 - s_1) = mc_p \ln \frac{T_2}{T_1} = 2 \times 1.005 \times \ln \frac{610}{300}$$

$$= 1.426 \text{ kJ/K}$$

例題3 圧力 700 kPa，温度 430 K の空気 1 kg を $pV^{1.25}=$ 定数 にしたがって温度 290 K まで膨張させたときのエントロピー変化を求めよ．空気の定容比熱は 0.721 kJ/(kg·K) とする．

解説 $T_1=430$ K，$T_2=290$ K，$n=1.25$，$\gamma=1.4$（空気であるから），$c_v=0.721$ kJ/(kg·K) を⑤式へ代入すると

$$s_2 - s_1 = c_v \frac{n-\gamma}{n-1} \ln \frac{T_2}{T_1} = 0.721 \times \frac{1.25-1.4}{1.25-1} \times \ln \frac{290}{430} = 0.170 \text{ kJ/(kg·K)}$$

10-3 蒸気サイクル (1)

Point 蒸気サイクルには，蒸気ボイラ，蒸気タービン，復水器，給水ポンプが最低必要であり閉じたサイクルになる．これを利用して蒸気プラントの熱効率向上をはかることができる．
- ランキンサイクルは，蒸気を作動流体として動力を発生する装置の基本サイクルである．
- 再熱サイクルは，蒸気を再熱する過程を入れたサイクルである．

重 要 な 公 式

1 ランキンサイクル

$$\eta_R = \frac{w_t - w_p}{q_1}$$

$$= \frac{(h_3 - h_4) - (h_2 - h_1)}{(h_3 - h_1) - (h_2 - h_1)} \quad ①$$

$$\eta_R = \frac{h_3 - h_4}{h_3 - h_1} \quad ②$$

（$h_2 - h_1$ が小さいとき）

q_1：供給熱量〔J/kg〕
w_t：タービンの有効仕事〔J/kg〕
w_p：ポンプ仕事〔J/kg〕
$h_1 \sim h_4$：図1参照

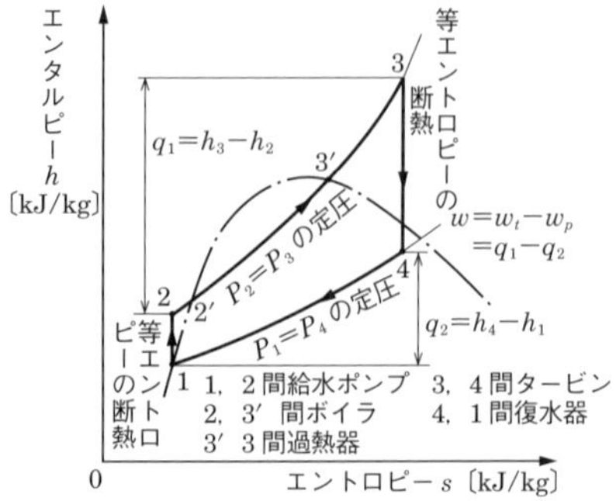

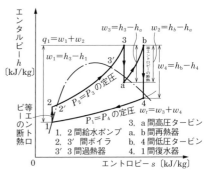

図1 ランキンサイクル

2 再熱サイクル

$$\eta_{th} = \frac{w_t}{q_1}$$

$$= \frac{(h_3 - h_a) + (h_b - h_4)}{(h_3 - h_1) + (h_b - h_a)} \quad ③$$

$h_1 \sim h_4$, h_a, h_a：図2参照

図2 再熱サイクル

10-3 蒸気サイクル (1)

公式を使って例題を解いてみよう！

例題 1 ランキンサイクルにおいてタービンに供給される蒸気が圧力 5 MPa, 温度 500℃で, 復水器圧力が 50 kPa であるとすれば理論熱効率はいくらになるか求めよ.

解 説 $p_1=50$ kPa, $p_2=5$ MPa, $t_3=500$℃において, 図 1 の点 1 は, 飽和水で $p_1=50$ kPa$=0.05$ MPa なので付録 15 の圧力基準の飽和表より

$$h_1=h'=340.564 \text{ kJ/kg}$$

点 3 は, 付録 16 の圧縮水と過熱蒸気の表より $p_2=p_3=5$ MPa で

$$h'=h_3=3\,433.7 \text{ kJ/kg}$$

点 4 は, 点 3 から点 4 まで断熱膨張なのでエントロピーは同じであり, $p_4=p_1=50$ kPa より, h-s 線図から, $h_4=2\,427$ kJ/kg を得る. これらを②式に代入すると

$$\eta_R = \frac{h_3-h_4}{h_3-h_1} = \frac{3\,433.7-2\,427}{3\,433.7-340.564} = 0.325 \quad \rightarrow \quad 32.5\%$$

例題 2 圧力 10 MPa, 温度 600℃の蒸気を供給し, 圧力 2 MPa まで膨張させ, その圧力の下に初めの温度まで再熱し, 再び復水器圧力 0.005 MPa まで膨張させる再熱サイクルの理論熱効率を求めよ.

解 説 図 2 の点 1 は, 飽和水で $p_1=0.005$ MPa なので付録 15 の圧力基準の飽和表より

$$h_1=h'=137.77 \text{ kJ/kg}$$

点 3 は, 付録 16 の圧縮水と過熱蒸気の表より $p_3=10$ MPa, $T=600$℃ より

$$h_3=h'=3\,622.7 \text{ kJ/kg}$$

点 3 から点 a までは, 断熱膨張なのでエントロピーは同じであり $p_a=2$ MPa より h-s 線図（付録 17）から $h_a=3\,103$ kJ/kg を得る.

点 b は, 圧力 $p_b=p_a$ で $T=600$℃の所であるから h-s 線図より

$$h_b=3\,689.2 \text{ kJ/kg}$$

点 4 は, 断熱膨張なのでエントロピーは同じであり $p_4=p_1$ から h-s 線図で $h_4=2\,349$ kJ/kg となる.

これらを③式に代入すると

$$\eta_{th} = \frac{(h_3-h_a)+(h_b-h_4)}{(h_3-h_1)+(h_b-h_a)} = \frac{(3\,622.7-3\,103)+(3\,689.2-2\,349)}{(3\,622.7-137.77)+(3\,689.2-3\,103)}$$

$$= 0.457 \quad \rightarrow \quad 45.7\%$$

10-4 蒸気サイクル (2)

Point 蒸気サイクルには，蒸気ボイラ，蒸気タービン，復水器，給水ポンプが最低必要であり閉じたサイクルになる．これを利用して蒸気プラントの熱効率向上をはかることができる．

- 再生サイクルは，ランキンサイクルの受熱量に対して復水器に放出する熱量の割合が大きいので，この熱量を減らすために蒸気の一部を給水の加熱に用いることで熱効率を向上させるサイクルである．

重要な公式

1 再生サイクル

2段抽気（混合給水加熱器）

$$\eta_{th} = \frac{w_t}{q_1}$$

$$= \frac{(h_3 - h_4) - \{m_1(h_{e1} - h_4) + m_2(h_{e2} - h_4)\}}{h_3 - h_{f1}} \quad ①$$

$$m_1 = \frac{h_{f1} - h_{f2}}{h_{e1} - h_{f2}} \ [\text{kg}] \quad ②$$

$$m_2 = \frac{(h_{e1} - h_{f1})(h_{f2} - h_1)}{(h_{e1} - h_{f2})(h_{e2} - h_1)} \ [\text{kg}] \quad ③$$

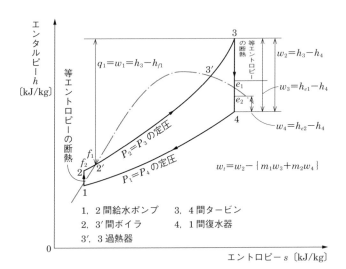

図1 再生サイクル

10-4 蒸気サイクル (2)

公式を使って例題を解いてみよう！

例題 1 圧力 10 MPa，温度 600℃ の蒸気を供給する 2 段再生サイクルの復水圧力が 0.005 MPa の場合について，混合給水加熱器を使用するものとして理論熱効率を求めよ．ただし，第 1 抽気点は圧力 2.1 MPa，第 2 抽気点は圧力 0.19 MPa とし，給水ポンプ仕事は省略する．

解 説 図 1 の点 1 は，飽和水で，$p_1=0.005$ MPa なので，付録 15 の圧力基準の飽和表より

$$h_1 = 137.77 \text{ kJ/kg}$$

点 f_1 は，第 1 抽気点の圧力 2.1 MPa より付録 15 の飽和表から $h_{f1}=919.26$ kJ/kg．点 f_2 は，第 2 抽気点の圧力 0.19 MPa より付録 15 の飽和表から $h_{f2}=497.185$ kJ/kg．また点 3 は，$p_3=10$ MPa，$T=600$℃ より付録 16 の飽和表から $h_3=3622.7$ kJ/kg となる．

さらに，点 e_1，点 e_2 は，点 3 から点 4 まで断熱膨張なので，エントロピーは同じであり，$p_{e1}=2.1$ MPa，$p_{e2}=0.19$ MPa であるから，それぞれ $h\text{-}s$ 線図（付録 17）より $h_{e1}=3116$ kJ/kg，$h_{e2}=2609$ kJ/kg を得る．

点 4 は，点 3 から断熱膨張なのでエントロピーは，$h_4=2103$ kJ/kg となる．

これらを②式，③式，①式に代入すると

第 1 抽気点の抽気量 m_1 は

$$m_1 = \frac{h_{f1}-h_{f2}}{h_{e1}-h_{f2}} = \frac{919.26-497.185}{3116-497.185} = 0.1612 \text{ kg}$$

第 2 抽気点の抽気量 m_2 は

$$m_2 = \frac{(h_{e1}-h_{f1})(h_{f2}-h_1)}{(h_{e1}-h_{f2})(h_{e2}-h_1)} = \frac{(3116-919.26)\times(497.185-137.77)}{(3116-497.185)\times(2609-137.77)}$$
$$= 0.122 \text{ kg}$$

これらより

$$\eta_{\text{th}} = \frac{(h_3-h_4)-\{m_1(h_{e1}-h_4)+m_2(h_{e2}-h_4)\}}{h_3-h_{f1}}$$
$$= \frac{(3622.7-2103)-\{0.1612\times(3116-2103)+0.122\times(2609-2103)\}}{3622.7-919.26}$$
$$= 0.479 \quad \rightarrow \quad 47.9\ \%$$

10-5 蒸気の流れの基礎式

Point 蒸気が管路を流れるとき流体の質量保存則やエネルギー保存則が成立する．出入りする熱量や仕事を考慮すると蒸気の各エネルギーの関係式になる．熱効率の高い蒸気タービンがつくられている．

重 要 な 公 式

1 蒸気の流れによる仕事

$$\frac{A_1 w_1}{v_1} = \frac{A_2 w_2}{v_2} = \frac{A w}{v} = q_m \ [\text{kg/s}] \qquad ①$$

$$q = h_2 - h_1 + \frac{w_2^2 - w_1^2}{2} + W \ [\text{J/kg}] \qquad ②$$

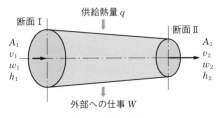

図1 蒸気の流れ

v_1, v_2：各断面の比体積〔m³/kg〕
A_1, A_2：各断面の面積〔m²〕
w_1, w_2：各断面の速度〔m/s〕
q_m：質量流量〔kg/s〕
q：1 kg の蒸気の熱量〔J/kg〕
h_1, h_2：各断面のエンタルピー〔J/kg〕
W：外部になす仕事〔J/kg〕

2 ノズル内の蒸気の流れ

$$w_2 = \sqrt{2(h_1 - h_2)} = \sqrt{2 h_{ad}} \ [\text{m/s}] \qquad ③$$

w_2：ノズル出口の速度〔m/s〕
h_{ad}：断熱熱落差（$h_1 - h_2$）〔J/kg〕

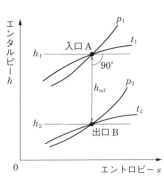

図2 ノズル内の状態変化

公式を使って例題を解いてみよう！

例題 1 圧力 200 kPa，温度 200℃の蒸気が内径 120 mm の管内を平均流速 28 m/s で定常に流れているときの質量流量を求めよ．また，同じ流量で内径が 80 mm の管を使用する場合の平均流速を求めよ．ただし，蒸気の圧力や温度は変化しないものとする．また，圧力 200 kPa，温度 200℃の蒸気の比体積は $v=1.08 \text{ m}^3/\text{kg}$ である．

解説 $w_1=28 \text{ m/s}$, $d_1=120 \text{ mm}=0.12 \text{ m}$, $v=1.08 \text{ m}^3/\text{kg}$，これらを①式に代入すると質量流量 q_m は

$$q_m = \frac{w_1 A_1}{v} = \frac{w_1 \pi d_1^2}{4v} = \frac{28 \times \pi \times 0.12^2}{4 \times 1.08} = 0.293 \text{ kg/s}$$

内径 80 mm の場合，平均流速は①式より，$\dfrac{w_1 A_1}{v} = \dfrac{w_2 A_2}{v}$, $w_1 A_1 = w_2 A_2$ なので

$$w_2 = w_1 \frac{A_1}{A_2} = w_1 \frac{d_1^2}{d_2^2} = 28 \times \frac{0.12^2}{0.08^2} = 63 \text{ m/s}$$

例題 2 直径 50 mm の水平な管内を毎時 60 kg の空気が流れている．管の入口および出口における比体積を 0.4288 m³/kg と 0.4298 m³/kg とすると管内を流れる間に外部から 20 kJ/h の熱量が与えられているとき，増加する空気のエンタルピーを求めよ．ただし，摩擦仕事は無視する．

解説 管の入口と出口の速度は，①式より

$$w_1 = \frac{q_m \times v_1}{\frac{\pi}{4} d^2} = \frac{\frac{60}{3600} \times 0.4288}{\frac{\pi}{4} \times (5 \times 10^{-2})^2} = 3.64 \text{ m/s}$$

$$w_2 = \frac{\frac{60}{3600} \times 0.4298}{\frac{\pi}{4} \times (5 \times 10^{-2})^2} = 3.65 \text{ m/s}$$

1 秒間に空気 1 kg 当たり供給される熱量は，$q'=20 \times 10^3 \text{ J/h}$, $m=60 \text{ kg}$ より

$$q = \frac{q'}{m \times 60^2} = \frac{20 \times 10^3}{60 \times 60^2} = 0.0926 \text{ J/kg}$$

エンタルピーの増加は，②式より $W=0$ として

$$h_2 - h_1 = q - \frac{w_2^2 - w_1^2}{2} = 0.0926 - \frac{3.65^2 - 3.64^2}{2} = 0.0562 \text{ J/kg}$$

10-6 伝熱と熱交換器

Point》》》 高温物体の熱エネルギーは，低温物体に向かって移動する．この熱エネルギーの伝わり方やその移動過程を伝熱という．これを利用したものにボイラなどがある．

重 要 な 公 式

1 熱伝導

$$\phi = \lambda \frac{t_1 - t_2}{d} \ [\text{W/m}^2] \quad ①$$

ϕ：熱流束（熱流密度）$[\text{W/m}^2]$
λ：熱伝導率 $[\text{W/(m·K)}]$

2 熱伝達

$$\phi = \alpha(t_w - t) \ [\text{W/m}^2] \quad ②$$

α：熱伝達率 $[\text{W/(m}^2\text{·K)}]$

3 熱通過

$$\phi = K(t_{\text{I}} - t_{\text{II}}) \ [\text{W/m}^2] \quad ③$$

$$\frac{1}{K} = \frac{1}{\alpha_{\text{I}}} + \frac{d}{\lambda} + \frac{1}{\alpha_{\text{II}}} \quad ④$$

K：熱通過率 $[\text{W/(m}^2\text{·K)}]$

4 熱交換器

$$Q = KA\Delta T_m \ [\text{W}] \quad ⑤$$

$$\Delta T_m = \frac{\Delta T_1 - \Delta T_2}{\ln \dfrac{\Delta T_1}{\Delta T_2}} \quad ⑥$$

Q：交換熱量 $[\text{W}]$
A：伝熱面積 $[\text{m}^2]$
ΔT_m：対数平均温度差 $[\text{K または℃}]$

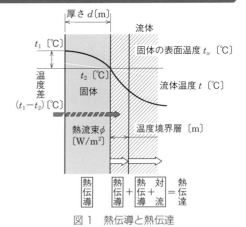

図1 熱伝導と熱伝達

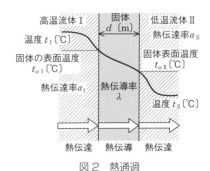

図2 熱通過

図3 向流式熱交換器の温度分布

公式を使って例題を解いてみよう！

例題 1 温度 500℃の固体表面から，流体へ 1 時間に 4×10^4 J の熱量を伝熱したい．伝熱面積が 3 m²，流体の温度が 200℃の場合の熱伝達率を求めよ．

解説 単位面積あたりを単位時間に通過する熱量（熱流束）ϕ は

$$\phi = \frac{4\times10^4}{60\times60\times3} = \frac{4\times10^4}{3\,600\times3} = 3.70 \text{ J/(s·m}^2) = 3.70 \text{ W/m}^2$$

$t_w = 500$℃，$t = 200$℃であるから，これらを②式に代入すると

$$\alpha = \frac{\phi}{t_w - t} = \frac{3.70}{500 - 200} = 0.0123 \text{ W/(m}^2\cdot\text{K)}$$

例題 2 厚さ 20 cm のコンクリートの外側は大気に接し，内側には厚さ 3 cm の赤れんが（$\lambda_1 = 0.90$ W/(m·K)）を貼ってある．この壁の熱通過率を求めよ．ただし内側および外側の熱伝達率を $\alpha_Ⅰ = 120$ W/(m²·K)，$\alpha_Ⅱ = 11.0$ W/(m²·K)，コンクリートの熱伝導率 $\lambda_2 = 1.2$ W/(m·K) とする．

解説 ④式に $d_1 = 0.03$ m，$d_2 = 0.2$ m などを代入すると

$$\frac{1}{K} = \frac{1}{\alpha_Ⅰ} + \frac{d_1}{\lambda_1} + \frac{d_2}{\lambda_2} + \frac{1}{\alpha_Ⅱ} = \frac{1}{120} + \frac{0.03}{0.90} + \frac{0.2}{1.2} + \frac{1}{11.0} = 0.299$$

$$K = 3.34 \text{ W/(m}^2\cdot\text{K)}$$

例題 3 温度 65.0℃の油を，二重管式熱交換器（向流式）によって，温度 30.0℃まで冷却する．冷却水は，温度 18.0℃である．熱通過率が 730 W/(m²·K)，伝熱量が 39.2 kW，低温流体の出口温度は 33.0℃のとき，伝熱面積〔m²〕を求めよ．

解説 $\Delta T_1 = T_{h1} - T_{c2} = 65.0 - 33.0 = 32.0$ ℃

$\Delta T_2 = T_{h2} - T_{c1} = 30.0 - 18.0 = 12.0$ ℃

⑥式と⑤式より

$$\Delta T_m = \frac{32.0 - 12.0}{\ln\frac{32.0}{12.0}} = 20.4 \text{ ℃}$$

$$A = \frac{Q}{K\Delta T_m} = \frac{39.2\times10^3}{730\times20.4} = 2.63 \text{ m}^2$$

10-7 燃 焼

Point》》》 燃焼ガス中に含まれる水蒸気がすべて凝縮したときを高発熱量，水蒸気が未凝縮で外部に放出したときを低発熱量という．熱機関で有効な動力を得るためには，燃焼によって生じる発熱量などを計算する必要がある．これらの数値は，ボイラを効率良く運転するのに必要となる．

重 要 な 公 式

1 発熱量

(1) 固体および液体燃料

●低発熱量

$$H_l = \frac{407.0}{12}c + \frac{240.0}{2}\left(h - \frac{o}{8}\right) + \frac{296.1}{32}s - 2.5(1.13 \times o + w) \quad [\text{MJ/kg}] \quad \text{①}$$

●高発熱量

$$H_h = H_l + 2.5(9h + w) \quad [\text{MJ/kg}] \quad \text{②}$$

c, h, s, o, w：燃料 1 kg 中の炭素，水素，硫黄，酸素，水分の量〔kg〕

(2) 気体燃料

●低発熱量

$$H_l = H_h - 2\,000(h_2 + 2ch_4 + 3c_2h_6 + 2c_2h_4 + c_2h_2$$
$$+ 4c_3h_8 + \cdots + \frac{n}{2}c_mh_n) \quad [\text{kJ/m}^3_\text{N}] \quad \text{③}$$

●高発熱量

$$H_h = 12\,630co + 12\,760h_2 + 39\,750ch_4 + 69\,640c_2h_6$$
$$+ 62\,990c_2h_4 + \cdots \quad [\text{kJ/m}^3_\text{N}] \quad \text{④}$$

co, h_2, c_mh_n：燃料 1 m³_N 中のガス（一酸化炭素，水素，炭化水素）の体積割合〔m³_N〕

※ 1 m³_N は，標準状態において 1 m³ となる体積を表す．

2 燃料効率

$$\eta_c = \frac{\text{実際に燃料の単位量当たりに発生した熱量 } H}{\text{燃料の低発熱量 } H_l} \quad \text{⑤}$$

3 空気過剰率

$$\lambda = \frac{\text{燃料の単位量当たりに供給する実際空気量 } L [\text{m}^3_\text{N}/\text{kg}]}{\text{理論空気量 } L_t [\text{m}^3_\text{N}/\text{kg}]} \quad \text{⑥}$$

$$L_t = \frac{1}{0.21} \cdot \frac{22.4}{32}\left(\frac{8}{3}c + 8h + s - o\right) \quad [\text{m}^3_\text{N}/\text{kg}] \quad \text{⑦}$$

10-7 燃焼

> **公式を使って例題を解いてみよう！**

例題 1 ある石炭の成分が $c70\%$, $h5\%$, $o8\%$, $s1\%$, $n2\%$, 灰分 8%, w（水分）6% であった．低発熱量と高発熱量を求めよ．また，燃焼効率 88% で燃焼するものとして石炭 1 kg 当たりの発熱量を求めよ．

解説 ①式に $c=0.7$, $h=0.05$, $o=0.08$, $s=0.01$, $w=0.06$ を代入すると

$$H_l = \frac{407.0}{12} \times 0.7 + \frac{240.0}{2} \times \left(0.05 - \frac{0.08}{8}\right) + \frac{296.1}{32} \times 0.01$$
$$\quad - 2.5 \times (1.13 \times 0.08 + 0.06)$$
$$= 28.3 \text{ MJ/kg}$$

また高発熱量は，②式より

$$H_h = 28.3 + 2.5 \times (9 \times 0.05 + 0.06) = 29.6 \text{ MJ/kg}$$

燃焼効率 88% であるから⑤式より

$$H = H_l \times \eta_c = 28.3 \times 0.88 = 24.9 \text{ MJ/kg}$$

例題 2 炭素 86.3%，水素 13.7% の質量割合の液体燃料について，理論空気量と空気比 1.2 としたときの実際の空気量を求めよ．

解説 ⑦式に $c=0.863$, $h=0.137$, $o=0$, $s=0$ を代入すると

理論空気量 L_t は

$$L_t = \frac{1}{0.21} \times \frac{22.4}{32} \times \left(\frac{8}{3} \times 0.863 + 8 \times 0.137 + 0 - 0\right) = 11.3 \text{ m}^3_N/\text{kg}$$

空気比（空気過剰率 λ）が 1.2 であるから，式⑥より

$$L = \lambda L_t = 1.2 \times 11.3 = 13.6 \text{ m}^3_N/\text{kg}$$

表1　各種燃料の低発熱量と理論空気量

燃料の種類	低発熱量	理論空気量
無煙炭	$30.6 \times 10^3 \sim 33.5 \times 10^3$ 〔kJ/kg〕	$7.85 \sim 8.5$ 〔m³ₙ/kg〕
コークス	$20.6 \times 10^3 \sim 30.1 \times 10^3$ 〔kJ/kg〕	$7.0 \sim 8.0$ 〔m³ₙ/kg〕
重油	$42.0 \times 10^3 \sim 42.4 \times 10^3$ 〔kJ/kg〕	$10.0 \sim 11.5$ 〔m³ₙ/kg〕
プロパンガス	90.7×10^3 〔kJ/m³ₙ〕	23.8 〔m³ₙ/m³ₙ〕
高炉ガス	$3.0 \times 10^3 \sim 3.8 \times 10^3$ 〔kJ/m³ₙ〕	0.7 〔m³ₙ/m³ₙ〕

10-8 ボイラの性能

Point》》 性能を表すには，伝熱面蒸発率や伝熱面熱負荷，ボイラ効率，換算蒸発量などの値があり，これらの数値からボイラの性能を改善する．

重 要 な 公 式

1 換算蒸発量

$$G_e = \frac{G(h_2 - h_1)}{2\,257} \;\; [\text{kJ/h}] \qquad ①$$

G：蒸発量〔kg/h〕
h_2：発生蒸気のエンタルピー〔kJ/kg〕
h_1：給水のエンタルピー〔kJ/kg〕
（蒸発潜熱の値 2 257〔kJ/kg〕は単位がある）

2 伝熱面蒸発率

$$\varepsilon = \frac{G}{A} \;\; [\text{kJ/(m}^2 \cdot \text{h)}] \qquad ②$$

A：ボイラ本体の伝熱面積〔m²〕

3 伝熱面熱負荷

$$\varepsilon_t = \frac{G(h_x - h_e)}{A} \;\; [\text{kJ/(m}^2 \cdot \text{h)}] \qquad ③$$

h_x：ボイラ本体で発生した飽和蒸気のエンタルピー〔kJ/kg〕
h_e：ボイラ本体入口における給水のエンタルピー〔kJ/kg〕

4 ボイラ効率

$$\eta_b = \frac{G(h_2 - h_1)}{G_f H_l} = \frac{2\,257\,G_e}{G_f H_l} \qquad ④$$

G_f：燃料の供給量〔kg/h〕
H_l：低発熱量〔kJ/kg〕

公式を使って例題を解いてみよう！

例題 1 給水温度が 20℃ で圧力 27 MPa，温度 540℃ の蒸気を 2 040 t/h 発生するボイラの換算蒸発量を求めよ．

解説 給水のエンタルピー h_1 は，付録 14 の飽和表（温度基準）から約 84 kJ/kg，発生蒸気のエンタルピー h_2 は，水蒸気の h–s 線図（付録 17）から約 3 300 kJ/kg である．①式に代入すると

$$G_e = \frac{2\,040 \times 1\,000 \times (3\,300 - 84)}{2\,257} = 2\,907 \times 10^3 \text{ kg/h}$$

例題 2 あるボイラの蒸発量が 3 200 t/h で，ボイラ本体の伝熱面積が 8 000 m² であるとする．このボイラの伝熱面蒸発率を求めよ．

解説 ②式に $G = 3\,200 \times 1\,000 = 3.2 \times 10^6$ kg/h，$A = 8\,000$ m² を代入すると

$$\varepsilon = \frac{3.2 \times 10^6}{8\,000} = 400 \text{ kJ/(m}^2 \cdot \text{h)}$$

例題 3 給水温度が 25℃ で，圧力 1.5 MPa，温度 300℃ の蒸気を，毎時 5 t 発生するボイラがある．このボイラが毎時 500 kg の重油を消費するものとすれば，ボイラ効率はいくらか．ただし，重油の低発熱量を 42 000 kJ/kg とする．

解説 給水エンタルピー h_1 は，飽和表（温度基準）から 24℃ で 100.587 kJ/kg，および 26℃ で 108.947 kJ/kg を得るので，比例配分で求める．

$$100.587 + (108.947 - 100.587) \times \frac{25 - 24}{26 - 24} = 104.767 \fallingdotseq 105 \text{ kJ/kg}$$

発生蒸気のエンタルピー h_2 は，水蒸気の h–s 線図（付録 17）から，約 3 040 kJ/kg が得られる．これらの数値を④式に代入すると

$$\eta_b = \frac{5\,000 \times (3\,040 - 105)}{500 \times 42\,000} = 0.699 \quad \rightarrow \quad 69.9\%$$

10-9 蒸気タービンの性能

Point》》》 実際の蒸気タービンで発生する仕事は，内部損失や内部漏れ損失，外部損失などがあり断熱熱落差より小さい値となる．性能は，出力，蒸気の初温・初圧，排気圧力，抽気段数，効率，熱消費率などで表される．

重要な公式

1 タービン効率

$$\eta_t = \frac{w_e}{h_{ad}} \quad (\eta_t = \eta_i \cdot \eta_m) \qquad ①$$

$$\eta_i = \frac{w_i}{h_{ad}} \qquad ②$$

$$\eta_m = \frac{w_e}{h_{ad}} \qquad ③$$

η_t：タービン効率
w_e：蒸気タービンにおける有効仕事〔kJ/kg〕
w_i：内部仕事〔kJ/kg〕
h_{ad}：断熱熱落差〔kJ/kg〕
η_i：内部効率
η_m：機械効率

2 タービン出力

$$P_e = \eta_t G_s h_{ad} \text{〔kW〕} \qquad ④$$

$$P_e = G_s w_e \text{〔kW〕} \qquad ⑤$$

P_e：タービン出力（有効動力）〔kW〕
G_s：蒸気の供給量〔kg/s〕

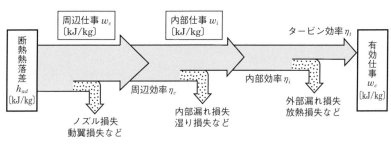

図1

公式を使って例題を解いてみよう！

例題 1 250 t/h の蒸気を消費して，70 000 kW の出力をするタービンの効率を求めよ．ただし，断熱熱落差は，1 200 kJ/kg とする．

解説 ④式を用いる．

$$G_s = 250 \text{ t/h} = \frac{250 \times 10^3}{3\,600} \text{ kg/s}, \quad h_{ad} = 1\,200 \text{ kJ/kg}, \quad P_e = 70\,000 \text{ kW を代入すると}$$

$$\eta_t = \frac{P_e}{G_s h_{ad}} = \frac{70\,000 \times 3\,600}{250 \times 10^3 \times 1\,200} = 0.84 \quad \rightarrow \quad 84\ \%$$

例題 2 内部効率 90%，機械効率 92% の蒸気タービンの 1 時間当たりの有効仕事〔MJ〕を求めよ．ただし，断熱熱落差を 1 300 kJ/kg，蒸気の消費量を 200 t/h とする．

解説 タービン出力は，$P_e\,[\text{kW}] = P_e\,[\text{kJ/s}]$ であるから 1 時間当たりの仕事は，$\eta_i = 0.9$，$\eta_m = 0.92$，$G_s = 200 \times 10^3$ kg/h，$h_{ad} = 1\,300$ kJ/kg を④式に代入すると

$$P_e = \eta_i \eta_m G_s h_{ad}$$
$$= 0.9 \times 0.92 \times 200 \times 10^3 \times 1\,300$$
$$= 215\,280 \times 10^3 \text{ kJ/h}$$
$$\fallingdotseq 215 \times 10^3 \text{ MJ/h}$$

例題 3 圧力 4 MPa，温度 400℃ の蒸気を毎時 80 t 受け，圧力 1 MPa まで膨張させる蒸気タービンがある．タービン効率を 80% としたときの出力〔kW〕を求めよ．

解説 圧力 4 MPa，温度 400℃ におけるエンタルピーは，圧縮水と過熱蒸気の表（付録 16）より $h = 3\,215.7$ kJ/kg である．

h-s 線図（付録 17）より，等エントロピーで膨張しているので，1 MPa で $h = 2\,880$ kJ/kg をとると断熱熱落差 h_{ad} は

$$h_{ad} = 3\,215.7 - 2\,880 = 335.7 \text{ kJ/kg}$$

④式に $\eta_t = 0.8$，$h_{ad} = 335.7$ kJ/kg，$G_s = 80$ t/h $= \dfrac{80 \times 10^3}{3\,600}$ kg/s として単位を整えて代入すると出力 $P_e\,[\text{kW}]$ は

$$P_e = \eta_t G_s h_{ad} = \frac{0.8 \times 80 \times 10^3 \times 335.7}{3\,600} = 5\,968 \text{ kW} \fallingdotseq 5\,970 \text{ kW}$$

10-10 内燃機関（1）圧縮比とサイクル

Point 圧縮比は，機関の熱効率に大きく関係する．内燃機関のサイクルは，作動流体のいろいろな状態変化の過程を示すものであり，理論サイクルを考えることで熱効率の向上につながる．

重要な公式

1 圧縮比

$$\varepsilon = \frac{V_c + V_s}{V_c} = \frac{V_t}{V_c}$$

V_c：すきま容積 $[\mathrm{mm}^3]$
V_s：行程容積 $[\mathrm{mm}^3]$
V_t：シリンダ容積 $(V_c + V_s)$ $[\mathrm{mm}^3]$

2 オットーサイクル（定容サイクル）

$$\eta_{tho} = 1 - \frac{1}{\varepsilon^{\kappa-1}}$$

κ：断熱指数

3 ディーゼルサイクル（定圧サイクル）

$$\eta_{thd} = 1 - \frac{1}{\varepsilon^{\kappa-1}} \cdot \frac{\sigma^{\kappa}-1}{\kappa(\sigma-1)}$$

締切比 $\sigma = \dfrac{V_3}{V_c}$

4 サバテサイクル（複合サイクル）

$$\eta_{ths} = 1 - \frac{1}{\varepsilon^{\kappa-1}} \cdot \frac{\rho\sigma^{\kappa}-1}{(\rho-1)+\kappa\rho(\sigma-1)}$$

最高圧力比 $\rho = \dfrac{p_3}{p_2}$

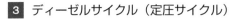

図1 行程容積

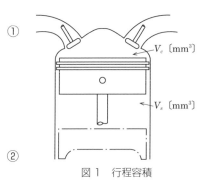

図2 オットーサイクル

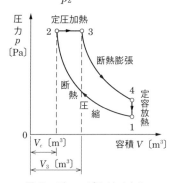

図3 ディーゼルサイクル

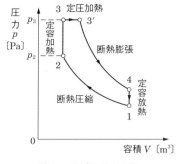

図4 サバテサイクル

公式を使って例題を解いてみよう！

例題 1 すきま容積が 50 cm³，行程容積が 350 cm³ の機関の圧縮比を求めよ．

解説 $V_s = 350 \text{ cm}^3$，$V_c = 50 \text{ cm}^3$ であるから①式より

$$\varepsilon = \frac{V_s}{V_c} + 1 = \frac{350}{50} + 1 = 8$$

例題 2 圧縮比が 7.5 であるオットーサイクルの熱効率を計算せよ．ただし，$\kappa = 1.3$ とする．

解説 圧縮比 $\varepsilon = 7.5$，断熱指数 $\kappa = 1.3$ を②式に代入すると

$$\eta_{tho} = 1 - \frac{1}{7.5^{1.3-1}} = 0.454 \rightarrow 45.4\%$$

例題 3 ディーゼルサイクルにおいて，熱効率を 56% としたい．圧縮比をいくらにすればよいか．ただし，締切比 1.5，断熱指数は 1.4 とする．

解説 ③式を ε について変形すると

$$\varepsilon = {}^{\kappa-1}\sqrt{\frac{1}{1-\eta_{thd}} \cdot \frac{\sigma^{\kappa-1}}{\kappa(\sigma-1)}}$$

この式に $\eta_{thd} = 0.56$，$\sigma = 1.5$，$\kappa = 1.4$ を代入すると

$$\varepsilon = {}^{0.4}\sqrt{\frac{1}{1-0.56} \cdot \frac{1.5^{1.4-1}}{1.4 \times (1.5-1)}} = 9.69$$

例題 4 圧縮比 12，締切比 2.0，圧力比 1.1 のとき，サバテサイクルの熱効率を求めよ．ただし，断熱指数は 1.4 とする．

解説 ④式に $\varepsilon = 12$，$\sigma = 2.0$，$\rho = 1.1$，$\kappa = 1.4$ を代入すると

$$\eta_{ths} = 1 - \frac{1}{12^{1.4-1}} \cdot \frac{1.1 \times 2^{1.4} - 1}{(1.1-1) + 1.4 \times 1.1 \times (2.0-1)} = 0.571 \rightarrow 57.1\%$$

10-11 内燃機関（2）出力と効率

Point 内燃機関は，サイクル中に作動流体の性質が変化したり，各種の損失が起こるので理論サイクルと異なる．性能試験を行って，出力・トルク・燃料消費率などを調べる．

重要な公式

1 図示出力

$$P_i = \frac{P_{mi}V_s z}{1\,000 \times 10^3} \cdot \frac{na}{60} = \frac{P_{mi}\frac{\pi}{4}d^2 szna}{1\,000 \times 10^3 \times 60} \quad [\text{kW}] \qquad ①$$

P_{mi}：図示平均有効圧〔MPa〕　　V_s：行程容積〔mm³〕
d：シリンダ内径〔mm〕　　s：行程〔mm〕
z：シリンダ数　　n：回転数〔min⁻¹〕
a：4サイクル機関では $a=1/2$，2サイクル機関では $a=1$

2 正味熱効率

$$\eta_e = \frac{3\,600 P_e}{BH_l} = \frac{3\,600 \times 10^3}{bH_l} \qquad ②$$

b：燃料消費率 $\left(\dfrac{B \times 10^3}{P_e}\right)$〔g/(kW・h)〕　　B：単位時間に供給した燃料〔kg/h〕
H_l：低発熱量〔kJ/kg〕　　P_e：正味出力〔kW〕

3 軸出力（正味出力）

$$P_e = \frac{2\pi nT}{60 \times 1\,000} = \frac{2\pi nWL}{60 \times 1\,000} \quad [\text{kW}] \qquad ③$$

T：軸トルク〔N・m〕
W：力量計の読み〔N〕
L：腕の長さ〔m〕

4 機械効率

$$\eta_m = \frac{P_e}{P_i} = \frac{P_{me}}{P_{mi}} \qquad ④$$

P_{me}：正味平均有効圧〔MPa〕

5 ピストン平均速度

$$v_{pm} = \frac{2s'n}{60} \quad [\text{m/s}] \qquad ⑤$$

s'：行程〔m〕

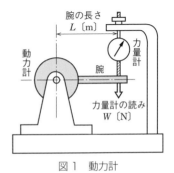

図1　動力計

公式を使って例題を解いてみよう！

例題1 2サイクルディーゼル機関でシリンダ数4，シリンダ内径460 mm，行程650 mmである．この機関を運転した結果，回転数150 rpmのとき図示平均有効圧が0.735 MPa，正味出力が375 kW，1 kW当たりの燃料消費量が200 kgであった．この機関の図示出力，機械効率，正味平均有効圧，正味熱効率を求めよ．ただし，燃料の低発熱量を43 500 kJ/kgとする．

解説 図示出力は，①式より

$$P_i = \frac{P_{mi} \frac{\pi}{4} d^2 s z n a}{1\,000 \times 10^3 \times 60} = \frac{0.735 \times \frac{\pi}{4} \times 460^2 \times 650 \times 4 \times 150 \times 1}{1\,000 \times 10^3 \times 60} = 794 \text{ kW}$$

機械効率は，④式より

$$\eta_m = \frac{P_e}{P_i} = \frac{375}{794} = 0.472 \rightarrow 47.2\%$$

正味平均有効圧は，④式より

$$P_{me} = \eta_m P_{mi} = 0.472 \times 0.735 = 0.347 \text{ MPa}$$

正味熱効率は，②式より

$$\eta_e = \frac{3\,600 \times 10^3}{bH_l} = \frac{3\,600 \times 10^3}{200 \times 43\,500} = 0.414 \rightarrow 41.4\%$$

例題2 ピストン行程200 mmの4サイクル機関の出力測定を行ったところ，回転数2 500 rpmにおいて動力計の腕の長さ500 mmのところで，力量計の読みが300 Nであった．この機関の正味出力とピストンの平均速度を求めよ．

解説 正味出力（軸出力）P_eは，③式より

$$P_e = \frac{2\pi n W L}{60 \times 1\,000} = \frac{2\pi \times 2\,500 \times 300 \times 0.5}{60 \times 1\,000} = 39.3 \text{ kW}$$

時々刻々変化するピストン平均速度は，$s' = 200$ mm $= 0.2$ m，$n = 2\,500$ rpmを⑤式に代入すると

$$v_{pm} = \frac{2s'n}{60} = \frac{2 \times 0.2 \times 2\,500}{60} = 16.7 \text{ m/s}$$

1 PS（馬力）$= 735.499$ W　　1 kW $= 102$ kgf·m/s

1 PS $= 75$ kgf·m/s

付録

付録1 単位表

表1 補助単位

	接頭語	記号		接頭語	記号
10^{18}	エクサ	E	10^{-1}	デシ	d
10^{15}	ペタ	P	10^{-2}	センチ	c
10^{12}	テラ	T	10^{-3}	ミリ	m
10^{9}	ギガ	G	10^{-6}	マイクロ	μ
10^{6}	メガ	M	10^{-9}	ナノ	n
10^{3}	キロ	k	10^{-12}	ピコ	p
10^{2}	ヘクタ	h	10^{-15}	フェムト	f
10^{1}	デカ	da	10^{-18}	アト	a

表2 SI単位とその他の単位

	SI 単位	その他の単位	
角度	rad(ラジアン)	°(度)	
	1	57.296	
	0.0174533	1	
長さ	m(メートル)	in(インチ)	ft(フィート)
	1	39.370	3.2808
	0.0254	1	0.083333
	0.3048	12	1
力	N(ニュートン)	kgf(重量キログラム)	lbf ft(重量ポンド)
	1	0.10197	0.22481
	9.80665	1	2.20462
	4.44822	0.45359	1
応力 圧力	Pa(パスカル)	kgf/cm^2(重量キログラム毎平方センチメートル)	kgf/mm^2(重量キログラム毎平方ミリメートル)
	1	1.0197×10^{-5}	1.0197×10^{-7}
	9.80665×10^{4}	1	0.01
	9.80665×10^{6}	100	1
トルク	Nm(ニュートンメートル)	kgf·m(重量キログラムメートル)	lbf ft(重量ポンドフィート)
	1	0.10972	0.737561
	9.80665	1	7.233003
	1.35582	0.138255	1
エネルギー 仕事	J(ジュール)	W·h(ワット時)	cal(カロリー)
	1	0.00027778	0.2388886
	3 600	1	859.8452
	4.18605	0.001163	1
動力 仕事率	W(ワット)	kgf·m/s(重量キログラムメートル毎秒)	PS(仏馬力)
	1	0.10197162	0.00135962
	9.80665	1	0.01333333
	735.49875	75	1

付録2 平歯車の歯形係数 y の値（ルイスの式）

歯数 Z	14.5° 並歯	20° 並歯	20° 低歯	歯数 Z	14.5° 並歯	20° 並歯	20° 低歯
12	0.067	0.078	0.099	26	0.098	0.110	0.135
13	0.071	0.083	0.103	28	0.100	0.112	0.137
14	0.075	0.088	0.108	30	0.101	0.114	0.139
15	0.078	0.092	0.111	34	0.104	0.118	0.142
16	0.081	0.094	0.115	38	0.106	0.122	0.145
17	0.084	0.096	0.117	50	0.110	0.130	0.151
18	0.086	0.098	0.120	60	0.113	0.134	0.154
19	0.088	0.100	0.123	75	0.115	0.138	0.158
20	0.090	0.102	0.125	100	0.117	0.142	0.161
21	0.092	0.104	0.127	150	0.119	0.146	0.165
22	0.093	0.105	0.129	300	0.122	0.150	0.170
24	0.095	0.107	0.132	ラック	0.124	0.154	0.175

付録3 歯車材料の引張強さ

材質	記号	MPa, N/mm²	材質	記号	熱処理	MPa, N/mm²
ねずみ鋳鉄品	FC100	≧100	機械構造用炭素鋼	S28C, S30C	焼ならし	≧471
	FC150	≧150		S28C, S30C	焼入れ焼もどし	≧539
	FC200	≧200		S33C, S35C	焼ならし	≧510
	FC250	≧250		S33C, S35C	焼入れ焼もどし	≧569
	FC300	≧300		S38C, S40C	焼ならし	≧539
	FC350	≧350		S38C, S40C	焼入れ焼もどし	≧608
炭素鋼鋳鋼品	SC360	≧360		S43C, S45C	焼ならし	≧569
	SC410	≧410		S43C, S45C	焼入れ焼もどし	≧686
	SC450	≧450		S48C, S50C	焼ならし	≧608
	SC480	≧480		S48C, S50C	焼入れ焼もどし	≧735
ニッケルクロム鋼	SNC236	≧740		S53C, S55C	焼ならし	≧647
	SNC631	≧830		S53C, S55C	焼入れ焼もどし	≧785
	SNC836	≧930	りん青銅（鋳物）			200
青銅		180	ニッケル青銅（鍛造）			640〜900

＊歯車の許容曲げ応力は，材料の引張強さの60％以下にする．

付録4 材料定数係数 Z_E

歯車			相手歯車			材料定数係数** Z_E [$\sqrt{\text{MPa}}$]
材料	記号	縦弾性係数 E [GPa]	材料	記号	縦弾性係数 E [GPa]	
鋼	＊	206	構造用鋼	＊	206	190
			鋳鋼	SC	202	189
			球状黒鉛鋳鉄	FCD	173	181
			ねずみ鋳鉄	FC	118	162
鋳鋼	SC	202	鋳鋼	SC	202	188
			球状黒鉛鋳鉄	FCD	173	181
			ねずみ鋳鉄	FC	118	162
球状黒鉛鋳鉄	FCD	173	球状黒鉛鋳鉄	FCD	173	174
			ねずみ鋳鉄	FC	118	157
ねずみ鋳鉄	FC	118	ねずみ鋳鉄	FC	118	144

注．＊の鋼は炭素鋼，合金鋼，窒化鋼およびステンレス鋼とする．
　＊＊ JGMA 6102-01 では材料定数係数は小数点以下1けたまで示しているが，本書では四捨五入して3けたに丸めた．

（JGMA 6102-01 から作成）

付録5 表面硬化しない歯車の許容曲げ応力および許容接触応力

材　料（矢印は参考）		硬さ HB	硬さ HV	引張強さ下限〔MPa〕（参考）	許容曲げ応力 $\sigma_{F\mathrm{lim}}$〔MPa〕	許容接触応力 $\sigma_{H\mathrm{lim}}$〔MPa〕
鋳鋼	SC360			363	71.2	335
	SC410			412	82.4	345
	SC450			451	90.6	355
	SC480			481	97.5	365
	SCC3 A	143	-	520	108	390
	SCC3 B	183	-	618	122	435
機械構造用炭素鋼焼ならし	S25C ↕ / S35C ↕ / S43C ↕ / S48C ↕ / S53C ↕ / S58C ↕	120	126	382	135	405
		130	136	412	145	415
		140	147	441	155	430
		150	157	471	165	440
		160	167	500	173	455
		170	178	539	180	465
		180	189	569	186	480
		190	200	598	191	490
		200	210	628	196	505
		210	221	667	201	515
		220	230	696	206	530
		230	242	726	211	540
		240	252	755	216	555
		250	263	794	221	565
機械構造用合金鋼焼入焼戻し	SMn443 ↕ / SNC836 ↕ / SCM435 ↕ / SCM440 ↕ / SNCM439 ↕	230	242	726	255	700
		240	252	755	264	715
		250	263	794	274	730
		260	273	824	283	745
		270	285	853	293	760
		280	295	883	302	775
		290	306	912	312	795
		300	316	951	321	810
		310	327	981	331	825
		320	337	1 010	340	840
		330	349	1 040	350	855
		340	359	1 079	359	870
		350	370	1 108	369	885

（JGMA 6101-01, JGMA 6102-01 による）

付録6　使用係数 K_A

駆動機械		被動機械の運転特性			
運転特性	駆動機械の例	均一負荷 U	中程度の衝撃 M	かなりの衝撃 MH	激しい衝撃 H
均一負荷 U	モータ・蒸気タービン・ガスタービン	1.00	1.25	1.50	1.75
軽度の衝撃 UM	蒸気タービン・ガスタービン・油圧モータおよびモータ	1.10	1.35	1.60	1.85
中程度の衝撃 M	多気筒内燃機関	1.25	1.50	1.75	2.0
激しい衝撃 H	単気筒内燃機関	1.50	1.70	2.0	$\geqq 2.25$

（JGMA 6101-01 による）

付録7　歯の触面応力係数 k

歯車材料		k [MPa]	
小歯車（硬さ HB)	大歯車（硬さ HB)	$\alpha = 14.5°$	$\alpha = 20°$
鋼（150）	鋼（150）	0.196	0.265
〃（200）	〃（150）	0.284	0.383
〃（250）	〃（150）	0.392	0.520
鋼（200）	鋼（200）	0.392	0.520
〃（250）	〃（200）	0.510	0.677
〃（300）	〃（200）	0.647	0.844
鋼（250）	鋼（250）	0.647	0.844
〃（300）	〃（250）	0.795	1.050
〃（350）	〃（250）	0.961	1.275
鋼（300）	鋼（300）	0.961	1.275
〃（350）	〃（300）	1.138	1.511
〃（400）	〃（300）	1.246	1.648
鋼（350）	鋼（350）	1.344	1.785
〃（400）	〃（350）	1.560	2.060
〃（450）	〃（350）	1.668	2.217
鋼（400）	鋼（400）	2.296	3.051
〃（500）	〃（400）	2.433	3.227
〃（600）	〃（400）	2.570	3.414
鋼（500）	鋼（500）	2.874	3.816
〃（600）	〃（600）	4.218	5.582
鋼（150）	鋳鉄	0.294	0.383
〃（200）	〃	0.579	0.775
〃（250）	〃	0.961	1.275
〃（300）	〃	1.030	1.364
鋼（150）	りん青銅	0.304	0.402
〃（200）	〃	0.608	0.804
〃（250）	〃	0.903	1.324
鋳鉄	鋳鉄	1.295	1.844
ニッケル青銅鋳物	ニッケル青銅鋳物	1.373	1.825
ニッケル青銅鋳物		1.138	1.521

付録8 切削加工条件（旋盤）[9]

工具 バイト		工作物 材料	切削速度 〔m/min〕	切込み 〔mm〕	送り 〔mm/rev〕
高速度 工具鋼	荒削り	鋼	35〜45	2〜3	0.2〜0.3
		鋳鉄	18〜25		
		アルミニウム	150〜200		
	仕上削り	鋼	50〜70	0.025〜0.075	刃幅の1/3
		鋳鉄	30〜35		
		アルミニウム	200〜250		
超硬合金	荒削り	鋼	150〜200	2	0.2〜0.3
		鋳鉄	60〜90		
		アルミニウム	600〜800		
	仕上削り	鋼	220〜300	0.05	0.05〜0.1
		鋳鉄	90〜130		
		アルミニウム	800〜1 000		

付録9 正面スライス加工の切削速度と送り[10]
（切削速度は m/min，送りは1刃当たり mm）

被削材	抗張力または 硬さ〔MPa〕	工具材種	荒削り		仕上削り	
			切削速度	送り	切削速度	送り
鋼	500＞	P25	100〜160	0.3〜0.5	120〜180	0.1
	500〜700	P25	80〜120	0.3〜0.4	100〜120	0.1
	700〜1 000	P40	60〜100	0.15〜0.4	80〜100	0.1
		サーメット	100〜200	0.15〜0.4	150〜250	0.05〜0.1
調質鋼	700〜1 000	P40	60〜100	0.15〜0.4	80〜100	0.1
	1 000〜1 500	P40	30〜60	0.1〜0.3	45〜80	0.1
鋳鋼	700	P40	70〜100	0.15〜0.4	100〜120	0.1
鋳鉄	HB 200〜300	K20	60〜90	0.3〜0.5	60〜90	0.1
		セラミック	—	—	300〜500	0.05〜0.1
黄銅	HB 80〜120	K20	150〜220	0.15〜0.4	170〜300	0.1
青銅	HB 60〜100	K20	100〜180	0.15〜0.4	140〜250	0.1
アルミ合金	HB 60〜100	K20	300〜600	0.15〜0.4	500〜800	0.1

付録 10[10]
高速度鋼ドリルの標準切削条件（v：切削速度〔m/min〕，s：送り量〔mm/rev〕）

被削材	引張強さ〔MPa〕	ドリルの直径 D 〔mm〕								
		2〜5		6〜11		12〜18		19〜25		26〜50	
		v	s	v	s	v	s	v	s	v	s
鋼	500 以下	20〜25	0.1	20〜25	0.2	30〜35	0.2	30〜35	0.3	25〜30	0.4
	500〜700	20〜25	0.1	20〜25	0.2	20〜25	0.2	25〜30	0.2	25	0.2
	700〜900	15〜18	0.05	15〜18	0.1	15〜18	0.2	18〜22	0.3	15〜20	0.35
	900〜1 000	10〜14	0.05	10〜14	0.1	12〜18	0.15	16〜20	0.2	14〜16	0.3
鋳鉄	120〜180	25〜30	0.1	30〜40	0.2	25〜30	0.35	20	0.6	20	1.0
	180〜300	12〜18	0.1	14〜18	0.15	16〜20	0.2	16〜20	0.3	16〜18	0.4
黄銅	（軟）	50 以下	0.05	50 以下	0.15	50 以下	0.3	50 以下	0.45	50 以下	―
青銅	（硬）	35 以下	0.05	35 以下	0.1	35 以下	0.2	35 以下	0.35	35 以下	―

付録 11　各種金属の密度と融点

金属名		密度〔g·cm^{-3}〕	融点〔℃〕	金属名		密度〔g·cm^{-3}〕	融点〔℃〕
タングステン	(W)	19.1	3 387	金	(Au)	19.3	1 064
クロム	(Cr)	7.2	1 890	銀	(Ag)	10.5	962
チタン	(Ti)	4.5	1 675	アルミニウム	(Al)	2.7	660
鉄	(Fe)	7.9	1 535	亜鉛	(Zn)	7.1	420
ニッケル	(Ni)	8.9	1 455	鉛	(Pb)	11.3	328
銅	(Cu)	8.9	1 085	すず	(Sn)	7.3	232

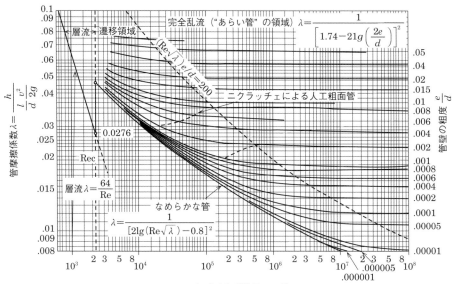

このグラフは縦軸のスケールを，横軸のそれの 3.24 倍に拡大してある．

付録 12　ムーディ線図

付録13　管路の形状と損失係数

管路の形状		損失係数 ζ	管路の形状		損失係数 ζ
流入口	丸味付き	0.06 (r小) ～ 0.005 (r大)	90°曲がり	T	0.88
	角端	0.5	急な広がり		$\left\{1-\left(\dfrac{d_1}{d_2}\right)^2\right\}^2$
	管突出し	0.5（鈍）～ 3.0（鋭）	ゆるやかな広がり		円管で $\theta=5°30'$ のとき $0.135\left\{1-\left(\dfrac{d_1}{d_2}\right)^2\right\}^2$
90°曲がり	エルボ	1.0	急なせばまり		$\left(\dfrac{d_1}{d_2}\right)^2=0.1\sim 0.9$ のとき $0.41\sim 0.036$
	ベンド	0.2 ～ 0.3	流出口		1.0

エルボ（曲がり角が θ の場合）　　　流入口（傾きが θ の場合）

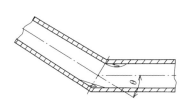
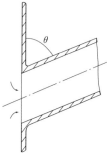

$\zeta = 0.946\sin^2\left(\dfrac{\theta}{2}\right) + 2.05\sin^4\left(\dfrac{\theta}{2}\right)$ 　　 $\zeta = \zeta_{\theta=90°} + 0.3\cos\theta + 0.2\cos^2\theta$

（$\zeta_{\theta=90°}$ は壁面に垂直に取付けたときの値）

付録14 飽和表（温度基準）[11]

温度		圧力	比体積 [m³/kg]		比エンタルピー [kJ/kg]			比エントロピー [kJ/(kg·K)]		
t [℃]	T [K]	p_s [MPa]	v'	v''	h'	h''	$r=h''-h'$	s'	s''	$r/Ts=s''-s'$
0	273.15	0.0006108	0.00100022	206.305	−0.042	2 501.6	2 501.6	−0.00015	9.15773	9.15788
0.01	273.16	0.0006112	0.00100022	206.163	0.001	2 501.6	2 501.6	0.00000	9.15746	9.15746
5	278.15	0.0008718	0.00100003	147.163	21.007	2 510.7	2 489.7	0.07621	9.02690	8.95069
10	283.15	0.0012270	0.00100025	106.430	41.994	2 519.9	2 477.9	0.15099	8.90196	8.75097
15	288.15	0.0017039	0.00100083	77.9779	62.941	2 529.1	2 466.1	0.22432	8.78257	8.55825
20	293.15	0.0023366	0.00100172	57.8383	83.862	2 538.2	2 454.3	0.29630	8.66840	8.37210
25	298.15	0.0031660	0.00100289	43.4017	104.767	2 547.3	2 442.5	0.36701	8.55916	8.19215
30	303.15	0.0042415	0.00100431	32.9289	125.664	2 556.4	2 430.7	0.43651	8.45456	8.01805
35	308.15	0.0056216	0.00100595	25.2449	146.557	2 565.4	2 418.8	0.50486	8.35434	7.84948
40	313.15	0.0073750	0.00100781	19.5461	167.452	2 574.4	2 406.9	0.57212	8.25826	7.68613
50	323.15	0.012335	0.00101211	12.0457	209.256	2 592.2	2 382.9	0.70351	8.07757	7.37406
60	333.15	0.019920	0.00101714	7.67853	251.091	2 609.7	2 358.6	0.83099	7.91081	7.07982
70	343.15	0.031162	0.00102285	5.04627	292.972	2 626.9	2 334.0	0.95482	7.75647	6.80165
80	353.15	0.047360	0.00102919	3.40909	334.916	2 643.8	2 308.8	1.07525	7.61322	6.53796
90	363.15	0.070109	0.00103615	2.36130	376.939	2 660.1	2 283.2	1.19253	7.47987	6.28734
100	373.15	0.101325	0.00104371	1.67300	419.064	2 676.0	2 256.9	1.30687	7.35538	6.04851
110	383.15	0.14327	0.00105187	1.20994	461.315	2 691.3	2 230.0	1.41849	7.23880	5.82031
120	393.15	0.19854	0.00106063	0.891524	503.719	2 706.0	2 202.2	1.52759	7.12928	5.60169
130	403.15	0.27013	0.00107002	0.668136	546.305	2 719.9	2 173.6	1.63436	7.02606	5.39170
140	413.15	0.36138	0.00108006	0.508493	589.104	2 733.1	2 144.0	1.73899	6.92844	5.18945
150	423.15	0.47600	0.00109078	0.392447	632.149	2 745.4	2 113.2	1.84164	6.83578	4.99414
160	433.15	0.61806	0.00110223	0.306756	675.474	2 756.7	2 081.3	1.94247	6.74749	4.80502
170	443.15	0.79202	0.00111446	0.242553	719.116	2 767.1	2 047.9	2.04164	6.66303	4.62139
180	453.15	1.0027	0.00112752	0.193800	763.116	2 776.3	2 013.1	2.13929	6.58189	4.44260
190	463.15	1.2551	0.00114151	0.156316	807.517	2 784.3	1 976.7	2.23558	6.50361	4.26803
200	473.15	1.5549	0.00115650	0.127160	852.371	2 790.9	1 938.6	2.33066	6.42776	4.09710
210	483.15	1.9077	0.00117260	0.104239	897.734	2 796.2	1 898.5	2.42467	6.35393	3.92926
220	493.15	2.3198	0.00118996	0.0860378	943.673	2 799.9	1 856.2	2.51779	6.28172	3.76393
230	503.15	2.7976	0.00120872	0.0714498	990.265	2 802.0	1 811.7	2.61017	6.21074	3.60057
240	513.15	3.3478	0.00122908	0.0596544	1 037.60	2 802.2	1 764.6	2.70200	6.14059	3.43859
250	523.15	3.9776	0.00125129	0.0500374	1 085.78	2 800.4	1 714.7	2.79348	6.07083	3.27734
260	533.15	4.6943	0.00127563	0.0421338	1 134.94	2 796.4	1 661.5	2.88485	6.00097	3.11612
270	543.15	5.5058	0.00130250	0.0355880	1 185.23	2 789.9	1 604.6	2.97635	5.93045	2.95410
280	553.15	6.4204	0.00133239	0.0301260	1 236.84	2 780.4	1 543.6	3.06830	5.85863	2.79033
290	563.15	7.4461	0.00136595	0.0255351	1 290.01	2 767.6	1 477.6	3.16108	5.78478	2.62370
300	573.15	8.5927	0.00140406	0.0216487	1 345.05	2 751.0	1 406.0	3.25517	5.70812	2.45295
310	583.15	9.8700	0.00144797	0.0183339	1 402.39	2 730.0	1 327.6	3.35119	5.62776	2.27657
320	593.15	11.289	0.00149950	0.0154798	1 462.60	2 703.7	1 241.1	3.45000	5.54233	2.09233
330	603.15	12.863	0.00156147	0.0129894	1 526.52	2 670.2	1 143.6	3.55283	5.44901	1.89618
340	613.15	14.605	0.00163872	0.0107804	1 595.47	2 626.2	1 030.7	3.66162	5.34274	1.68112
350	623.15	16.535	0.00174112	0.0087991	1 671.94	2 567.7	895.7	3.78004	5.21766	1.43762
360	633.15	18.675	0.0018959	0.0069398	1 764.2	2 485.4	721.3	3.92102	5.06003	1.13901
370	643.15	21.054	0.0022136	0.0049728	1 890.2	2 342.8	452.6	4.11080	4.81439	0.70359
374.15	647.30	22.120	0.0031700	0.0031700	2 170.4	2 170.4	0.0	4.44286	4.44286	0.0

付録 15 飽和表（圧力基準）[11]

圧力 p [MPa]	飽和温度 t_s [℃]	比体積 [m³/kg]		比エンタルピー [kJ/kg]			比エントロピー [kJ/(kg·K)]		
		v'	v''	h'	h''	$r=h''-h'$	s'	s''	$r/T_s=s''-s'$
0.0010	6.983	0.00100007	129.209	29.335	2 514.4	2 485.0	0.10604	8.97667	8.87062
0.0015	13.036	0.00100057	87.9821	54.715	2 525.5	2 470.7	0.19567	8.82883	8.63316
0.0020	17.513	0.00100124	67.0061	73.457	2 533.6	2 460.2	0.26065	8.72456	8.46390
0.0025	21.096	0.00100196	54.2562	88.446	2 540.2	2 451.7	0.31191	8.64403	8.33213
0.0030	24.100	0.00100266	45.6673	101.003	2 545.6	2 444.6	0.35436	8.57848	8.22412
0.005	32.90	0.00100523	28.1944	137.772	2 561.6	2 423.8	0.47626	8.39596	7.91970
0.01	45.83	0.00101023	14.6746	191.832	2 584.8	2 392.9	0.64925	8.15108	7.50183
0.02	60.09	0.00101719	7.64977	251.453	2 609.9	2 358.4	0.83207	7.90943	7.07735
0.03	69.12	0.00102232	5.22930	289.302	2 625.4	2 336.1	0.94411	7.76953	6.82542
0.04	75.89	0.00102651	3.99342	317.650	2 636.9	2 319.2	1.02610	7.67089	6.64480
0.05	81.35	0.00103009	3.24022	340.564	2 646.0	2 305.4	1.09121	7.59472	6.50352
0.07	89.96	0.00103612	2.36473	376.768	2 660.1	2 283.3	1.19205	7.48040	6.28834
0.10	99.63	0.00104342	1.69373	417.510	2 675.4	2 257.9	1.30271	7.35982	6.05711
0.101325	100.00	0.00104371	1.67300	419.064	2 676.0	2 256.9	1.30687	7.35538	6.04851
0.15	111.37	0.00105303	1.15904	467.125	2 693.4	2 226.2	1.43361	7.22337	5.78976
0.2	120.23	0.00106084	0.885441	504.700	2 706.3	2 201.6	1.53008	7.12683	5.59675
0.3	133.54	0.00107350	0.605562	561.429	2 724.7	2 163.2	1.67164	6.99090	5.31926
0.4	143.62	0.00108387	0.462224	604.670	2 737.6	2 133.0	1.77640	6.89433	5.11793
0.5	151.84	0.00109284	0.374676	640.115	2 747.5	2 107.4	1.86036	6.81919	4.95883
0.6	158.84	0.00110086	0.315474	670.422	2 755.5	2 085.0	1.93083	6.75754	4.82671
0.8	170.41	0.00111498	0.240257	720.935	2 767.5	2 046.5	2.04572	6.65960	4.61388
1.0	179.88	0.00112737	0.194293	762.605	2 776.2	2 013.6	2.13817	6.58281	4.44464
1.2	187.96	0.00113858	0.163200	798.430	2 782.7	1 984.3	2.21606	6.51936	4.30331
1.4	195.04	0.00114893	0.140721	830.073	2 787.8	1 957.7	2.28366	6.46509	4.18143
1.6	201.37	0.00115864	0.123686	858.561	2 791.7	1 933.2	2.34361	6.41753	4.07391
1.8	207.11	0.00116783	0.110317	884.573	2 794.8	1 910.3	2.39762	6.37507	3.97746
2.0	212.37	0.00117661	0.0995361	908.588	2 797.2	1 888.6	2.44686	6.33665	3.88979
2.5	223.94	0.00119718	0.0799053	961.961	2 800.9	1 839.0	2.55429	6.25361	3.69932
3.0	233.84	0.00121634	0.0666261	1 008.35	2 802.3	1 793.9	2.64550	6.18372	3.53822
3.5	242.54	0.00123454	0.0570255	1 049.76	2 802.0	1 752.2	2.72527	6.12285	3.39758
4	250.33	0.00125206	0.0497493	1 087.40	2 800.3	1 712.9	2.79652	6.06851	3.27198
5	263.91	0.00128582	0.0394285	1 154.47	2 794.2	1 639.7	2.92060	5.97349	3.05289
6	275.55	0.00131868	0.0324378	1 213.69	2 785.0	1 571.3	3.02730	5.89079	2.86349
7	285.79	0.00135132	0.0273733	1 267.41	2 773.5	1 506.0	3.12189	5.81616	2.69427
8	294.97	0.00138424	0.0235253	1 317.10	2 759.9	1 442.8	3.20762	5.74710	2.53947
9	303.31	0.00141786	0.0204953	1 363.73	2 744.6	1 380.9	3.28666	5.68201	2.39535
10	310.96	0.00145256	0.0180413	1 408.04	2 727.7	1 319.7	3.36055	5.61980	2.25926
12	324.65	0.00152676	0.0142830	1 491.77	2 689.2	1 197.4	3.49718	5.50022	2.00304
14	336.64	0.00161063	0.0114950	1 571.64	2 642.4	1 070.7	3.62424	5.38026	1.75601
16	347.23	0.00171031	0.0093075	1 650.54	2 584.9	934.3	3.74710	5.25314	1.50604
18	356.96	0.0018399	0.0074977	1 734.8	2 513.9	779.1	3.87654	5.11277	1.23623
20	365.70	0.0020370	0.0058765	1 826.5	2 418.3	591.9	4.01487	4.94120	0.92634
22	373.69	0.0026709	0.0037265	2 011.0	2 195.4	184.4	4.29451	4.57957	0.28506
22.12	374.15	0.0031700	0.0031700	2 107.4	2 107.4	0.0	4.44786	4.44786	0.0

付録 16　圧縮水と加熱蒸気の表

圧力 p [MPa] (飽和温度 [℃])		蒸気温度 t [℃]									
		50	100	150	200	250	300	350	400	500	600	700
0.005 (32.90)	v	29.783	34.417	39.041	43.661	48.280	52.896	57.513	62.129	71.360	80.591	89.822
	h	2 593.7	2 688.1	2 783.4	2 879.9	2 977.6	3 076.5	3 177.4	3 279.7	3 489.2	3 705.6	3 928.8
	s	8.4981	8.7698	9.0094	9.2248	9.4211	9.6021	9.7704	9.9283	10.2184	10.4815	10.7235
0.010 (45.83)	v	14.869	17.195	19.512	21.825	24.136	26.445	28.754	31.062	35.679	40.295	44.910
	h	2 592.7	2 687.5	2 783.1	2 879.6	2 977.4	3 076.6	3 177.3	3 279.6	3 489.1	3 705.5	3 928.8
	s	8.1757	8.4486	8.6888	8.9045	9.1010	9.2820	9.4504	9.6083	9.8984	10.1616	10.4036
0.020 (60.09)	v	0.0010121	8.585	9.748	10.907	12.064	13.219	14.374	15.529	17.838	20.146	22.455
	h	209.3	2 686.3	2 782.3	2 879.2	2 977.1	3 076.4	3 177.1	3 279.4	3 489.0	3 705.4	3 928.7
	s	0.7035	8.1261	8.3676	8.5839	8.7806	8.9618	9.1303	9.2882	9.5784	9.8416	10.0836
0.050 (81.35)	v	0.0010121	3.418	3.889	4.356	4.821	5.284	5.747	6.209	7.133	8.057	8.981
	h	209.3	2 682.6	2 780.1	2 877.7	2 976.1	3 075.7	3 176.6	3 279.0	3 488.7	3 705.2	3 928.5
	s	0.7035	7.6953	7.9406	8.1587	8.3564	8.5380	8.7068	8.8649	9.1552	9.4185	9.6606
0.100 (99.63)	v	0.0010121	1.696	1.936	2.172	2.406	2.639	2.871	3.102	3.565	4.028	4.490
	h	209.3	2 676.2	2 776.3	2 875.4	2 974.5	3 074.5	3 175.6	3 278.2	3 488.1	3 704.8	3 928.2
	s	0.7035	7.3618	7.6137	7.8349	8.0342	8.2166	8.3858	8.5442	8.8348	9.0982	9.3405
0.20 (120.23)	v	0.0010120	0.0010437	0.9595	1.080	1.199	1.316	1.433	1.549	1.781	2.013	2.244
	h	209.4	419.1	2 768.5	2 870.5	2 971.2	3 072.1	3 173.8	3 276.7	3 487.0	3 704.0	3 927.6
	s	0.7034	1.3068	7.2794	7.5072	7.7096	7.8937	8.0638	8.2226	8.5139	8.7776	9.0201
0.30 (133.54)	v	0.0010120	0.0010436	0.6337	0.7164	0.7964	0.8753	0.9535	1.031	1.187	1.341	1.496
	h	209.5	419.2	2 760.4	2 865.5	2 967.9	3 069.7	3 171.9	3 275.2	3 486.0	3 703.2	3 927.0
	s	0.7034	1.3067	7.0771	7.3119	7.5176	7.7034	7.8744	8.0338	8.3257	8.5898	8.8325
0.40 (143.62)	v	0.0010119	0.0010436	0.4707	0.5343	0.5952	0.6549	0.7139	0.7725	0.8892	1.005	1.121
	h	209.6	419.3	2 752.0	2 860.4	2 964.2	3 067.2	3 170.0	3 273.6	3 484.9	3 702.3	3 926.4
	s	0.7033	1.3066	6.9285	7.1708	7.3800	7.5675	7.7395	7.8994	8.1919	8.4563	8.6992
0.50 (151.84)	v	0.0010119	0.0010435	0.0010908	0.4250	0.4744	0.5226	0.5701	0.6172	0.7108	0.8039	0.8968
	h	209.7	419.4	632.2	2 855.1	2 961.1	3 064.8	3 168.1	3 272.1	3 483.8	3 701.5	3 925.8
	s	0.7033	1.3066	1.8416	7.0592	7.2721	7.4614	7.6343	7.7948	8.0879	8.3526	8.5957
0.60 (158.84)	v	0.0010119	0.0010434	0.0010907	0.3520	0.3939	0.4344	0.4742	0.5136	0.5918	0.6696	0.7471
	h	209.8	419.4	632.2	2 849.7	2 957.6	3 062.3	3 166.2	3 270.6	3 482.7	3 700.7	3 925.1
	s	0.7032	1.3065	1.8415	6.9662	7.1829	7.3740	7.5479	7.7090	8.0027	8.2678	8.5111
0.70 (164.96)	v	0.0010118	0.0010434	0.0010906	0.2999	0.3364	0.3714	0.4057	0.4396	0.5069	0.5737	0.6402
	h	209.8	419.5	632.3	2 844.2	2 954.0	3 059.8	3 164.3	3 269.0	3 481.6	3 699.9	3 924.5
	s	0.7032	1.3064	1.8414	6.8859	7.1066	7.2997	7.4745	7.6362	7.9305	8.1959	8.4395
0.80 (170.41)	v	0.0010118	0.0010433	0.0010906	0.2608	0.2932	0.3241	0.3543	0.3842	0.4432	0.5017	0.5600
	h	209.9	419.6	632.3	2 838.6	2 950.4	3 057.3	3 162.4	3 267.5	3 480.5	3 699.1	3 923.9
	s	0.7031	1.3063	1.8413	6.8148	7.0397	7.2348	7.4107	7.5729	7.8678	8.1336	8.3773
0.90 (175.36)	v	0.0010117	0.0010433	0.0010905	0.2303	0.2596	0.2874	0.3144	0.3410	0.3936	0.4458	0.4976
	h	210.0	419.7	632.4	2 832.7	2 946.8	3 054.7	3 160.5	3 265.9	3 479.4	3 698.2	3 923.3
	s	0.7031	1.3062	1.8412	6.7508	6.9800	7.1771	7.3540	7.5169	7.8124	8.0785	8.3225
1.00 (179.88)	v	0.0010117	0.0010432	0.0010904	0.2059	0.2327	0.2580	0.2824	0.3065	0.3540	0.4010	0.4477
	h	210.1	419.7	632.5	2 826.8	2 943.1	3 052.1	3 158.5	3 264.4	3 478.3	3 697.4	3 922.7
	s	0.7031	1.3062	1.8411	6.6922	6.9259	7.1251	7.3031	7.4665	7.7627	8.0292	8.2734
1.20 (187.96)	v	0.0010116	0.0010431	0.0010903	0.1692	0.1924	0.2139	0.2345	0.2547	0.2945	0.3338	0.3729
	h	210.3	419.9	632.6	2 814.4	2 935.4	3 046.9	3 154.6	3 261.3	3 476.1	3 695.8	3 921.4
	s	0.7030	1.3060	1.8408	6.5872	6.8305	7.0342	7.2144	7.3790	7.6765	7.9436	8.1882
1.50 (198.29)	v	0.0010114	0.0010430	0.0010901	0.1324	0.1520	0.1697	0.1865	0.2029	0.2352	0.2667	0.2980
	h	210.5	420.1	632.8	2 794.7	2 923.5	3 038.9	3 148.7	3 256.6	3 472.8	3 693.3	3 919.6
	s	0.7028	1.3058	1.8405	6.4508	6.7099	6.9207	7.1044	7.2709	7.5703	7.8385	8.0838
2.00 (212.37)	v	0.0010112	0.0010427	0.0010897	0.0011560	0.1114	0.1255	0.1386	0.1511	0.1756	0.1995	0.2232
	h	211.0	420.5	633.1	852.6	2 902.4	3 025.0	3 138.6	3 248.7	3 467.3	3 689.2	3 916.5
	s	0.7026	1.3054	1.8399	2.3300	6.5454	6.7696	6.9596	7.1295	7.4323	7.7022	7.9485
3.0 (233.84)	v	0.0010108	0.0010422	0.0010890	0.0011550	0.07055	0.08116	0.09053	0.09931	0.1161	0.1323	0.1483
	h	211.8	421.2	633.7	853.0	2 854.5	2 995.1	3 117.5	3 232.5	3 456.2	3 681.0	3 910.5
	s	0.7021	1.3046	1.8388	2.3284	6.2857	6.5422	6.7471	6.9246	7.2345	7.5079	7.7564

★ v：比体積 [m³/kg]，h：比エンタルピー [kJ/kg]，s：比エントロピー [kJ/(kg·K)]

付録 16 圧縮水と加熱蒸気の表（つづき）

圧力 p [MPa] (飽和温度[℃])		蒸気温度 t [℃]									
		100	150	200	250	300	350	400	500	600	700	800
4.0 (250.33)	v	0.0010417	0.0010883	0.0011540	0.0012512	0.05883	0.06645	0.07338	0.08634	0.09876	0.1109	0.1229
	h	422.0	634.3	853.4	1 085.8	2 962.0	3 095.1	3 215.7	3 445.0	3 672.8	3 904.1	4 140.0
	s	1.3038	1.8377	2.3268	2.7934	6.3642	6.5870	6.7733	7.0909	7.3680	7.6187	7.8495
5.0 (263.91)	v	0.0010412	0.0010877	0.0011530	0.0012494	0.04530	0.05194	0.05779	0.06849	0.07862	0.08845	0.09809
	h	422.7	635.0	853.8	1 085.8	2 925.5	3 071.2	3 198.3	3 433.7	3 664.5	3 897.9	4 135.3
	s	1.3030	1.8366	2.3253	2.7910	6.2105	6.4545	6.6508	6.9770	7.2578	7.5108	7.7431
6.0 (275.55)	v	0.0010406	0.0010870	0.0011519	0.0012476	0.03614	0.04222	0.04738	0.05659	0.06518	0.07348	0.08159
	h	423.5	635.6	854.2	1 085.8	2 885.0	3 045.8	3 180.1	3 422.2	3 656.2	3 891.7	4 130.7
	s	1.3023	1.8355	2.3237	2.7886	6.0692	6.3386	6.5462	6.8818	7.1664	7.4217	7.6554
7.0 (285.79)	v	0.0010401	0.0010863	0.0011510	0.0012458	0.02946	0.03523	0.03992	0.04809	0.05559	0.06279	0.06980
	h	424.2	636.2	854.6	1 085.8	2 839.4	3 018.7	3 161.2	3 410.6	3 647.9	3 885.4	4 126.0
	s	1.3015	1.8345	2.3222	2.7862	5.9327	6.2333	6.4536	6.7993	7.0880	7.3456	7.5808
8.0 (294.97)	v	0.0010396	0.0010856	0.0011500	0.0012441	0.02426	0.02995	0.03431	0.04170	0.04839	0.05477	0.06096
	h	425.0	636.8	855.1	1 085.8	2 786.8	2 989.9	3 141.6	3 398.8	3 639.5	3 879.2	4 121.3
	s	1.3007	1.8334	2.3206	2.7839	5.7942	6.1349	6.3694	6.7262	7.0191	7.2790	7.5158
9.0 (303.31)	v	0.0010391	0.0010850	0.0011490	0.0012423	0.0014022	0.02579	0.02993	0.03674	0.04280	0.04853	0.05408
	h	425.8	637.5	855.5	1 085.8	1 344.6	2 959.0	3 121.2	3 386.8	3 631.1	3 873.0	4 116.7
	s	1.3000	1.8323	2.3191	2.7815	3.2533	6.0408	6.2915	6.6600	6.9574	7.2196	7.4579
10.0 (310.96)	v	0.0010386	0.0010843	0.0011480	0.0012406	0.0013979	0.02242	0.02641	0.03276	0.03832	0.04355	0.04858
	h	426.5	638.1	855.9	1 085.8	1 343.4	2 925.8	3 099.9	3 374.6	3 622.7	3 866.8	4 112.0
	s	1.2992	1.8312	2.3176	2.7792	3.2488	5.9489	6.2182	6.5994	6.9013	7.1660	7.4058
15.0 (342.13)	v	0.0010361	0.0010811	0.0011433	0.0012324	0.0013779	0.01146	0.01566	0.02080	0.02488	0.02859	0.03209
	h	430.3	641.3	858.1	1 086.2	1 338.3	2 694.8	2 979.1	3 310.6	3 579.8	3 835.4	4 088.6
	s	1.2954	1.8259	2.3102	2.7680	3.2278	5.4467	5.8876	6.3487	6.6764	6.9536	7.2013
20.0 (365.70)	v	0.0010337	0.0010779	0.0011387	0.0012247	0.0013606	0.001666	0.009947	0.01477	0.01816	0.02111	0.02385
	h	434.0	644.4	860.4	1 086.7	1 334.3	1 647.2	2 820.5	3 241.1	3 535.5	3 803.8	4 065.3
	s	1.2916	1.8207	2.3030	2.7574	3.2089	3.7308	5.5585	6.1456	6.5043	6.7953	7.0511
25.0	v	0.0010313	0.0010748	0.0011343	0.0012175	0.0013453	0.001600	0.006014	0.01113	0.01413	0.01663	0.01891
	h	437.8	647.7	862.8	1 087.5	1 331.1	1 625.1	2 582.0	3 165.9	3 489.9	3 771.9	4 041.9
	s	1.2879	1.8156	2.2959	2.7472	3.1916	3.6824	5.1455	5.9655	6.3604	6.6664	6.9306
30	v	0.0010289	0.0010718	0.0011301	0.0012107	0.0013316	0.001554	0.002831	0.008681	0.01144	0.01365	0.01562
	h	441.6	650.9	865.2	1 088.4	1 328.7	1 610.0	2 161.8	3 085.0	3 443.0	3 739.7	4 018.5
	s	1.2843	1.8105	2.2891	2.7373	3.1757	3.6455	4.4896	5.7972	6.2340	6.5560	6.8288
35	v	0.0010266	0.0010689	0.0011260	0.0012042	0.0013191	0.001519	0.002111	0.006925	0.009519	0.01152	0.01327
	h	445.4	654.2	867.7	1 089.5	1 326.8	1 598.7	1 993.1	2 998.3	3 395.1	3 707.3	3 995.1
	s	1.2807	1.8056	2.2824	2.7279	3.1608	3.6149	4.2214	5.6349	6.1194	6.4584	6.7400
40	v	0.0010244	0.0010660	0.0011220	0.0011981	0.0013077	0.001490	0.001909	0.005616	0.008085	0.009930	0.01152
	h	449.3	657.4	870.2	1 090.8	1 325.4	1 589.7	1 934.1	2 906.8	3 346.4	3 674.8	3 971.7
	s	1.2771	1.8007	2.2758	2.7188	3.1469	3.5885	4.1190	5.4762	6.0135	6.3701	6.6606
50	v	0.0010200	0.0010605	0.0011144	0.0011866	0.0012874	0.001444	0.001729	0.003882	0.006111	0.007720	0.009076
	h	456.8	664.1	875.4	1 093.6	1 323.7	1 576.4	1 877.7	2 723.0	3 248.3	3 610.2	3 925.3
	s	1.2701	1.7912	2.2632	2.7015	3.1213	3.5436	4.0083	5.1782	5.8207	6.2138	6.5222
60	v	0.0010157	0.0010552	0.0011073	0.0011761	0.0012698	0.001408	0.001632	0.002952	0.004835	0.006269	0.007460
	h	464.5	670.7	880.8	1 096.9	1 323.2	1 567.1	1 847.5	2 570.6	3 151.6	3 547.0	3 879.6
	s	1.2633	1.7820	2.2511	2.6581	3.0981	3.5059	3.9683	4.9374	5.6477	6.0775	6.4031
70	v	0.0010116	0.0010501	0.0011005	0.0011665	0.0012541	0.001379	0.001567	0.002467	0.003972	0.005257	0.006321
	h	472.1	677.5	886.3	1 100.5	1 323.6	1 560.6	1 827.8	2 467.1	3 060.4	3 486.3	3 835.3
	s	1.2566	1.7731	2.2394	2.6697	3.0767	3.4730	3.8655	4.7688	5.4931	5.9562	6.2979
80	v	0.0010076	0.0010452	0.0010941	0.0011573	0.0012401	0.001355	0.001518	0.002188	0.003379	0.004519	0.005480
	h	479.7	684.3	891.9	1 104.4	1 324.7	1 555.9	1 814.2	2 397.4	2 980.3	3 428.7	3 792.8
	s	1.2501	1.7644	2.2281	2.6550	3.0570	3.4436	3.8425	4.6488	5.3595	5.8470	6.2034
100	v	0.0009999	0.0010359	0.0010821	0.0011407	0.0012155	0.001315	0.001446	0.001893	0.002668	0.003536	0.004341
	h	495.1	698.0	903.5	1 113.0	1 328.5	1 550.6	1 797.6	2 316.7	2 857.5	3 324.8	3 714.3
	s	1.2373	1.7476	2.2067	2.6275	3.0210	3.3922	3.7738	4.4913	5.1505	5.6579	6.0397

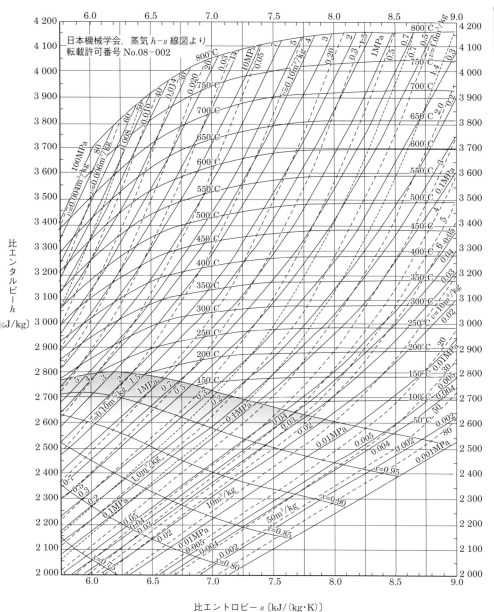

付録17 水蒸気の h-s 線図[11]

引用・参考文献

＜引用文献＞

1） 国枝正春：「実用機械振動学」，理工学社，1984
2） 林洋次，堤茂雄，ほか：「機械設計2」，実教出版，2003
3） 機械学ポケットブック編集委員会編：「機械学ポケットブック」，オーム社，2004
4） 塚田忠夫，船橋宏明，ほか：「新機械設計」，実教出版，2003
5） 嵯峨常生，中西祐二，ほか：「機械工作2」，実教出版，2007
6） 金型便覧編集委員会編：「金型便覧」，日刊工業新聞社，1972
7） 勝田正文，ほか：「原動機」，実教出版，2004
8） 渡部一郎，笠原英司，岡野修一，ほか：「原動機改訂版」，実教出版，1993
9） 吉川昌範，ほか：「新機械工作」，実教出版，2003
10） 日本機械学会編：「機械工学便覧（加工学・加工機器）応用編B2（新版）」，日本機械学会，1984
11） 日本機械学会編：「SI日本機械学会水蒸気表」，日本機械学会，1987

＜参考文献＞

[1] 塚田忠夫，舟橋宏明，ほか：「新機械設計」，実教出版，2003
[2] 林洋次著，堤茂雄，ほか：「機械設計2」，実教出版，2003
[3] 嵯峨常生，中西佑二，深津拡也監修，金子実郎，小堀隆，ほか編修：「機械実習3」，実教出版，2005
[4] 日本機械学会編：「機械工学便覧」，日本機械学会，1993
[5] 機械設計便覧編集委員会編：「機械設計便覧第3版」，丸善，1992
[6] 大西清著：「JISにもとづく機械設計製図便覧（第10版）」，理工学社，2007
[7] 小栗富士雄，小栗達男：「標準機械設計図表便覧改新増補5版」，共立出版，2005
[8] 狩野三郎：「技術者必携機械設計便覧改訂版」，共立出版，1990
[9] 日本塑性加工学会編：「最新塑性加工便覧」，コロナ社，2000
[10] 日本塑性加工学会編：「わかりやすいプレス加工」，日刊工業新聞社，2000
[11] 川並高雄，大賀喬一：「基礎塑性加工学」，森北出版，1995
[12] 吉田弘美：「絵とき「プレス加工」基礎のきそ」，日刊工業新聞社，2006
[13] 吉田弘美著，日本金属プレス工業協会編：「プレス曲げ加工」，日刊工業新聞社，2006
[14] 日本金属プレス工業協会編，中村和彦，桑原利彦著：「プレス絞り加工」，日刊工業新聞社，2002
[15] 川並高雄，大賀喬一：「基礎塑性加工学（第2版）」森北出版，2004

[16] 松岡信一：「図解材料加工学―塑性加工・機械加工」，養賢堂，2006
[17] 朝倉健二：「塑性加工」，共立出版，1998
[18] 塑性加工研究会編：「プレス便覧」，丸善，1958
[19] 日本鉄鋼協会編：「鉄鋼便覧第3版」，丸善，1982
[20] 太田哲：「プレス加工の基礎知識」，日刊工業新聞社，1989
[21] 新山英輔：「鋳造伝熱工学」，アグネ技術センター，2001
[22] 日本鋳物協会編：「鋳物便覧改訂4版」，丸善，1990
[23] 馬場秋次郎，吉田嘉太郎編：「機械工学必携（第8版）」，三省堂，2001
[24] 日本塑性加工学会編：「塑性加工便覧」，コロナ社，2006
[25] 金型便覧編集委員会編：「金型便覧」，日刊工業新聞社，1975
[26] 日本鋳造工学会：「鋳造工学便覧」，丸善，2002
[27] 嵯峨常生，中西佑二監修，岩崎清，柳沢重夫校閲，石井努，ほか編修：「機械実習1」，実教出版，2004
[28] 嵯峨常生，中西佑二，深津拡也監修，金子実郎，小堀隆，ほか編修：「機械実習3」，実教出版，2005
[29] 土屋喜一監修：「ハンディブック機械」，オーム社，2002
[30] 安達勝之，菅野一仁共著：「絵ときでわかる流体工学」，オーム社，2005
[31] 機械学ポケットブック編集委員会編：「図解版機械学ポケットブック」オーム社，2004
[32] 松村篤躬：「油圧の動作とその応用機器」，東京電機大学出版局，1987
[33] 油圧技術研究フォーラム編：「これならわかる！ 油圧の基礎技術」オーム社，2001
[34] 塩田泰仁監修，よくわかる油圧装置のABC編集委員会著：「よくわかる油圧のABC」，科学図書出版，2004
[35] 小波倭文朗，西海孝夫：「油圧制御システム」，東京電機大学出版局，1999
[36] 萩原芳彦監修：「ハンディブック機械（改訂2版）」，オーム社，2007
[37] 不二越油圧研究グループ編：「知りたい油圧」，ジャパンマシニスト社，1990
[38] 茶谷明義，新宅救徳，放生明廣，喜成年泰，立矢宏：「基礎からわかる 機械設計学」，森北出版，2003
[39] 日本機械学会編：「SI 日本機械学会水蒸気表」，日本機械学会，1987
[40] 住野和男：「やさしい 機械図面の見方・描き方」，オーム社，2005
[41] 須藤亘啓著・東京電機大学編：「機械の設計 考え方・解き方 第3版」．東京電機大学出版局，2006
[42] 大石正昭：「機械設計の基礎（Ⅰ）（Ⅱ）」，日本理工出版会，1995

目的別索引

目 的	章-節	頁

ア 行

圧縮と曲げを受ける材料を設計する	4-25	108
厚肉のタンクを設計する	5-9	126
厚肉のパイプを設計する	4-8	74
安全な設計をする	4-6	70
安全率を決める	4-6	70
鋳型に働く力を求める	6-4	184
板材を打抜き加工する	6-7	190
板材を絞り加工する	6-6	188
板材を接合する	5-3	114
板材を塑性加工する	6-5	186
板材を締結する	5-1	110
板ばねを小形化する	5-8	124
一端ではりを支える	4-12, 4-13	82, 84
鋳物砂を試験する	6-3	182
薄肉のタンクを設計する	4-7	72
打抜きに必要な力を求める	6-7	190
液体中にある壁面が受ける力を求める	7-2	196
液体をくみ上げる（回転運動により）	8-4	212
	8-5	214
円運動の加速度を求める	1-11	22
円運動の向心力を求める	1-12	24
エンジンのサイクル図を知る	10-10	248
エンジンの出力と効率を求める	10-11	250
エントロピーと不可逆変化について知る	10-2	232
エントロピーの変化を求める	10-1	228
往復運動を作り出す	8-6	216
応力について知る	4-1	60
大きな振動を避ける	3-3	52
温度変化により部品が受ける応力を求める	4-5	68
温度変化による材料のひずみを求める	4-5	68

カ 行

回転運動の動力を求める	1-15	30
回転運動を減速する	5-32	172
回転運動を直線運動にする	1-17	34
回転させにくい形状を調べる	1-13	26
回転させやすい形状を調べる	1-13	26
回転体に蓄えられるエネルギーを求める	1-13	26
回転体の逆転を防ぐ	5-20	148
回転のためのトルクを求める	1-14	28
回転を止めるためにものを押しつける	5-21	150
回転を止めるためにものを巻きつける	5-22	152
荷重と垂直でない面に働く応力を求める	4-23	64
加速度を求める	1-6	12
片持ばりに集中荷重をかける	4-12	62
片持ばりに等分布荷重をかける	4-13	64
かみ合う歯車の条件を知る	5-26	160
間欠回転運動をさせる	5-20	148
管路を流れる液体の損失を求める	7-5	202
気体燃料の発熱量を求める	10-7	236
気体のする仕事を求める	9-2	220
気体のもつエネルギーを求める	9-2	220
共振を防ぐ	2-5	46
強制振動が加わる物体の動きを知る	2-5	46
許容応力から設計する	4-6	70
形状変化による負担の増加を調べる	4-4	66
軽量構造にする	1-5	10
軽量のパイプを設計する	4-7	72
コイルばねの強度を求める	5-6	120
コイルばねのばね定数を求める	5-6	120
高圧に耐える容器を設計する	5-9	126
高圧の油でものを動かす	8-6	216
固体内を移動する熱量を求める	10-6	234

固体や液体燃料の発熱量を求める	10-7	236
ころがり摩擦力を求める	1-16	32
ころがる物体について知る	1-16	32

サ 行

最大せん断応力を求める	4-24	66
材料が蓄えるエネルギーを求める	4-3	64
材料にかかる負担を求める	4-1	60
材料の弾性について知る	4-3	64
材料のひずみを求める	4-2	62
材料を完全に接合する	5-3	114
ジェットによる物体の運動について知る		
	7-6	204
軸受けにおける消費動力を求める	1-15	30
軸端で軸を支える	5-14	136
軸の断面形状を決める	4-22	102
軸の中央で軸を支える	4-15	124
軸の伝達動力を求める	4-22	102
軸のねじりに対する強度を知る	4-22	102
軸をスラスト方向に支える	5-17	142
軸を振り子にする	2-4	44
仕事とエネルギーの違いを知る	1-9	18
仕事を熱に変換する	9-1	218
実在気体のする仕事を求める	9-6	226
実在気体のもつエネルギーを求める		
	9-6	226
絞り加工する材料の大きさを求める		
	6-5	186
絞り加工に必要な力を求める	6-6	188
絞り加工の限界を求める	6-6	188
重心位置を求める	1-4	8
周速度を求める	1-11	22
集中荷重の位置を求める	1-4	8
重量物を移動するために液体を使う		
	7-1	194
重量物を持ち上げる	1-18	36
蒸気サイクルの熱効率を求める	10-3	230
蒸気タービンから発生する動力を求める		
	10-9	240
蒸気のもつ熱量を求める	10-5	232
蒸気を使って回転運動を作り出す	10-9	240
蒸気を発生させる	10-8	238

衝撃荷重が材料に与える負担を求める		
	4-9	76
衝突後の速度を求める	1-7	14
しわを防ぐ		
振動について知る	2-1	38
水車で発生する動力を求める	8-1	206
水車を選ぶ（高落差・低流量）	8-2	208
水車を選ぶ（適用範囲から）	8-3	210
垂直応力とせん断応力を合成する	4-23	104
滑り摩擦力を求める	1-10	20
切削加工条件を求める	6-2	180
旋回する車輪に動力を伝える	5-34	176
せん断力を加える	4-1	60
層流から乱流に変化する境目を知る		
	7-3	198

タ 行

だれを防ぐ	5-7	177
タンクからの流出速度を求める	7-4	200
タンクを設計する	4-7	72
単振動の周期を求める	2-1	38
単振動の振動数を求める	2-1	38
単振り子の周期を求める	2-2	40
単振り子の振動数を求める	2-2	40
チェーンの伝達動力を求める	5-25	158
力を合成する	1-1	2
力をつり合わせる	1-3	6
力を求める	1-6	12
直線運動を回転運動にする	1-17	34
直角方向に回転力を伝える	5-31	170
転位歯車の転位量を求める	6-1	178
伝達動力の方向を大きく変える	5-31	170
伝動軸の径を決める	5-13	134
動力伝達する軸を設計する	5-13	134
遠くに動力を伝える	5-23	154
トラス構造の強度を知る	1-5	10
トラス構造の反力と内力を求める	1-5	10

ナ 行

項目	章節	頁
内燃機関の圧縮比を求める	10-10	242
内燃機関の性能試験をする	10-11	244
内燃機関の熱効率・軸出力を求める	10-11	244
内燃機関の理論熱効率を求める	10-10	242
斜めの断面に作用する応力を求める	4-23	104
滑らかな歯車伝動を行う	5-30	168
滑らかにかみ合う歯車を採用する	5-30	168
ねじの有効径を測定する	3-1	48
ねじ部の長さを決める	5-4	116
ねじ山の強度を求める	5-4	116
ねじられる軸に生じる応力を求める	4-24	106
ねじり振り子の周期を求める	2-4	44
ねじり振り子の振動数を求める	2-4	44
ねじりを受ける中空軸の径を決める	5-11	130
ねじりを受ける中実軸の径を決める	5-11	130
熱機関の熱効率を求める	10-1	228
熱による変形を知る	4-5	68
熱の移動過程について知る	10-6	240
熱を仕事に変換する	9-1	218
燃料の燃焼について知る	10-7	242
ノズルから出ていく蒸気の速度を求める	10-5	232

ハ 行

項目	章節	頁
パイプを流れる流体の損失について知る	7-5	202
破壊と形状について知る	4-4	66
歯数の少ない歯車を作る	6-1	178
歯車の強度を求める	5-29	166
歯車の伝達動力・回転力を求める	5-28	164
歯車の歯の大きさを決める	5-26	160
歯車を製作するとき寸法を測定をする	3-2	50
柱の座屈について知る	4-21	100
ばね振り子の周期を求める	2-3	42
ばね振り子の振動数を求める	2-3	42
はりが耐えられる曲げモーメントを求める	4-18	94
はりに複雑な荷重をかける	4-16	90
はりの変形を考慮する	4-19	96
はりを軽量化する	4-20	98
はりを小形化する	4-20	98
はりを支える力を求める	4-10	78
はりをせん断する力を求める	4-11	80
バリを防ぐ	5-7	177
はりを曲げるモーメントを求める	4-10	78
板金加工の材料の大きさを求める	6-5	186
半径方向に軸を支える	5-14	136
半径方向に働く力を求める	1-12	24
バンドで回転を止める	5-22	152
ひずみを求める	4-2	62
引張りと曲げを受ける材料の設計する	4-25	108
引張力を加える	4-1	60
標準平歯車の寸法を求める	5-27	162
平板ばねのたわみを求める	5-7	122
平板ばねの曲げ応力を求める	5-7	122
2つの歯車の回転数の和を一定にする	5-34	176
物体を動かすための動力を求める	1-9	18
物体を滑らせるための力を知る	1-10	20
物体を静止させる	1-3	6
物体を止めるための時間を求める	1-8	16
物体を止めるための力を求める	1-8	16
物体を持ち上げる	1-18	36
フランシス水車で発生する動力を求める	8-3	210
振り子の運動について知る	2-2	40
ブレーキシューで回転を止める	5-21	150
噴流が物体を押す力を求める	7-6	204
ベアリングの寿命を予測する	5-18	144
ベクトル量を計算する	1-1	2
ベルトで動力伝達をする	5-23	154
ベルトの強さを求める	5-24	156

項目	節	頁
ベルトの長さを求める	5-23	154
ペルトン水車で発生する動力を求める	8-2	208
変速して大きな速度伝達比を得る	5-32	172
変速装置を小形・軽量化する	5-33	174
ボイラーの性能を改善する	10-8	238
棒をねじって振動させる	2-5	46
骨組構造にする	1-5	10
ボルトの径を求める	5-5	118
ボールベアリングの寿命を知る	5-18	144
ポンプの揚程と必要動力を求める	8-4	212
ポンプを選ぶ（揚程範囲から）	8-5	214

マ 行

項目	節	頁
曲がりにくい断面形状を求める	4-17	92
曲げと圧縮を受ける材料の強度を求める	4-25	108
曲げとねじりを受ける材料の強度を求める	4-25	108
曲げとねじりを受ける中空軸の径を決める	5-12	132
曲げとねじりを受ける中実軸の径を決める	5-12	132
曲げと引張りを受ける材料の強度を求める	4-25	108
曲げやすい断面形状を求める	4-17	92
曲げを受ける中空軸の径を決める	5-10	128
曲げを受ける中実軸の径を決める	5-10	128
摩擦力で動力を伝達する	5-19	146
摩擦を減らす	1-16	32
モーメントをつり合わせる	1-2	4

ヤ 行

項目	節	頁
焼付かない軸受けを設計する	5-16	140
油圧で物体を動かす	8-6	216
容器から出ていく液体の流速を求める	7-4	200
溶接部の強度を求める	5-3	114

ラ 行

項目	節	頁
理想気体の圧力・体積・温度の関係を知る	9-3	222
理想気体の状態量を求める	9-4	224
リベットの数を決める	5-2	112
リベットの強度を求める	5-1	110
リベットの径を決める	5-2	112
流速と流量について知る	7-3	198
流体中の一点がもつエネルギーを求める	7-4	200
流体と固体との間を移動する熱量を求める	10-6	234
流体の圧力測定をする	3-3	52
流体のもつ総エネルギーの変化を求める	9-2	220
流体の流速測定をする	3-4	54
流体の流量を測定する	3-5	56
流体を使って物体を持ち上げる	7-1	194
流路断面積が変わったときの流速の変化を求める	7-3	198
両端支持ばりに集中荷重をかける	4-14	86
両端支持ばりに等分布荷重をかける	4-15	88

用語索引

ア 行

アキュムレータ　217
アクチュエータ　216, 217
遊び歯車　173
厚さ・密度の均一な物体　8
圧縮　60
圧縮応力　94
圧縮ばね　120
圧縮比　248
圧縮ひずみ　62
圧縮力　10
厚肉　73
厚肉容器　126
圧力エネルギー　212
圧力角　163
圧力差　163
圧力速度係数　140
圧力ヘッド　200
穴　66
アームロボット　28
アルミニウム　185
安全率　70
安全を考慮　110, 114
アンダカット　178
案内羽根　211, 214, 215

鋳型　183
異常振動　129
板材　186
板の効率　112, 113
板の断面に生ずる応力　126
板の強さ　112
板の破壊　113
板間の摩擦を考慮した場合のたわみ　124
位置エネルギー　18, 40
位置ヘッド　200
一対の歯車　151
一般ガス定数　222
移動速度　216
移動用　48, 118
鋳物　182
鋳物の気泡　183
インベストメント鋳造法　183
飲料缶　188

上 型　184
渦　202
薄板の容器　188

渦形室　210
うすジャーナル　142
薄肉　61
薄肉球形容器　127
渦巻形　214
渦巻きポンプ　214
打抜き　190
内歯歯車　174
腕　174, 175
運動　12
運動エネルギー　18, 30, 40
運動の三法則　12
運動の法則　12
運動の方程式　12
運動の向き　16
運動量　13, 15, 16
運動量と力積　16
運動量の大きさ　16
運動量の総和　14
運動量の単位　15
運動量保存の法則　14
運動量保存の法則と衝突　14

永久変形量　145
液圧圧力計　52
液体燃料　242
液 柱　52
エネルギー　18
エネルギー損失　202
エネルギー保存則　76, 238
円運動　22, 34
円運動の角速度　38
円運動の半径　24
円運動を往復運動に変える　34
円形断面　132
円弧上の軌道を移動する　30
円周方向応力　72, 126
エンジン　212
円振動数　38
エンジンの主軸やクランク軸　108
エンジンの性能　18
遠心分離器　25
遠心ポンプ　214
遠心力　24
円すいクラッチ　146, 147
延 性　133
エンタルピー　220, 228
円 柱　26
鉛直方向　25
円筒形容器　72, 186
エントロピー　232

円板クラッチ　146, 147
オイラー　100
往復運動　34
往復スライダクランク機構　34
応 力　60
応力修正係数　121
応力集中　66, 129, 134
送り量　180
オットーサイクル　248
同じ板厚が重なっている場合のたわみ　124
同じ板厚が重なっている場合の曲げ応力　124
おねじ　48, 116
おねじの強度　116
おねじの有効径　48
オフセットリンク　159
オープンベルト　154
おもりの運動　17
オリフィス　54

カ 行

外周部　146
外 接　174
外接円の直径　148
外接する　173
回転運動　13, 30, 35, 180
回転運動の運動エネルギー　26, 30
回転運動の仕事　30
回転運動の動力　30
回転運動の方程式　28
回転が停止する　23
回転させにくく、止めにくい　26
回転軸　23, 129
回転数　23, 134, 172, 180
回転数の調節　208
回転体　27
回転体の慣性モーメント　28
回転端　7
回転中心　4, 5
回転ばね定数　44
回転半径　27
回転比　158
回転方向　172
回転モーメント　29
回 力　156
外部損失　246
外部漏れ損失　247

外分点　5	機械制御　216	偶　力　5
外壁の応力　126	機械的エネルギー　206, 212	偶力のモーメント　4
外力による振動数　47	機械の固有振動数　47	矩形断面　122
外力の和　78	規格化　131	くさび作用　146
外輪を固定　144	危険断面　82	く　ず　191
角加速度　28	基準強さ　70	管（くだ）摩擦　202
角振動数　46	基準ピッチ円　178	駆動軸　176
角速度　24, 30, 158	基準ピッチ線　163	駆動タイヤ　176
角度の単位　22	基準ラック　163	駆動歯車　173
角ねじ　119	基礎円直径　162	駆動力　176
角変位　30	気体定数　222, 224, 226	組　子　10
重ね板ばね　124	気体の状態変化　226	組子の内力　10
かさ歯車　170, 171, 176	気体の分子量　222	グラインダ　23
下死点　34	気体の膨張による仕事　220	クリアランス　190
荷重圧力係数　216	軌　道　145	車のハンドル　5
荷重係数　145, 164	気ぬき針　182	クロスベルト　154
ガ　ス　182	基本静定格荷重　145	
ガス定数　222, 228	基本定格寿命　144, 145	けい酸　183
ガス抜き穴　182	基本的な形状の重心　8	傾斜微圧計　52
仮想断面　80	基本動定格荷重　144, 145	形状係数　66
加速度　12	キー溝　129	ケーシング　214
加速度運動　22	逆転を防ぐ　148	欠損部　9
形削り盤　35	逆U字管マノメータ　52	限界絞り率　188
かたつむり形　210	ギヤードモータ　174	原　型　184, 185
片持ばり　84, 98, 122	キャビテーション　207, 211	減　衰　46
滑　車　36	急激な断面積の変化　67	減衰固有振動数　46
金　型　187, 188	給水ポンプ　234	減衰振動　46
カーブ走行　25	急速な荷重　76	減衰比　46
カプラン水車　211	供給熱量　234	建設機械　216
かみ合う歯車　50	共　振　47, 128	減速小歯車　176
カーリング　187	共振曲線　47	減速装置　31
カルノーサイクル　230	強制振動　46	減速大歯車　176
間欠運動　148	強度試験　182	減速歯車列　172
換算蒸発倍数　244	強度の低下　134	減速比　172, 174
換算蒸発量　244	曲　管　213	原動機　212
緩衝装置　16, 124	曲面板に働く力　204	
管状物体　27	曲率半径　94	コイルばねの有効巻数　120
慣　性　23	許容圧縮力　110	高温部　230
慣性の法則　12, 27	許容応力　70, 135	高温物体　240
慣性モーメント　26, 30	許容限界内　140	交換熱量　240
慣性力　13, 24	許容接触応力　166	工業材料の弾性係数　65
缶内径　126	許容せん断応力　116	工具顕微鏡　49
管内流れの損失　202	許容面圧力　117	工具と材料の摩擦　190
管の長さ　213	切欠き　66	工具の寿命　190
冠歯車　170	切　粉　181	工具の直径　180
環　板　26	切込み　180	工具や工作物の材質　180
管壁の粗さ　203	切込み量　50	工作機械　180
管　路　54, 217	切下げ　178	工作物の直径　180
管路形状　202	近似計算　155	向心加速度　24
管路系の総損失　202		向心力　24
管路の損失　213	空気過剰率　242	合　成　90
	空　転　176	合成振動　47
機械効率　250	空　洞　184	合成された力　2

271

鋼製のバンド　152
合成の法則　90
合成ばね定数　43
合成モーメント　12
構成要素　30
構造計算　10
高速回転　129, 158
行　程　250
行程の長さ　180
行程容積　248, 250
公転する　174
高発熱量　242
高揚程　213, 214
高落差　208
効　率　206, 211, 246
合　力　2, 8
合力の反力　2
固定端　82
固定端の幅　123
固有角振動数　46
固有振動数　43
ころ　33
ころがり運動　32
ころがり摩擦　32
ころがり摩擦力　32
ころや車輪を用いる　33
こわさ　102, 135
混合給水加熱器　236

サ　行

差圧管　54
サイクル　248
最高圧力比　248
再絞り　189
再生サイクル　236
最大圧力係数　142
最大圧力速度係数　136
最大応力　145
最大許容圧力　137
最大許容圧力速度係数　137, 140
最大静摩擦力　20
最大せん断応力　131
最大復元力　38
最大フープ応力　74
最大曲げ応力　98
最大曲げモーメント　82, 98, 128, 138
最適な針径　48
再熱サイクル　234
材料定数係数　166
材料の弾性（復元力）　45

作図表現　6
座　屈　100
差動滑車　36, 37
差動小歯車　176
差動大歯車　176
差動歯車　176
差動歯車箱　176
作動油　216, 217
作動流体　223
サバテサイクル　248
左右対称トラス　11
左右のタイヤ　176
作　用　10
作用点　5
作用・反作用の法則　12
三角板ばね　124
三角ねじ　119
三角ばね　123
三角比　11
算式解法　10
シェルモールド鋳造法　183
時間関数　16
軸　102
軸　受　136, 171
軸受圧力　137, 138, 144
軸受間距離　135
軸受の寿命　145
軸受の消耗動力　30
軸受付近　134
軸受平均圧力　136, 138
軸受面に働く圧力　138
軸が曲げモーメントを受けた場合　128
軸　径　134
軸出力　250
軸　心　176
軸　線　104
軸端に働くトルク　44
軸継手　134, 135
軸動力　212
軸トルク　250
軸に直角にせん断力を受ける場合　118
軸に働く最大応力　130
軸の断面二次極モーメント　44
軸の中心　136
軸のねじ山　135
軸の横弾性計数　44
軸方向の荷重　118
軸方向の荷重だけを受ける場合　118

軸方向の荷重とねじりを同時に受ける場合　118
軸流ポンプ　213
仕　事　18, 30, 219
仕事の熱当量　219
下　型　184
実在の気体　222
質量保存則　238
質量流量　198, 238
支　点　10
絞り加工　186, 188
絞り率　188
締切比　248
締付け　124
締付け用　119
湿り損失　247
車　軸　129
ジャーナル　136, 140
ジャーナル径　142
ジャーナル長さ　136, 137, 140
ジャーナル長さと径の比　136
ジャーナルの全体の長さ　139
ジャーナルの中央　138
ジャーナル部の直径　137
車　輪　33
周　期　38, 42
周期と周波数　44
周期と振動数　40
自由収縮　68
重　心　8
重心位置　9
自由振動　46, 47
重心の座標　8
重心の求め方　8
周速度　22, 24
自由端　82, 102
自由端のたわみ　122
自由端の幅　123
集中荷重　86
摺　動　136, 140
従動側の回転数　155
摺動面　21
周辺効率　247
周辺仕事　247
自由膨張　68
重量軽減　98
主応力　104
出　力　250
主　面　104
潤滑油　21, 167, 181

潤滑油膜　136	水車の特性比較　206	切削速度　180
重心と図心　8	水蒸気　182	接触部　145
小滑車　36	垂直応力　60, 104	接触面　20, 140, 156
蒸気サイクル　234	垂直抗力　25	接触面圧力　117
蒸気タービン　234, 238, 246	垂直力　20	接触面から受ける抵抗力　32
蒸気タービンの損失と効率　247	水　門　196	接触面の傾き角　147
蒸気の流れによる仕事　238	すきま容積　248	接触面を押す圧力　146
蒸気の流れの基礎式　238	すぐばかさ歯車　171	接　点　10
蒸気プラント　234	図式解法　10	旋回する　176
蒸気ボイラ　234	図示出力　250	全仕事　220
使用係数　166	図示平均有効圧　250	線接触　180
衝　撃　16	図　心　8	センタボルト　124
衝撃荷重　76	図心の位置　9	せん断　60, 64
衝撃を吸収する　16	図心の求め方　8	せん断応力　60, 104, 114, 135
条件式　6	スパン　121	せん断破壊　116
上死点　34	スプリングバック　187	せん断ひずみ　62
状態式　222	スプロケット　134, 135	せん断面　190
状態量　224	スプロケットの歯数　158	せん断力　88, 106
衝動水車　206, 207	滑　り　154, 155	せん断力線図　80
衝動力　207, 208	滑り接触　139	全歯たけ　162
衝　突　14, 76	滑り摩擦　20, 33	旋　盤　180
小歯車　165	滑りを小さくする　154	旋盤加工　22
正味回転数　174	すみ肉溶接継手　114	全ヘッド　200
正味出力　250	スムーズに動かす　21	線膨張係数　68, 69
正味熱効率　250	スライダの変位　34	前面すみ肉溶接継手　114
正味平均有効圧　250	スラストジャーナル　142	総運転時間　144, 145
消耗動力　30	スラスト力　168, 215	総回転数　144, 145
初温・初圧　246	スラスト力対策　171	走行抵抗　18
初期変位量　43	スリップ　176	相当ねじりモーメント　108, 132, 133
触面応力係数　166, 167		相当歯数　168
初速度　12	制御弁　217	相当平歯車　168
初張力　156	成形性　182, 183	相当曲げモーメント　132, 133
シリンダ数　250	正弦波　39	層　流　199
シリンダ内径　250	静止状態　20	速度係数　164
しわ押さえ　188, 189	静止物体　20	速度伝達比　162, 172
振動数　38, 42	静止平板に働く力　204	速度ヘッド　200
振動体に強制振動を加える　46	静止摩擦係数　20	速　比　154
振動の下限　34	正射影　38	側面すみ肉溶接継手　114
振動の減衰と共振　46	ぜい性　133	側面すみ肉溶接部　114
振動の合成　46	静的なつり合い　129	素形材　186
振動の上限　34	静的負荷　76	塑　性　186
振動の中心　34	制動トルク　150	塑性ひずみ　62
振動の方程式　38	性能試験　250	素線の接触部　120
振　幅　41	性能試験　215	外形抜きした板材　186
	成分試験　182	
巣　183	正方形の薄板　9	**タ　行**
水圧機　194	静摩擦角　20	
水圧機の原理　194	静摩擦係数　13	ダ　イ　188
水　車　204, 206	静摩擦力　20	耐圧性　182
水車の効率　206	整　流　215	第一法則　12
水車の出力　208	接合部分の強度　115	
	切削加工　186	
	切削工具の往復回数　180	

273

大滑車　36	断熱熱落差　226, 238, 246, 247	直線状部材　10
台形ばね　122	断熱変化　226, 228	直角分力　3
台形ばねの自由端のたわみ　122	断熱膨張　248	直交座標　3
台形ばねの曲げ応力　122	単振り子　39, 40	通気度試験　182
第三法則　12	単振り子の方程式　40	疲れ現象によって破壊　44
ダイス　188	単ブロックブレーキ　150	突合せ溶接継手　114
対数平均温度差　240	断面形状　98	突合せ溶接継手における引張り応力　114
大動力伝達　158	断面係数　94	継手の効率　127
第二法則　12	断面二次モーメント　92, 130	翼　212
耐熱性　183	断面の形状　92	つばジャーナル　142
大歯車　165		つめ　148
太陽歯車　174	小さな部分の集合体　8	つめ車　148
大量生産　188	チェーン伝導　158	つめ車の許容曲げ応力　149
互いにはまりあっているねじ部の長さ　116	チェーンの選定　159	つめ車の寸法　149
互いにはまりあっているねじ山の数　116	チェーンの速度　158, 159	つめ車のピッチ　148
	力が時間とともに変化しない　16	つり合い　64
立軸形　211	力が時間とともに変化する　16	つり合い状態　6
縦弾性係数　64	力と運動　12	つり合いの方程式　13
縦ひずみ　62	力の合成　2	つり合う　6
縦方向応力　72	力の作用線　4	つり合っている　7
タービン　204	力のつり合い　4	つり合わない　7
タービン効率　246, 247	力のつり合いの条件　11	つる巻ばね　42
タービン出力　246	力のベクトル　11	
タービンの有効仕事　234	力のモーメント　4	定圧サイクル　248
タービンポンプ　214	力のモーメントの和　78	定圧比熱　224
ターボポンプ　212, 214	着力点　2, 7, 84	定圧変化　224, 228
だれ　191	中間ジャーナル　138	低温部　230
たわみ　96, 120, 128	中間歯車　173	低温物体　240
たわみ角　96	抽気段数　246	定温変化　228
たわみ曲線　96	中空軸　130	定格寿命　145
たわみ修正係数　122	中空軸の外径　132	定滑車　36
たわみや振動発生の原因　135	中実軸　130	締結する　110
単位時間当たりの摩擦仕事　140	中実軸の外径　132	締結用　48
単位面積当たりの摩擦仕事　140	中心距離　161, 162	低合金鋳鉄　185
単純応力　60	鋳造　182	ディーゼルサイクル　248
単振動　38, 42	鋳造方案　182	低速回転　158
単振動の加速度　38	鋳鉄の鋳込み温度　185	低発熱量　242, 250
単振動の速度　38	中立軸　94	ディフューザ効果　215
弾性エネルギー　64	中立面　94	ディフューザポンプ　214
弾性係数　64	長方形ばね　122	定容加熱　248
弾性限度　70	長方形ばねの自由端のたわみ　122	定容サイクル　248
弾性限度内　62	長方形ばねの曲げ応力　122	定容比熱　224, 228
弾性体　43, 76	長方形板　26	定容変化　224
弾性ひずみ　62	張力　6	定容放熱　248
段付き　66	張力の差　156	低流量　208, 213
段付き加工　129	調和振動　38, 46	鉄管　203
断熱圧縮　248	調和振動曲線　39, 46	デフロック機能　177
断熱指数　225, 226, 228, 248	直線運動　16, 35, 180	転位歯車　178
		点接触　180
		テンソル　61
		伝達軸の軸径　134

伝達動力	134, 158, 164
伝達トルク	130, 131
伝動軸	135
転動体	145
伝 熱	240
伝熱面蒸発率	244
伝熱面積	240
伝熱面熱負荷	244

砥 石	23
銅	185
投影面積	137
等温変化	226
等角加速度運動	22
等角速度運動	22
動荷重係数	166
等加速度運動	12, 19
動滑車	36, 37
胴締金具	124
胴締金具で取り付けたときのスパン	124
等速円運動	38
等速加速運動	12
等速度円運動	22
到達高さ	19
動的なつり合い	129
動粘性係数	198
等分布荷重	84, 88
動摩擦角	20
動摩擦係数	20
動摩擦力	20
動翼損失	247
動 力	15, 18, 30
動力伝達	130, 157
動力の単位	15, 18
動力の伝達	154
動力のみを考えた軸の径	134
トラス	10
トラス構造	10
トラス構造各組子の内力	11
トラスの解法	10
トリチェリの定理	200
トルク	28, 29, 135, 250
トルクと回転運動	28

ナ 行

内外径比	130
内 接	174
内燃機関	248
内部エネルギー	218, 220, 228

内部効率	247
内部仕事	247
内部損失	246
内部漏れ損失	246, 247
内分点	5
内壁の応力	126
内 力	60
内輪を固定	144
中 子	184
流れにおける損失	202
流れの状態	198
流れの衝突	202
ナットの高さ	116
ナノメートル	161
生 型	182
肉厚が厚くなる	126
ニードル	209
ね じ	48
ねじ込み深さ	116
ねじ状破壊	106
ねじの大きさ	118
ねじの外径	116
ねじのかみ合い長さ	116
ねじの許容接触面圧力	116
ねじの谷径	116
ねじのピッチ	116
ねじの溝幅	117
ねじの有効径	48, 116, 117
ねじ部	119
ねじ部の長さ	116
ねじ山の数	116
ねじ山の接触面	116
ねじ山のせん断力	116
ねじ山の幅	117
ねじ山のひっかかり高さ	116
ねじり	60, 102, 128
ねじり応力	120
ねじり振動	44
ねじりと曲げを受ける	129
ねじりによる軸径	128
ねじり振り子	44
ねじりモーメント	29, 132, 135
ねじりを受ける中空軸の径	130
ねじりを受ける中実軸の径	130
ねじれ	44, 128
ねじれ角	102, 135, 169
ねじれ振り子	44

ねじれを考えた軸の径	134
熱エネルギーの量	218
熱応力	68
熱機関	218, 223
熱機関の熱効率	230
熱交換器	240
熱効率	234, 248
熱消費率	246
熱通過	240
熱通過率	240
熱伝達	240
熱伝達率	240
熱伝導	240
熱伝導率	240
熱によるひずみ	68
熱の仕事当量	219
熱力学の第一法則	218
熱力学の第二法則	230
熱流束	240
熱流密度	240
熱 量	218, 219
燃焼ガス	242
粘性係数	198
粘 度	217
粘土の含有量	182
燃料効率	242
燃料消費率	250
ノズル損失	247
ノズル出口の速度	238
ノズル内の蒸気の流れ	238
ノズル部分	208
のど厚断面	114
のりづけ	174

ハ 行

歯厚マイクロメータ	50
背円すい	170
排気圧力	246
バイク	25
ハイポイドギヤ	176
破 壊	100
歯形係数	164
歯切り	168, 178, 179
歯切りピッチ線	178
はく離	145
歯車付き電動機	174
歯車の寸法測定法	50
歯車ポンプ	212
歯車列	172
バケット	209
歯先円直径	162

275

歯先がとがる　179	バンドの張力　152	物体の全質量　26
端ジャーナル　136	バンドブレーキ　152	フープ応力　72, 74, 126
端ジャーナルの径　136	反発係数　14	フライス盤　180
端曲げ　186	反　力　2, 10, 78	フライホイール　27
柱　100		プラネタリギヤ　174
歯数比　166, 179	比エンタルピー　220	ブランク　186
歯末のたけ　178	比エントロピー　232	フランシス水車　207, 210
パスカルの原理　194	ピストン　216	プーリ　13
歯すじ　168	ピストン・クランク機構　35	振り子の周期　41
はすばかさ歯車　171	ピストン平均速度　250	振り子の等時性　41
はすば歯車　168	ピストンヘッド　216	振り子の長さ　41
破　損　129	ピストンポンプ　212	ブリネルかたさ　167
破断荷重　159	ピストンロッド　216	浮　力　184
バックラッシ　167	ひずみエネルギー　76	ブレーキてこを動かすのに必要
初絞り　188	比速度　206, 211, 213	な力　150
発　電　210	比体積　220, 222	ブレーキトルク　150
発電機　210	ピッチ　160	ブレーキ力　150, 151
発　熱　155	ピッチ円　173	ブレーキレバー　151
発熱量　242	ピッチ円直径　160, 162	ブレーキレバー加える力
羽根車　204, 209, 210, 212	ピッチ点　173	152
羽根車内の流速　207	引張り　48	ブレーキを押し付ける力　150
ばね定数　42, 43, 120	引張り応力　94	プレス機械　34
ばねに働くせん断応力　121	引張りコイルばね　120	ブロックゲージ　49
ばねの接続　42	引張りひずみ　62	プロペラ水車　207, 211
ばねの変位に対する加える力の	引張り力　10	分　解　3
比　120	被動歯車　173	噴　流　208
ばね振り子　39, 42, 45	ピトー管　55	噴流が物体に及ぼす力　204
ばね振り子の方程式　42	比内部エネルギー　220	分　力　3
羽根またはバケットの枚数	比熱比　226	
211	標準値　161	平行移動　10
歯の大きさ　160	標準幅径比　137	平面図形　8
歯の強さ　164	標準平歯車　162	平面板に加わる全圧力　196
歯の曲げ強さ　164	平等強さのはり　98	壁面に働く圧力　196
歯　幅　162	疲　労　144	ヘッド　216
はまりあうねじ部の長さ	ピン結合　10	ベベルギヤ　170
117		ヘリカルギヤ　168
はめ合い　49	風　車　204	ベルト　154, 156
はめ合い精度　48	深絞り加工でできる耳　188	ベルト車　28, 134, 135, 154
歯面強さ　166	復元力　38, 45	ベルト速度　157
は　り　78, 83, 94	複合応力　104	ベルト伝動　156
バ　リ　191	複合サイクル　248	ベルト伝動装置　154
張り側の張力　152, 156, 159	復水器　234	ベルト長さ　154
張り側のベルトの張力　156	複ブロックブレーキ　150	ベルトの厚み　154
はりのわん曲　96	腐　食　213	ベルトの初張力　156
板金加工　186	腐食しろ　127	ベルトの伸縮　155
半径方向　24	普通鋳鉄　185	ベルトの有効張力　156
反作用　17	フックの法則　64	ペルトン水車　207, 208
パンチ　188	物体が動かない場合　6	ベルヌーイの定理　200
パンチ荷重　189	物体の運動状態　12	変位量　128
バンド　152	物体の加速度　24	変　形　128
反動水車　206, 207, 210	物体の慣性モーメント　44	ベンチュリ計　54
反動力　207	物体の質量と速度の積　16	弁の数　213
反時計回り　174	物体の重心　8	

ポアソン数　62
ポアソン比　62
ボイラ　240
ボイラ効率　244
ボイラの性能　244
ボイル・シャルルの法則
　223
放水面　211
法線ピッチ　162
放熱損失　247
母材の板厚　114
補助せん断力　106
細い棒　26
細長比　100
骨組構造　10
ホブ　178
ホブ盤　168
ポリトロープ指数　228
ポリトロープ変化　228
ボリュートポンプ　214
ボルトがせん断力を受ける場合
　118
ボルトのねじ込み量　117
ボール盤　180
ポンチ　188
ポンチに作用する圧縮応力
　190
ポンプ効率　212
ポンプ仕事　234
ポンプ水車　207
ポンプの本体寸法　213

マ 行

マイクロメータ　49
マイクロメートル　161
マイタ歯車　170
まがりばかさ歯車　171
巻掛け中心角　154
巻数　120
マグネシウム　185
曲げ　60, 128, 129
曲げ応力　122
曲げ作用　142
曲げに対する強度の比較　92
曲げによる軸径　128
曲げモーメント　94, 129,
　132
曲げモーメント線図　80
曲げを受ける中空軸　128
曲げを受ける中実軸　128
摩擦　154
摩擦係数　32, 150

摩擦熱　140, 181
摩擦面　146
摩擦力　13, 146
またぎ歯厚　50
みかけ上の力　25
水動力　212
ムーディ線図　203
めねじ　48, 116
面圧力　116
模型　215
モータ　212, 217
モータ軸　130
モータの性能　26
モータのトルク　28
モーメント　4
モーメントの合成　4
モーメントの向き　4
盛り上がり部分　114
モル質量　222
モル数　222

ヤ 行

焼付き　140
やまば歯車　169
ヤング率　64
湯　184
油圧　216
油圧回路　217
油圧機　194
油圧ピストン　216
油圧ポンプ　217
有効仕事　230, 247
有効張力　156
有効巻数　120
有効落差　211
遊星歯車　174
遊星歯車装置　174
油膜　137
ゆるみ側の張力　152, 156
揚水　208
容積式　217
溶接継手　114
溶接部の強度計算　115
揚程　212
溶融金属　182, 183, 184
横軸のポンプ　213
横ひずみ　62
呼び番号　144

余盛　114

ラ 行

落差　206
ラジアル荷重　136
ラジアン単位　22
ラック工具　178
ラック工具の基準ピッチ線
　178
ラミの定理　6
ランキン　100
ランキンサイクル　234
ランナ　207, 209
乱流　199
力学的物理量　13
力積　13, 16
力量計の読み　250
理想気体　222
理想気体の状態式　222
理想気体の状態変化　224
リベット穴　110
リベット穴間の板の破断におけ
　る引張り荷重　110
リベット間の1ピッチの強度
　110
リベット継手の強度　110
リベット継手の効率　112,
　113
リベット継手の破壊　113
リベットとリベット穴の壁との
　圧縮　110
リベット長さ　111
リベットの径　113
リベットの効率　112, 113
リベットのせん断強さ　112
リベットのせん断に対する引張
　り荷重　110
リベットの破壊　113
リベットの呼び径　110
流出口　200
流出速度　200
流体機械　200
粒度試験　182
粒度分布　182
流量　198
流量測定　54
流量調節　215
流路断面積　208, 213
領域係数　166
両吸込形　215
両端支持　138

277

両端支持ばり　　　86, 88
理論空気量　　　243
理論サイクル　　　248
理論推力　　　216
臨界速度　　　129
リンク数　　　158
輪　軸　　　36

ルイスの式　　　164

冷却する　　　217

レイノルズ数　　　198, 203
レバーの支点　　　150
レバーの支点位置　　　151
連続の法則　　　198

ロッド　　　216

英数字

BMD　　　80, 86

p-V線図　　　220
pV値　　　137
SFD　　　80, 86
U字管マノメータ　　　52
V曲げ　　　186
2段抽気　　　236

- 本書の内容に関する質問は，オーム社ホームページの「サポート」から，「お問合せ」の「書籍に関するお問合せ」をご参照いただくか，または書状にてオーム社編集局宛にお願いします．お受けできる質問は本書で紹介した内容に限らせていただきます．なお，電話での質問にはお答えできませんので，あらかじめご了承ください．
- 万一，落丁・乱丁の場合は，送料当社負担でお取替えいたします．当社販売課宛にお送りください．
- 本書の一部の複写複製を希望される場合は，本書扉裏を参照してください．

JCOPY ＜出版者著作権管理機構 委託出版物＞

実務に役立つ 機械公式活用ブック（改訂2版）

2008年7月20日 第1版第1刷発行
2018年4月5日 改訂2版第1刷発行
2025年5月15日 改訂2版第5刷発行

著 者		安達勝之
		坂本欣也
		菅野一仁
		住野和男
		野口和晴
発行者		髙田光明
発行所		株式会社 オーム社

郵便番号 101-8460
東京都千代田区神田錦町3-1
電話 03(3233)0641（代表）
URL https://www.ohmsha.co.jp/

© 安達勝之・坂本欣也・菅野一仁・住野和男・野口和晴 2018

印刷・製本 三美印刷
ISBN978-4-274-22205-4 Printed in Japan